JN228332

Excel
パワーピボット

7つのステップで
データ集計・分析を
「自動化」する本

鷹尾 祥 著

SE
SHOEISHA

■本書内容に関するお問い合わせについて
このたびは翔泳社の書籍をお買い上げいただき、誠にありがとうございます。弊社では、読者の皆様からのお問い合わせに適切に対応させていただくため、以下のガイドラインへのご協力をお願い致しております。下記項目をお読みいただき、手順に従ってお問い合わせください。

●ご質問される前に
弊社Webサイトの「正誤表」をご参照ください。これまでに判明した正誤や追加情報を掲載しています。

正誤表　https://www.shoeisha.co.jp/book/errata/

●ご質問方法
弊社Webサイトの「刊行物Q&A」をご利用ください。

刊行物Q&A　https://www.shoeisha.co.jp/book/qa/

インターネットをご利用でない場合は、FAXまたは郵便にて、下記"翔泳社 愛読者サービスセンター"までお問い合わせください。
電話でのご質問は、お受けしておりません。

●回答について
回答は、ご質問いただいた手段によってご返事申し上げます。ご質問の内容によっては、回答に数日ないしはそれ以上の期間を要する場合があります。

●ご質問に際してのご注意
本書の対象を越えるもの、記述個所を特定されないもの、また読者固有の環境に起因するご質問等にはお答えできませんので、予めご了承ください。

●郵便物送付先およびFAX番号
送付先住所　〒160-0006　東京都新宿区舟町5
FAX番号　03-5362-3818
宛先　（株）翔泳社 愛読者サービスセンター

※本書の出版にあたっては正確な記述に努めましたが、著者および出版社のいずれも、本書の内容に対してなんらかの保証をするものではなく、内容やサンプルに基づくいかなる運用結果に関してもいっさいの責任を負いません。
※本書の記載内容は、本書執筆時点の情報であり、本書刊行後の情報と異なる場合があります。
※本書に記載されている画像イメージなどは、特定の設定に基づいた環境にて再現される一例です。
※本書に記載されたURL等は予告なく変更される場合があります。
※本書に記載されている会社名、製品名はそれぞれ各社の商標および登録商標です。
※本書では™、®、©は割愛させていただいております。
※会員特典データの提供にあたっては正確な記述につとめましたが、著者や出版社などのいずれも、その内容に対してなんらかの保証をするものではなく、内容やサンプルに基づくいかなる運用結果に関してもいっさいの責任を負いません。
※会員特典データで提供するファイルは、執筆当時のOffice365およびMicrosoft Excel 2016で動作を確認しています。他のバージョンでも利用できますが、一部機能が失われる可能性があります。また環境によっては、手順やその結果が異なる場合があります。

はじめに

多くの皆様に愛され、使われ続けているExcelは、いま大きな変革を迎えています。この変化はExcel誕生以来の革新と呼ばれており、Excelの使用方法を抜本から変える可能性をはらんでいます。特に本書のテーマである「データ集計・分析」といったレポートの作成、そしてレポートの使用方法に関して、絶大な威力を発揮する変化です。

しかし、残念なことにこれらの機能は日本ではほとんど知られていません。本書を手にされた皆様は「パワーピボット」という言葉を聞いたことがあるでしょうか？　おそらく「ピボットテーブル」について知っている方はいても、それに「パワー」が付いた「パワーピボット」についてはほとんどの方がご存じないことと思います。「パワーピボット」はその変化の中で生まれた強力な機能の1つで、本書のメインテーマとなる機能です。

私はIT部門で10年以上のキャリアを積んだのち、経理部門へ異動した人間ですが、経理部門へ来て約4年が経った頃、ひょんなことからこのパワーピボットを知りました。正直なところ初めてこのパワーピボットの機能を知ったとき、私は背筋が寒くなりました。それまでIT部門の人間として多大な労力を払って作らなければいけなかったレポートが、プログラミングなしで簡単に実現できてしまうからです。さらに調査を進めてゆき、「パワークエリ」の存在を知った時には恐怖すら感じました。このパワークエリとパワーピボットを組み合わせれば、従来ソフトウェアとハードウェアの両面からIT部門の支援を得なければ成し遂げられなかったレポートが、もはやExcelファイル1つで誰でも作ることができるからです。IT部門出身の人間として自分の誇ってきたレーゾンデートル＝存在意義が揺らぐのを感じました。当初、私は最初はこの事実を直視できませんでしたが、恐る恐る目を向けてみると、今度はその新技術、アプローチ、そして完成するものの美しさに魅了され、すっかりExcelの虜となってしまいました。

しかし、さっそく知った新技術を使ってみようと手を動かし始めたところ、すぐに壁にぶつかってしまいました。それらの新技術は大変すばらしいものですが、ある特有のアプローチで使用しなければ、技術の群れの袋小路にはまりこみ、満足なレポートすら作ることができないのです。それはITの世界では「ビジネス・インテリジェンス」と呼ばれる分野でのアプローチです。

どんな優れた道具があったとしても、それを使いこなせなければ意味がありません。そこで私は自分自身の学習と体験とをもとに、「パワーピボット」を中心として「パワークエリ」「DAX」「ピボットグラフ」「条件付き書式」といった種々の機能を、一貫した7つのステップにまとめました。本書を手にされた皆様は、それによって従来では到底考えられなかった高度なレポーティングおよび自動化を実現できることでしょう。

本書は、これらのモダンExcelとも呼ばれる新技術群を日本に根付かせるべく、私が強い使命感を持って企画した内容が、翔泳社様のご協力によって実現された本です。本書をきっかけに1人でも多くの皆様が、従来の時間と精神力とお金を削るアプローチから脱却し、新しいアプローチで次元の異なるレポーティングを実現できるようになることが私の切なる願いです。

なお、ページ数やテーマの都合上、本書で扱いきれなかったパワークエリ・パワーピボット・DAX等のテクニックは、以下ブログで紹介しています。

https://modernexcel7.hatenablog.com/

鷹尾 祥

第1部 理論編

第1章 Excelの常識を変えるモダンExcelの登場

第2章 モダンExcelによる全自動レポートの仕組み

contents

第2部 実践編

第1章　実践にあたって

第2章　まずは基本の星型モデルで7つのステップをマスター

第3章 商品別収益性分析

第4章 商品カテゴリー・商品別の売上割合

第5章 当期累計売上

第6章 売上前年比較

第7章 予算vs実績比較

第8章 ダッシュボード

本書の使い方

1 本書の構成

本書は、第1部：理論編と、第2部：実践編で構成しています。

第1部：理論編では、パワーピボットをはじめとしたモダンExcelの新機能について紹介します。また、それらモダンExcelの新機能を応用してレポート作成を自動化するための仕組みについて説明しています。

第2部：実践編では、実際に手を動かしてExcelのレポートを作ります。この中で、基本の7つのステップをマスターし、レポート自動化の基本を身に付けます。様々なシナリオを通じて、新技術の応用方法を学んでいきます。

第2部：実践編から先に読み始めても構いませんが、初めて聞く言葉や考え方が見つかった場合は、第1部：理論編に立ち戻って確認することをお勧めします。

2 動作環境および画面イメージについて

Microsoft Excelは、バージョンによって画面のデザインや機能面に違いがあります。本書は、その中でも**Excel 2016以降**のバージョンを主な対象としています。

Excel 2013やExcel 2010をご利用の場合は、アドインを追加することで、本書で紹介している内容の大部分を試すことは可能ですが、画面やメニューが大きく異なるため、動作の保証はできません。

また、本書に掲載している画面イメージは、筆者が本書執筆時に利用していた**Office365**環境のExcel（2019年4月頃）によるものです。そのため、プレインストール版およびパッケージ版のExcel 2016の画面とは、イメージが一部異なる場合があります。いくつかの大きく異なる画面についてはExcel 2016の画面イメージ（図番号の後に［2016］と記しています）を併記する形で対応しています。また、わずかな違いについては、文章で説明しています。

動作環境については、第2部：実践編 第1章で詳しく説明していますので、ご利用前に必ずご確認ください。

3 ● 読者特典について

本書では、読者特典として翔泳社のWebサイトから、第2部：実践編で使用する練習用のサンプルファイルと、特別付録のPDFファイルをダウンロードすることができます。

サンプルファイルには、デモで使用する「データソース」ファイルのほか、各章の開始・終了時点のExcelファイルを用意していますので、自分が興味を持っている章からデモを開始することもできます。ただし、Power Queryのデータソースを指定したフォルダーの場所（C:¥データソース）は変更できないのでご注意ください。また、Officeの更新プログラムが適用されていない環境の場合、Power Queryの関数に互換性が無く、サンプルファイルが使用できない場合がありますのでご了承ください。

特別付録のPDFをファイルには、ページ数の都合で本書に掲載しきれなかったシナリオ「顧客別売上分析」や、ビジネスインテリジェンス（BI）用語についての解説、およびPower Pivotアドインを有効にする手順についての解説を掲載しています。

4 ● 読者特典のダウンロード

本書の読者特典として、以下のサイトからサンプルファイルおよびPDFファイルをダウンロードできます。

http://www.shoeisha.co.jp/book/present/9784798161181/

※会員特典データのダウンロードには、SHOEISHA iD（翔泳社が運営する無料の会員制度）への会員登録が必要です。詳しくは、Webサイトをご覧ください。
※ファイルをダウンロードするには、本書に掲載されているアクセスキーが必要になります。該当するアクセスキーが掲載されているページ番号はWebサイトに表示されますので、そちらを参照してください。
※会員特典データに関する権利は著者および株式会社翔泳社が所有しています。許可なく配布したり、Webサイトに転載することはできません。
※会員特典データの提供は予告なく終了することがあります。あらかじめご了承ください。

［第1部］理論編

第1部では、近年のExcelにおける「**表計算システム型**アプローチから**データベース型**アプローチへの変化」とその仕組み、および、それが業務ユーザーにもたらすメリットについて解説します。

［第1章］

Excelの常識を変える モダンExcelの登場

ここでは、近年のExcelの進化の概要を、
旧来型のアプローチと比較しながら説明していきます。

1 Excel誕生以来の革新

「表計算システム的アプローチ」から「データベース型アプローチ」への変革は、Excel誕生以来の革新と呼ばれています。その具体的な中身は**Power Query**（パワークエリ）、**Power Pivot**（パワーピボット）、**DAX**（ダックス）**といった新しい技術**です。そして、それらの新技術を駆使した最終的なアウトプットとして、表とグラフとKPI（Key Performance Indicator）を1つにまとめた高度なインタラクティブ・レポート＝**ダッシュボード**を作れるようになりました。

1
2

社内に散らばるデータをまとめて取り込むPower Query

まず、データ集計・分析の自動化を実現するために最初に使う技術として**Power Query**があります。これは、Excelの内部もしくは外部にあるデータを自動的にExcel内に取り込む機能です。具体的には、**①多彩なデータソースからの取り込み、②データの自動加工、③データの取り込み先**の3点が、今までと比べて大きく進化しています。

◎多彩なデータソースからの取り込み

データソースとは、取り込みデータの元、つまり生データのことです。

従来のExcelも、「外部データの取り込み」としてAccess、テキストファイル、SQL Serverなどからデータを取り込むことができました。Power Queryでは、これらのほかに、Excelファイル、指定されたフォルダーの中にあるすべてのファイル、Exchange、Salesforce、Facebookなどからもデータを取り込めるようになりました。また、Power Queryで作成したデータ取り込みロジックもデータソースとして読み込んで、重層的なデータ取り込みもできます。

これが実務上どんな意味を持つかというと、**社内のあちこちに存在するデータを簡単に1つのExcelファイルに取り込むことができる**ということです。そして、いったん取り込み処理を作ってしまえば、次回からはワンクリックでそれら複数のデータソースから最新のデータを取り込み直すことができます。

◎データの自動加工

レポート作成の自動化を試みた方なら経験があると思いますが、社内に散らばる多くのデータはそのままの形では使用できません。同じ項目であっても、システムごとに呼称が異なっていたり、ステータスの表現の仕方が異なっていたり、日付のフォーマットが異なっていたりと、一筋縄ではいきません。**データの集計をするためには、データソースごとに異なる方言を標準語に統一する作業が必須です。**

従来は、このデータの前処理＝データ・クレンジング作業を、主に以下2つのアプローチで行ってきました。

①気合いで手作業
▶ 元データをコピー＆ペースト、置換、VLOOKUP関数などの一連の手作業で加工する。時間と精神を消耗し、手違いも起こるかもしれないけれど、がんばって人力で直す（筆者はこのようなエンドレスの手作業に嫌気がさして会社を去っていった人をたくさん見てきました……）。
②プログラミングの専門家になる
▶ 本屋さんでマクロ・VBAの本を買ってきて、がんばって勉強してデータ加工を自動化するプログラムを作る。何がしかの処理は自動化できるかもしれないが、新しい項目が追加されれば、その都度プログラムを修正しなくてはならない。

どちらも時間がかかり、そして気が遠くなる作業です。

それに対して、Power Queryによる自動加工処理は圧倒的かつ恐ろしいほど簡単です。**マウスクリックを中心とした画面上の操作でデータの自動変換処理を簡単に作れます**。つまり、フォーマットを統一する、データの名称を統一する、他データと結合するといった処理が、列を選んで少しの設定項目を入力するだけで完成してしまいます。さらにそれら複数の処理を順番に定義し、ひとまとまりの連続した加工処理（**クエリ**）にすることができます。

つまり、うんざりするほどの手作業をしなくても、プログラムの専門家にならなくても誰でも簡単にデータをきれいに整えることができるのです。

◎データの取り込み先

データの取り込み先と聞いて、皆さんは何を思い浮かべますか？　おそらく多くの方の回答は「Excel以外にどこだというんだ？」でしょう。もちろんExcelです。このとき皆さんがイメージするExcelとは、**シート上の目に見えるデータ（ワークシートテーブル）**に限られています。しかし、Power Queryにはそのほか、**データモデル**、**読み捨て**という選択肢があります。

データモデルとはシート上に表示されないExcel内部のデータ格納領域のことです。わざわざ取り込んだデータを見えないところに取り込む目的は何でしょうか？　その1つは、Excelシートの最大行数を超えたデータを持つことができるということです。Excelシートは最大1,048,576行（約100万行）のデータを持つことができますが、データモデルはそれをゆうに超える1,999,999,997行（およそ20億行！）までのデータを持つことができます（実際の運用ではパフォーマンスとの兼ね合いになるので、もっと小さいサイズになります）。さらに、データモデルを使用すると、ファイルサイズがとても小さくなるというメリットがあります。シート上にデータを持つと数10Mバイトだったファイルが、データモデルのみの取り込みにするとファイルサイズが数Mバイトになることはざらです。結果として、大容量のデータを高パフォーマンスでストレスなく利用できます。

次に**読み捨て**について説明します。Excel関数に詳しい方なら、複数のデータを結合するVLOOKUP関数をご存じだと思います。しかし、連結するデータが多い場合にVLOOKUP関数を使うと、ファイルサイズが大きくなり過ぎてExcelのパフォーマンスが著しく低下します。そのような場合、Power Queryでは結合対象のデータを「読み捨て」として参照専用で利用し、データをファイルに取り込まなければよいのです。そうすれば、無駄なデータでファイルサイズとパフォーマンスを犠牲にせずにすみます。

データの骨格を作るパワーピボット

Excelが得意な方は「ピボットテーブル」をご存じだと思います。そのピボットテーブルに「パワー」が付いた「パワーピボット」とはいったい何でしょう？ その一番の違いは登場するテーブルの数にあります。

テーブルとは、種類ごとに分けられたひとまとまりのデータのことです。例えば、売上、商品、顧客、カレンダーといったデータがテーブルの例です。

従来のピボットテーブルは1つのテーブルのみを対象としていました。例えば商品別、顧客別の四半期ごとの売上を集計・分析するためには、まずそれぞれの元データを1つのExcelシートにコピーし、売上テーブルを中心にして、VLOOKUP関数で商品名、顧客名、四半期を追加します。このような面倒な手続きを経てようやく「完全な」売上テーブルを作り、それをもとにピボットテーブルで集計・分析します。この壮大なデータの伝言ゲームによって作られた1つの完全なテーブルをもとにしたアプローチを**シングルテーブル・アプローチ**と呼びます。

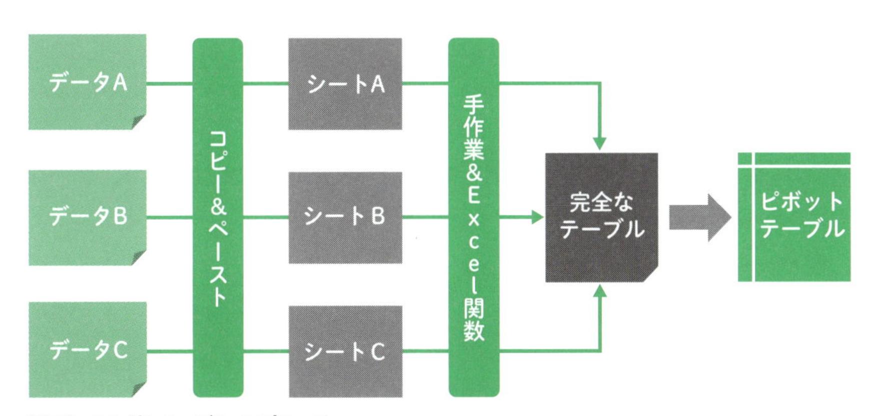

図1-1　シングルテーブル・アプローチ

それに対して、パワーピボットでは複数のテーブルの存在を前提にした**マルチテーブル・アプローチ**が可能です。つまり、売上テーブル、商品テーブル、顧客テーブル、カレンダーテーブルはそれぞれ独立したテーブルとしてExcel内に読み込み、それらテーブルどうしの論理的なつながりを利用してピボットテーブルで分析・集計することができます。

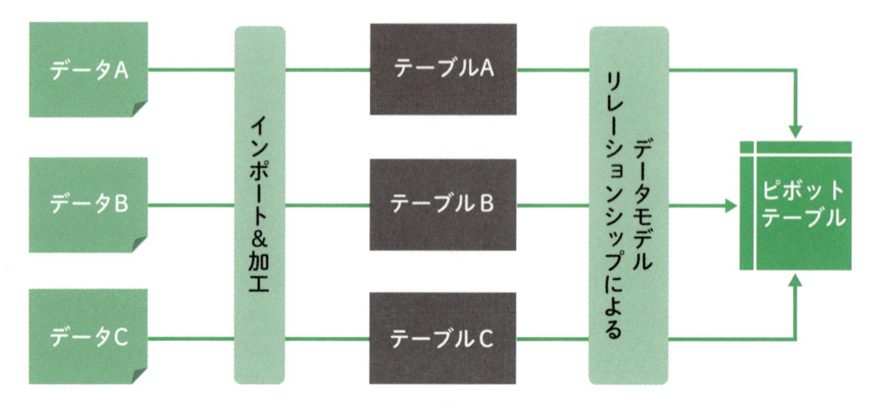

図1-2　マルチテーブル・アプローチ

縦横無尽の集計を可能にするDAX

「DAX（ダックス）」……皆さんは聞いたことがあるでしょうか？　「パワーピボット」よりも耳慣れない言葉かもしれません。このDAX（Data Analysis Expressions）とは、パワーピボットの中で使われる関数です。外見上Excel関数によく似ていますが、**座標の指定を中心としたExcel関数とは異なり、データモデル内のテーブルをもとに集計する関数です。**常にその姿を変えるピボットテーブルに対応した関数なので、使い方に特徴がありますが、いったんその考え方を理解してしまえば、ほとんどすべての分析・集計ができるといっても過言ではありません。

DAXを使いこなすことで、総計や小計に対する割合、期間累計計算、前年同期比較、予算実績比較といった高度な分析を実現できます。DAXを用いない従来のアプローチでは、これらの分析には、SUM関数やSUMIFS関数を駆使して、固定したクロス集計表を作らなければなりませんでした。それに対して、DAXを使えばピボットテーブル上で同じ集計ができるので、スライサーでほかの条件を追加したり、小さい単位まで掘り下げたりすることができるようになります。つまり、動かない固定的なレポートではなく、動く「生きた」レポートで同じ分析ができるという大きなメリットがあります。

KPIを一覧できるダッシュボード

皆さんは「ダッシュボード」という言葉を聞いたことがあるでしょうか？ダッシュボードとは、自動車の運転席の正面にあるようなスピードメーター、燃料計などが並んだ計器盤のことです。それがビジネスの世界で用いられるようになり、1つの画面で複数の表やグラフを使って、会社の主要な業績・ステータスを要約した**KPI（Key Performance Indicator）**などを表示する統合レポート環境のことを指すようになりました。

ピボットテーブルやピボットグラフは、ユーザーの操作によって簡単に必要な分析を行えるインタラクティブ・レポートです。それにここまで紹介したPower Query、パワーピボット、DAXの技術を組み合わせて、従来では考えられなかった高度なビジネス・ダッシュボードを作れるようになりました。

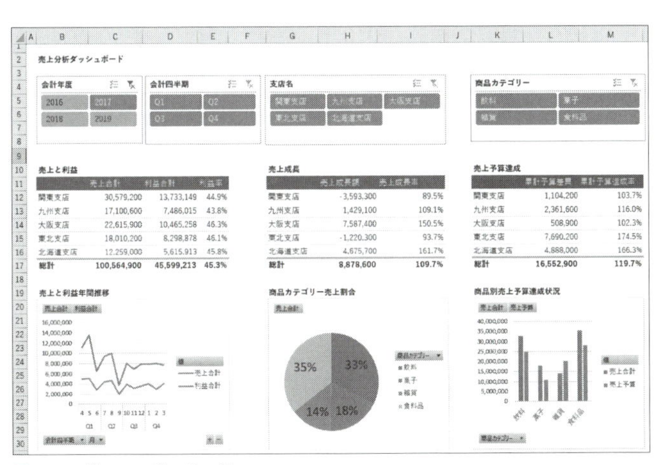

図1-3　ダッシュボードの例

2 マクロ・VBAによる自動化の限界

Excelのマクロや VBAを駆使して、業務ユーザー自身がプログラムを組み立て、データ集計・分析レポートの自動化を実現するというのも1つの選択肢です。しかし、このアプローチには言語の習得に時間がかかること、プログラムのブラックボックス化、実行速度（パフォーマンス）の限界などの問題があります。

1

2

習得に時間がかかるプログラミング言語

このアプローチの第1の限界は、**VBAという1つのプログラミング言語を習得するのにはとても時間がかかる**ということです。

プログラミング言語を身につけて自らプログラムを書けるようになれば、様々な処理を自動化することが可能になります。しかし、Excelは数多くのVBAメソッドを持っており、それらを異なる目的に応じて適切にプログラミング処理に組み込むことができるようになるには、かなりの時間を要します。

本書を手にされた方の中には、書店に並ぶVBA入門といった本を購入したものの、途中で挫折した方も多くいらっしゃるのではないでしょうか？　VBAプログラムだけを専門で行える環境にいれば別ですが、日々の業務に追われる業務ユーザーが何とか時間を作って独学でVBAを勉強し、さらに実用可能なレベルでプログラムを組むということは、実はかなりハードルの高いことです。

努力して何かの専門家になるというのは素晴らしいことです。しかし、本来の目的である「データ集計・分析の自動化」に今一度目を向けた場合、VBAの専門家になることは手段として効率的な選択肢でしょうか？

プログラムのブラックボックス化

苦労してVBAという言語の専門家になった方がいて、その方ががんばって何とか1つのプログラムを作り上げたとします。

しかし、もしその方が退職・異動などで組織を去ったらどうなるでしょう？

その方が去った後にデータのフォーマットが変わり、プログラムの変更が必要になったらどうなるでしょう？　誰かが残されたプログラムを解析し、今回のデータ変更に合わせた改修を行わなければなりません。多くの場合、プログラムの詳細な設計書が残っていることは稀ですし、仮にあったとしてもそれを第三者が理解するのは簡単なことではありません。プログラムとはそれぞれ個別のものであるため、第三者がその内容を正確に理解するにはそれなりの時間と労力がかかります。つまり**プログラムのブラックボックス化**が起こります。

遅い実行速度

最後は、プログラムの実行速度の問題です。マクロ・VBAは人間が画面上で行う動作をコンピューターが代わりに行うように作られたものなので、基本的にExcelの画面上で人間が行う動作をそのままシミュレートするものであり、実行速度がとても遅いです。筆者は過去に数万件のデータ結合・取り込み処理をVBAで行いましたが、実行してから完了するまでに数十分かかりました。これではある程度以上（数十万件）のデータを処理するのは難しいでしょう。

3 モダンExcelのテクノロジー

今度はモダンExcelのアプローチを説明します。VBAと比較すると、モダンExcelのアプローチの特徴は「非専門家主義」＝「誰でも作れる」という点にあります。アプローチの詳細は本書全体のテーマですので、ここでは概略に留めておきますが、それぞれのステップは驚くほどシンプルです。

プログラム不要で誰でも作れる

前節でVBAというプログラミング言語を習得するのには時間がかかると述べました。それに対して、モダンExcelではプログラミングを必要としません。プログラムを書くこともできますが、実運用ではマウスクリックを中心とした画面上の操作のみでレポートの自動化ができます。さらにそれぞれデータの集計・分析に特化して用意された機能ですので、1つ1つのプロセス自体が短くシンプルです。唯一、習得に時間がかかるのはDAXですが、よく使われる分析であれば、本書に記載された構文を真似ることで十分応用が可能です。

いずれにせよ、モダンExcelのアプローチはVBAを習得することに比べればはるかに容易です。その意味で、業務ユーザーはわざわざ「VBAの専門家になる」という寄り道をせずに、本来の目的であるデータの集計・分析そのものに集中できます。

1
2

「見える化」されたプロセス

前節でVBAによるプログラムは第三者にとってブラックボックスになりがちだと指摘しました。それに対して、モダンExcelはどうでしょうか？　前項に述べたとおり各プロセスがシンプルかつ短いものであるため、第三者にとっても処理が理解しやすいです。特にPower Queryでは、作成した処理に適切な名前を付けておけばさらに分かりやすくなります。

モダンExcelのアプローチは登山に似ています。初めてルートを開拓するときにはそれなりに工夫が必要ですが、いったんルートを開拓してしまえば他の人が同じルートをたどるのはそれほど難しくはありません。ルートそのものに適切な目印を付けておけばなおさら易しいでしょう。そういった意味で、モダンExcelのアプローチは「見える化」されたプロセスということができるでしょう。

ハイ・パフォーマンス

マクロ・VBAではデータの取り込みに大変な時間がかかると述べました。それに対して、モダンExcelで登場した機能はデータ集計・分析に特化したものなので、データ取り込み・加工の速度が圧倒的です。

まず、データ取り込み・加工に使用するPower Queryは、数100万行のデータであれば、数分もかからずにインポートできますし、さらにデータをExcelのワークシートではなく、データモデルに直接取り込んでしまえば、レポート使用時のパフォーマンスも大きく改善させることができます。

4 テクノロジーの進化が「発想の制約」をなくす

ここまでモダンExcelのメリットについて説明してきました。これら新技術の登場はデータの集計・分析に関して、あるとても重要な変化が訪れたことを意味しています。それは従来、技術的な限界によって分かれていた「業務ユーザー」と「IT技術者」の2つの役割が1つになったということです。つまり、使用者である業務ユーザーと環境の提供者であるIT技術者の分業体制がいらなくなり、その双方の役割が一人の人間でまかなえるようになったのです。

これにより業務ユーザー自身ができる集計・分析の幅は革新的に広がりました。もはやExcelは単に集計を補助するためのアプリケーションではなく、会社や組織の重要な情報資源を統合・分析するプラットフォームとなったのです。

インフラ環境の制約がなくなる

従来、ある程度の規模のデータ分析環境を用意するには、データ分析環境専用のインフラ環境＝サーバーを購入し、継続的な保守費用を払い続けなくてはなりませんでした。当然、業務ユーザーだけでは環境を用意できないので、IT部門の助けを借りなければならず、その人件費もかかります。

ところが昨今のモダンExcelの登場により、1つのExcelファイルに膨大な量のデータの取り込みが可能になりました。そのため、専用のハードウェアを購入する必要がなくなり、インフラ環境における制約がなくなりました。

アプリケーション開発の制約がなくなる

インフラ環境の制約を乗り越えたら、次に来るのはアプリケーション開発の制約です。例えば、自分の欲しいレポートの開発をIT部門またはITベンダーに依頼した時に、ビジネスを知らないIT技術者に自分の要求がなかなか伝わらない経験をしたことはありませんか？　自分の頭の中にあるものを、職業的バックグラウンドの異なる相手に一から伝えるのは骨の折れることです。また、ようやく伝え終わったと思ってひと安心していたら、出来上がったものが自分の思っていたものとまるで違っていたということもよくあります。

それに対して、モダンExcelではIT技術者の助けを借りるのはせいぜい「特定のデータベース（データソース）へのアクセス権を与えてもらう」という程度です。それ以外の部分はユーザー自身が作ることができますので、自分の要求がうまく伝わらなくてヤキモキすることがなくなります。つまり、要求する人間と作る人間が同じなので、最初から誤解なく正しいものが作れるということです。これでアプリケーション開発の制約もなくなりました。

発想の制約がなくなる

インフラとアプリケーションの2つの垣根がなくなり、レポート開発が完全に業務ユーザーの手中に収まったとき、今度は「発想」の制約がなくなります。

自分の欲しいものを他の人に頼んで作ってもらうとき、人間は無意識のうちに頭の中にハードルを作ってしまいます。すなわち、「他人に頼むのは手間がかかるからここまでにしておこう」とか、「失敗したときにお金が無駄になるから無難なところまでで留めておこう」とか……

従来の大掛かりなレポート開発では、「失敗」は許されませんでした。少なくないお金と他人の時間がかかるプロジェクトには「完璧」が求められるからです。そして、このような技術的・経済的・心理的なプレッシャーは無意識的に依頼者の発想の足かせになってしまいます。

しかし、インフラとアプリケーションの制約がなくなった今、レポート作成に失敗しても困るのはせいぜい作った本人だけです。つまり、「失敗ができるようになった」ということです。この「失敗ができる」ということはとても重要なことです。失敗ができるということは「冒険」ができるということです。つまり、自らを無意識に押さえつけていた「発想」の制約がなくなり、ユーザー自身が初めて自分の欲しいレポートを自由に作れる状況になったということです。

本書を手にした皆さんはぜひ7つのステップをマスターし、自分の好奇心・疑問の赴くまま、データ分析の主役になってください。

[第2章]

モダンExcelによる全自動レポートの仕組み

ここまでExcelの進化の素晴らしさと革新性について
概要を説明してきました。いよいよここからは
モダンExcelを使いこなして完全自動のレポートを
実現するための仕組みと原則について説明していきます。

1 「集計」と「分析」の違い

本書のタイトル『**Excelパワーピボット－7つのステップでデータ集計・分析を自動化する本**』には、「データ」「集計」「分析」と馴染みのある3つの言葉が並んでいます。これにはちゃんと意味があります。あえて言い換えれば、「**データを集計**し、さらに**分析**もする」ことができるレポート作成を自動化するということです。これらのうち「集計」と「分析」について、言葉の定義を意識せずに使っていないでしょうか？　実は、この2つはその方向性が真逆なのです。

まず「集計」です。この言葉を分解すると、「集」と「計」の2つの漢字になります。つまり、①集めて、②計算するという2つのステップで構成されています。一方、「分析」を分解すると「分」と「析」になります。こちらは、①分けて、②（解）析するという2つのステップで構成されています。

まとめると、多数のデータを集めて計算して「全体の傾向をつかみ」（集計）、さらにそれを分けて「個別の傾向（および理由）を知る」（分析）という相反するベクトルの両方を持つことが、レポートの究極的な役割であるということです。

ですので、見る人が「データを集めること」と「データを分けること」を自在にできることが、真に有用なレポートの条件です。曖昧に流しがちな部分ですが、ここは後述する「数字テーブル」と「まとめテーブル」を統合したデータの全体像を考える上で極めて重要な点なのでしっかり意識しておいてください。

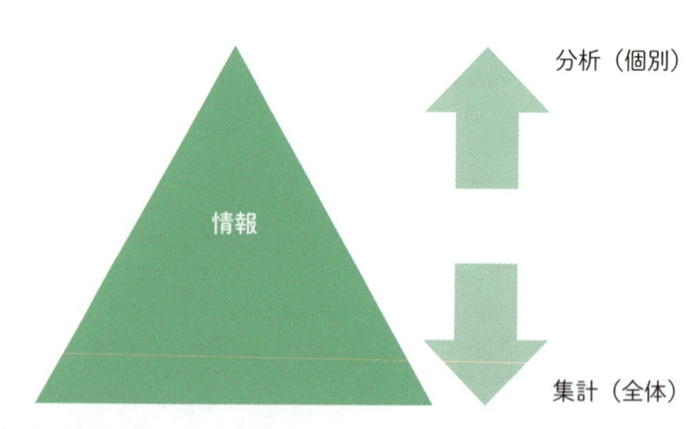

図2-1　データの集計と分析

2 データとロジックの徹底分離で「定点観測」レポートを実現する

皆さんは何かレポートを作るとき、図2-2のように、①業務システムの出力ファイルや手作りのExcelファイルから元データを用意し、②それらを1つのExcelファイルにコピー＆ペーストした後、③**手作業で**データを削除・変更および、VLOOKUP関数で他のデータと結合するという手順をたどっていませんか？そして、苦労して用意したそのベースデータを使ってSUMIFS関数やピボットテーブルで集計するという手続きを踏んでいませんか？

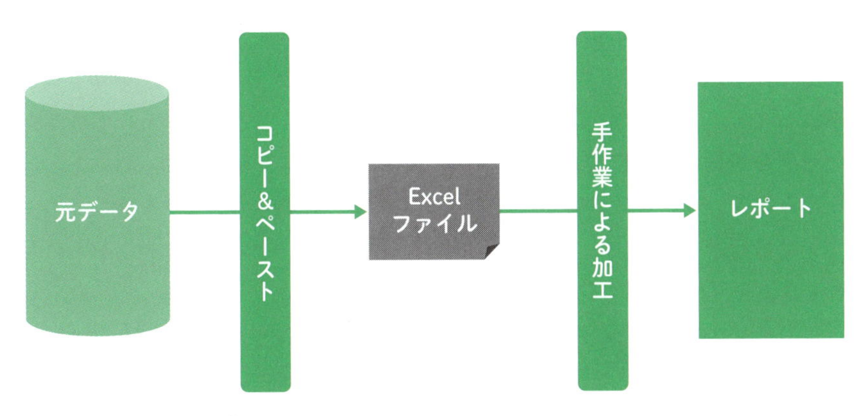

図2-2　ど根性手作業アプローチ

本書においてはこのアプローチは禁忌です。つまり**絶対に元データ（生データ）を加工してはいけません。**

「定点観測」アプローチ

本書では、「**定点観測**」のアプローチをとります。このアプローチは、**元となる生データは決して加工せずに機械的に取り込むだけ**で、**後はロジックの組み立てだけでアウトプットとなるレポートを繰り返し作る**というものです。

例えば、天体を観測するときに毎回、手作業で観測台を設置していては正しい観測はできません。観測台は常に1か所に固定されているからこそ、天体の運行を客観的に観測することができます。観測台を皆さんが作るレポート、観測対象の天体をレポートを通じて見る事実に例えるならば、毎回手作業でレポートを作り直す行為は、観測台を毎回手作りする行為に等しいといえます。このような観測台ではそこから見えてくる天体の動きに対しても疑念を抱かざるを得ません。

したがって、生データは**機械的に決められたフォルダーに保存する**のみ、データベース・システムに直接アクセスできる権限があるならば**生データが存在するデータベースを機械的に指し示す**のみというように、ありのままの状態にしておくことが大前提です（これらの生データの取得先のことを**データソース**といいます）。

データソースを指定した後は、本書でいう「ロジック」＝論理的な手続きにより、最終形態となるレポートを作成し、必要なアウトプットが得られることを確認します。そしていったんレポートが完成した後は、データソースである**生データを最新のものに差し替え**、ただ「**更新**」を実行するだけでレポートを最新のものにします。つまり、レポートを作るという作業＝ロジックを組み立てる作業は最初の1回だけで、次回からはデータ更新のみで新しいレポートを手に入れる状況を目指します。

このアプローチのことを、筆者は天体観測になぞらえ、「**定点観測**」アプローチと呼んでいます。

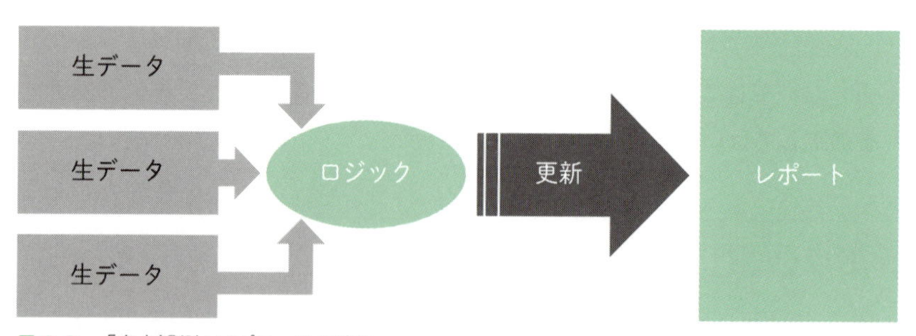

図 2-3　「定点観測」アプローチの流れ

1回きりのレポート＝One-Timeレポートの悲劇

先に「定点観測」のアプローチについて述べました。それに対して、多くの人がその過ちに陥っている「ど根性手作りレポート・ルーチン」で作成されたレポートを筆者は「One-Timeレポート」と呼んでいます。つまり、その都度ゼロから生データを直接手作業で加工し、VLOOKUPで複数のデータを結合し、最後にSUMIFSで集計してというような、努力の伝言ゲームで作るレポートのことです。

One-Timeレポートは、毎回大変な苦労をして作られます。しかし、レポートそのものは再利用できず、月次などの定期的なルーチンで同じ時間をかけて作り直すことになる1回きりのレポートです。このアプローチには、以下のデメリットがあります。

【One-Timeレポートのデメリット】

- 1つのレポートを作るのに毎回同じだけの時間がかかる
- 作るのが大変なので頻繁に更新できない
- 新たな項目を追加すると雪だるま式に手間が増える
- 手作業なので毎回ヒューマンエラーの可能性がある
- 途中で手続きを間違ったときはそこから作り直し
- レポート作成自体が苦痛なので中身を見る元気がない！

特に最後の点は大問題です。作ること自体が非常に大変なので、レポートを作る人自身がレポートの結果を見ることを恐れるようになります。レポートの結果を見ることよりも、手違いによる作成ミスを発見してしまい、レポートを再作成する事態が訪れることを恐れるからです。また、新たな項目を追加すると作業負担を増大させますので、自ら進んで発展性のあるレポートを作る気にはなりません。結果として、レポートを作ること自体が目的化し、肝心のビジネスを向上させるため、数値情報の中から新しい何かを発見するためのセンスが育たなくなるのは大問題です。お釈迦様ではありませんが苦行からは悟りは得られないのです。

定点観測アプローチのメリット

One-Timeレポートのアプローチに比較して、定点観測アプローチには以下のメリットがあります。

【定点観測アプローチのメリット】

・レポートを作るのに時間がかかるのは最初だけで2回目からは更新のみ
・データ更新が簡単なのでフレッシュなレポートを頻繁に作成できる
・新たな項目を追加しても更新の負担にならない
・手作業による誤りが発生せず誤りの訂正はロジックのみ
・レポートを作成することから「苦痛」がなくなる
・レポートの結果を「見る」余裕が生まれてセンスが磨かれる
・余ったエネルギーと時間でレポートをさらに「改善」できる
・繰り返すたびによいレポートになる！

慣れるまで最初は戸惑うかもしれません。しかし定点観測アプローチに馴染んでくると、どんどん効率的でシステマチックな考え方ができるようになります。「どこからどのデータを持ってくれば必要な分析ができるか？」「仮にデータが存在しない場合、IT部門にどのようなシステム修正を依頼すれば最小限のコストで済むか？」など、より効率的で意味のあるレポートを作るためのデータの最短距離がイメージできるようになってきます。本書を手にした皆様はぜひ、「ど根性手作業アプローチ」を卒業して「定点観測アプローチ」を自分の当たり前としてください。

3 「骨格」を作ってデータを集める

前節ではデータとロジックを分離させることの重要性について述べました。ここでいうロジックは、本書のメインテーマであり後述する7つのステップで実現されます。本節では、そのロジックの中核であるデータの骨格、すなわち**データモデル**について説明します。

皆さんは、データモデルという言葉をご存知でしょうか？　ITに関わる方には馴染みのある言葉ですが、一般の業務ユーザーは初めて耳にする言葉かと思います。パワーピボットを中心としたアプローチでは、このデータモデルこそがレポートを作るための基礎となります。このデータモデルを基礎として、人間が理解できる情報としてレポートを「表現」します。つまり、データモデルが正しく用意できていれば、見る人の希望に応じて姿を変える**生きたレポート＝インタラクティブ・レポート**を作ることができます。「インタラクティブ」とは、「双方向の」「対話形式の」という意味です。つまり、ここでは「インタラクティブ・レポートを介して、ユーザーがデータに質問し、必要な情報を得る」という能動的な利用を想定しています。

往々にして、このデータの骨格（データモデル）と表現形式であるレポートとの区別を曖昧にしたままレポート作成に取り掛かってしまうために、労多くして実りの少ない**定型レポート**が作られてしまいます。

前節では、データとロジックを分離させることの重要性を説きましたが、本節では、データの骨格と表現とを分けて考えることの重要性を説明します。

定型レポート＝One-Patternレポートの悲劇

データモデルに基づいたアプローチについて説明する前に、まずはその対極にある**定型レポート＝あらかじめ形の決まったレポート**について説明します。ここでいう定型レポートとは、いわゆる①縦軸に並ぶ項目、②横軸に並ぶ項目、そして、③合計する値の粒度（粗さ・細かさ）があらかじめ決まっていて変えることのできないレポートのことです。

1つの例として、都道府県×月別の売上合計を把握するレポートを、Excel関数で作成するケースを想定します。

前述した「One-Timeレポート」の苦労を経てひとまず立派なレポートができたとします。しかしより大きな単位＝北海道、東北地方、関東地方といった地域ブロックで集計したくなったら、どうなるでしょう？　すでに都道府県別の集計レポートはあるので、そのレポートを元に新たに地域ブロックごとのレポートを作ることはできます。しかし、逆に集計単位を細かくして市区町村ごとの売上を分析したくなったらどうでしょう？　今のレポートの最小単位は「都道府県」なので、「市区町村」を持った明細データを新たに作り、そこから再びレポートを作り直さなければなりません。

このように従来型のExcel関数を駆使したアプローチでは、多様な要求に対して、その都度レポートを作り直さなくてはなりません。このように一通りの見方しかできないレポートを筆者は「One-Patternレポート」と呼んでいます。One-Patternレポート＝定型レポートの悲劇は、データの「骨格」を用意することなく、いきなりアウトプットの最終形態である「表現」に取り組んでしまうことに原因があります。つまり、異なる目的ごとに別のレポートを手作業で作るアプローチのため、要求の分だけ必要な労力が増えていきます。これではビジネス環境の変化に応じてスピーディにレポートを改善していくことはできないでしょう。

データの骨格＝「データモデル」

これに対して、パワーピボットのアプローチは、まずは多様な目的に対して柔軟に変化できる論理的なデータの骨格＝「データモデル」を作ることから始めます。いったんデータモデルが用意できたら、今度はそれを元に用途に応じて異なるレポートを「表現」します。こうした2段階のステップをとることで多種多様な集計・分析の要求に応じて柔軟に姿を変える「インタラクティブ・レポート」を実現します。この生きたレポート＝インタラクティブ・レポートとは、いってみれば、「レポートを作る」というよりも、「自分で自由に使える分析環境＝セルフサービス分析環境を作る」ということです。

それでは、いよいよデータの骨格＝データモデルの説明に移ります。**データ**

モデルとは、端的にいうと①テーブルと②リレーションシップからなるデータの関係図のことです。詳しくは後述しますが、「テーブル」とは1種類の明細データのまとまりのことで、「リレーションシップ」とはそれぞれのテーブルどうしをつなぐものです。図2-4は、箱の中心となる売上テーブルが各テーブルとリレーションシップ（矢印）でつながっていることを表しています。

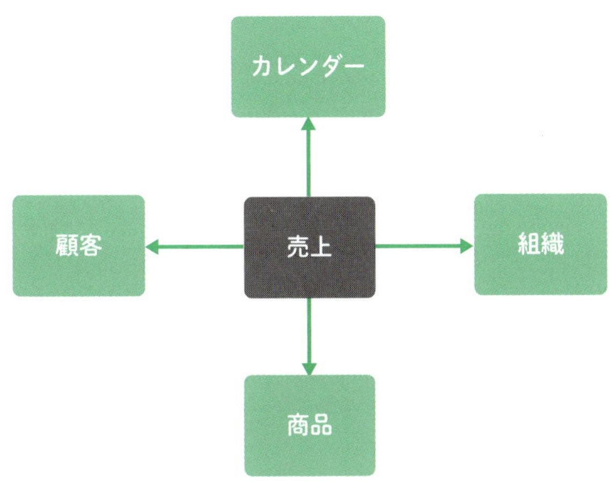

図2-4　データモデル

骨格に例えていうならば、テーブルが1本1本の骨に、リレーションシップが骨と骨とをつなぐ関節に相当します。人間は多数の骨と関節があるからこそ、状況に応じて様々なポーズをとることができます。もし仮に骨が1つしかなかったら、いくらその骨が頑丈であったとしても体を動かすことすらできません。データモデルとはこのように様々なポーズ＝変化するレポートの基礎となる重要な定義なのです。裏を返せば、データモデルの形によって、レポートでどのような集計・分析ができるようになるかが決まるということです。

骨格を支える骨＝「テーブル」

まず骨格における骨に相当する部分、「テーブル」について説明していきます。英語のテーブル（Table）を日本語にすると、「表」「目録」となります。つまり、合計や平均といった集計がされる前の明細データの一覧表のことです。具体例として、売上明細データ、カレンダー、商品一覧、支店一覧、都道府県一覧といったものがあります。

◎項目とレコード

テーブルは、横軸に並ぶ列＝**項目**と、縦軸に並ぶ行＝**レコード**から構成されています。「項目」とは、商品ID、売上計上日、販売数量、販売単価といった、そのテーブル固有のデータ項目のことです。それに対して「レコード」は、同じデータ項目の組み合わせを持った個別のデータのことです。例えば表2-1のように、売上明細テーブルには、項目として商品名、売上日、売上が横に並び、レコードとして、それぞれの実体となるデータが縦に並ぶこととなります。

項目

商品名	売上日	売上
リンゴ	2019/2/2	200円
ミカン	2019/2/3	150円
⋮	⋮	⋮

レコード

表2-1　テーブルの構造

なお、一般的に項目／レコードではなく、列／行と呼ぶこともありますが、後でピボットテーブルが登場したときに紛らわしいので、本書ではテーブルの列は「項目」、行は「レコード」という呼び方に統一しています。

◎繰り返し項目を横に並べない

テーブルの重要な条件として、**「1つのレコードに同じ意味を持った項目を繰り返してはならない」**という点があります。例えば、以下のように繰り返し項目が横に並んでいる形式のテーブルは望ましくありません。

商品	1月売上	2月売上	…	12月売上
リンゴ	200円	300円	…	150円
ミカン	150円	200円	…	350円
⋮	⋮	⋮	⋮	⋮

表2-2　繰り返し項目（月売上）が横に並んだテーブル

表2-2の例では、本来「売上月」の1項目で縦に「1月」「2月」…「12月」と12レコード存在すべきところ、「1月売上」「2月売上」…「12月売上」というように横に12項目が並んでいます。おそらくデータが縦に並んでいては人間が読みにくいから気を利かせて横に並べたのでしょう。

詳細は後述しますが、正しいデータモデルを作るためには、このように横に並んだ「1月売上」から「12月売上」までの12項目を1つの「売上月」項目として縦に並べ直す必要があります（表2-3）。

商品	売上月	売上
リンゴ	1月	200円
リンゴ	2月	300円
⋮	⋮	⋮
リンゴ	12月	150円
ミカン	1月	150円
ミカン	2月	200円
⋮	⋮	⋮
ミカン	12月	350円

表2-3　「売上月」を縦に並べ直したテーブル

◎プライマリ・キー項目を持つ

テーブルの次の特徴として、レコードをただ1つのものとして示す**プライマリ・キー項目**を持つことがあります。このプライマリ・キー項目は1つのテーブルの中で重複することが許されません。そうでないと別のテーブルから参照するとき、唯一のものとしてレコードを特定できないからです。具体例としては、商品ID、社員番号、カレンダーテーブルの日付といったものが挙げられます。

そして、パワーピボットによるアプローチには、「まとめテーブル」と「数字テーブル」の2種類のテーブルが登場します。

◎「まとめテーブル」でグループ化

「**まとめテーブル**」とは、「○○ごとに」というようにデータを特定のカテゴリーでグループ化するためのテーブルです。「集計」という字を構成する「集」の部分を担当するテーブルです。例えば、組織、社員、都道府県、部門、カレンダーといったように、それぞれ1つの独立したカテゴリーごとに特有の情報を管理するためのテーブルで、一般的に「マスター・データ」と呼ばれます。まとめテーブルには、以下の3つの特徴があります。

【まとめテーブルの特徴】
・それだけでは数字の集計ができない
・プライマリ・キー項目を持つ
・項目が階層構造を持っている

まとめテーブルの1つ目の特徴は、**それだけでは数字の集計ができない**という点です。前述したとおり、「集計」とは「集めて」「計算する」ということです。したがって、「計算」するための数字を持たない限り集計できません。つまり、社員番号、都道府県、部門といった「まとめるための項目」は、それぞれ数字が主役ではないので直接、足し算をして合計を出すといった集計はできません。部門ごとの売上、部門ごとの原価は合計できますが、それは部門ごとに「まとめ」られた売上・原価といった「数字」を合計しているので、部門そのものを合計してはいません。このように直接的に集計できない項目が主役なのがまとめテーブルの特徴です。

2つ目の特徴は、項目の中に必ず**プライマリ・キー項目を持つ**という点です。このまとめテーブルは後述する「数字テーブル」をグルーピングするために使われます。つまり、数字テーブルはまとめテーブルを参照する時に、このまとめテーブルのプライマリ・キー項目を使います。社員テーブルであれば社員番号、都道府県であれば都道府県名、部門であれば部門IDといったようにテーブルの中で重複しないデータ項目を1つ必ず持っていなければなりません。

最後の3つ目の特徴は、**項目が階層構造（集計をまとめる単位）を持つ**という点です。テーブルの中で重複しないプライマリ・キー項目だけではデータをまとめることはできません。プライマリ・キー項目を1階部分として、その上位にそれらをまとめるカテゴリー項目を持つことで、より大きな単位での集計が可能となります。カレンダーテーブルを例にすると、「2019年4月1日」や「2020年3月31日」といった個々の日付をプライマリ・キー項目とするならば、「4月1日から4月31日まで」は4月という「月」単位、「4月から6月まで」は第1四半期という「四半期」単位、2019年4月から2020年3月までは「会計年度」という単位でまとめることができます。これらの「月」「四半期」「会計年度」は独立した項目として、より大きなグルーピングの単位になります。これが階層関係です。

このように、まとめテーブルとは、まとめる単位を論理的にコントロールするためのテーブルです。後述する数字テーブルを、どのくらいの粒度でまとめるかについて定義しているということもできます。

【まとめテーブルの例】

・社員マスター

・部門マスター

・商品マスター

・顧客マスター

・カレンダー

◎「数字テーブル」で集計

一方、「**数字テーブル**」は、集計されるための数値データが中心のテーブルです。一般的に「トランザクション・データ」と呼ばれています。数字テーブルは、以下の3つの特徴を持っています。

【数字テーブルの特徴】

・売上、原価、利益といった数字として集計できる項目を持つ

・まとめテーブルのプライマリ・キー項目を外部キー項目として持つ

・レコードはすべて平等で、階層関係を持たない

数字テーブルの1つ目の特徴は、**売上、原価、利益といった数字として集計できる項目を持つ**という点です。そして、この数字テーブルの1つ1つのレコードが、分析する際の最小の単位になります。

数字テーブルの2つ目の特徴は、**まとめテーブルのプライマリ・キー項目を外部キー項目として持つ**点です。数字テーブルから見たまとめテーブルのプライマリ・キー項目のことを「外部キー項目」といいます。数字テーブルは、社員ID、日付、都道府県といったまとめテーブルのプライマリ・キー項目を外部キー項目として持ち、それを使ってまとめテーブルを参照します。

数字テーブルの3つ目の特徴は、それぞれの**レコードはすべて平等で階層関係を持たない**という点です。階層構造の定義はすべてまとめテーブルに任せていますので、数字テーブルのレコードは階層関係を持ちません。

【数字テーブルの例】

・売上データ

・支払データ

・仕訳データ

・予算データ

骨と骨をつなぐ関節＝「リレーションシップ」

今度はテーブルという骨どうしをつなぐ関節＝「**リレーションシップ**」について説明します。

前述したとおり、まとめテーブルはプライマリ・キー項目というレコードを唯一に特定する項目を持っています。それに対して、数字テーブルはそのプライ

マリ・キー項目を参照する外部キー項目を持っています。これら2つを線でつないだものが「リレーションシップ」です。

リレーションシップは、レコード数の対応関係から**1対多の関係（One to Manyの関係）**を持ちます。例えば、カレンダーテーブルと売上明細テーブルが「日付」という項目でリレーションシップを持っているとします。このとき、4月1日の売上が10件あったとすると、カレンダーテーブルの4月1日のレコード（One）に対して、売上明細テーブルが10レコード（Many）の対応関係があります。日付という項目を考えた場合、まとめテーブルであるカレンダーテーブルの1レコードに対して、数字テーブルである売上明細テーブルのレコードは、複数（または0）となる可能性があります。この関係のことを、「1対多の関係」と呼びます。

この関係により、まとめテーブルの1レコードを指定することで、数字テーブルの複数レコードを連鎖的に選択することができます。つまり、まとめテーブルによって数字テーブルを集計できるようになるということです！

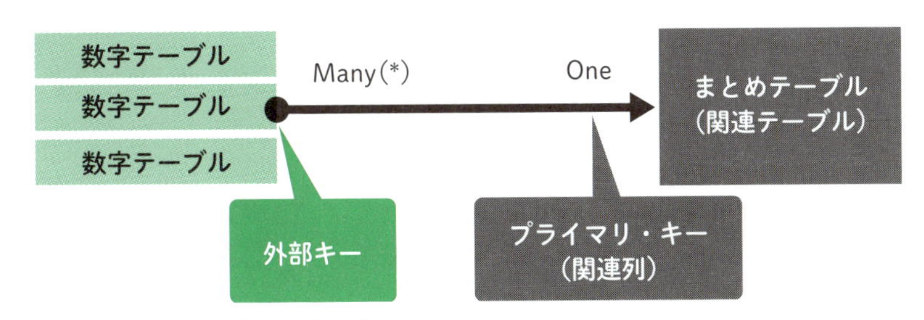

図2-5　リレーションシップによるテーブルの集計

「データモデル」で何ができるか？

さて、このように数字テーブルとまとめテーブルをリレーションシップで結び付けましたが、これによってどんなことができるようになるでしょう？

とりあえず、「カレンダー」テーブルのプライマリ・キー項目である日付で、数字テーブルの複数レコードを、まとめることができるようになりました。つまり、4月1日の売上合計、4月2日の売上合計といった、個々の日付単位の集計ができるようになりました。

ここで、まとめテーブルは階層を持っていることを思い出してください。つまり、まとめテーブルで「4月1日～4月30日」のデータの「月」項目が「4月」ならば、上記のリレーションシップをたどって連鎖的に4月の売上明細データをまとめることができるのです！

① 4月1日、2日…30日のそれぞれの売上はS_1、S_2…S_{30}円である
② 4月1日から4月30日は「4月」である
③ 4月の売上合計はS_1+S_2…S_{30}円である

このように、まとめテーブルの階層からリレーションシップをたどって連鎖的に数字テーブルをまとめることができること（**連鎖選択**）こそがデータモデルのメリットです。

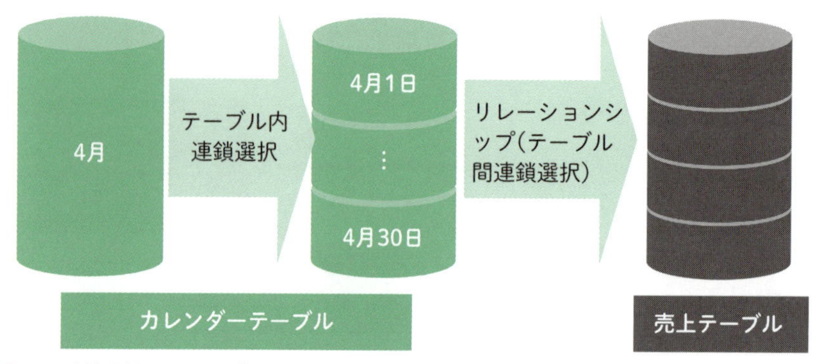

図2-6　連鎖選択によるテーブルをまたいだ集計

先ほどは「月」を例にとりましたが、同様に「四半期」や「会計年度」でも集計することができます。つまり、まとめテーブルの階層項目を使えば、数字テーブルをまとめる単位を簡単にコントロールできるのです。このとき、階層のレベルを上げる（より大きな単位にする）ことを**ドリルアップ**、下げる（より小さな単位にする）ことを**ドリルダウン**といいます。

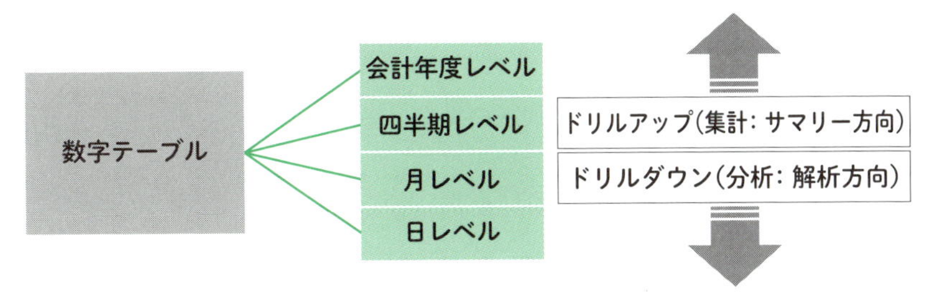

図2-7　まとめテーブルの階層構造でドリルアップ・ドリルダウン

ここで、本書のタイトルである「集計」「分析」に立ち返ってみると、このドリルアップ・ドリルダウンが実現できることによって、「集めること」と「分けること」の論理的な基礎ができたことになります。

さて、ここまでは「カレンダー」テーブルのみがまとめテーブルとして登場していました。ここでさらに他のまとめテーブル、例えば都道府県テーブルと売上明細テーブルをリレーションシップでつないだらどうなるでしょう？　今度はその両方の条件を満たすデータの集計ができるようになります。仮にカレンダーテーブルが、【日・月・四半期・年度】の4階層、都道府県テーブルが【都道府県・地方】の2階層を持つとすると、4 × 2 = 8分類の組み合わせでデータをまとめることができます。

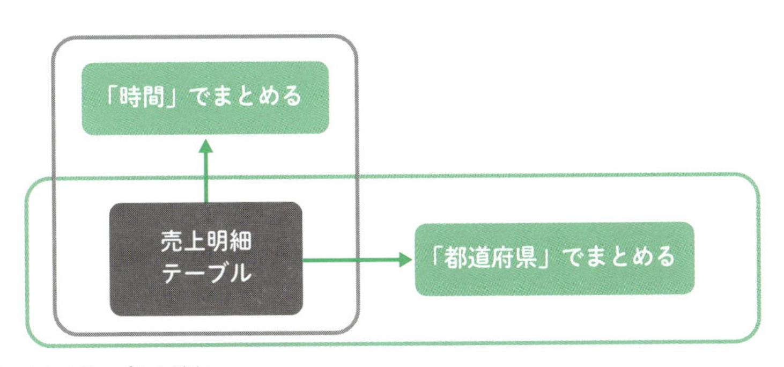

図2-8　まとめテーブルの追加

数字テーブルとまとめテーブルをリレーションシップで結び付けることで様々な角度で数字テーブルを集計できることが分かりました。では、データモデル全体としてどのような形が望ましいでしょう？

答えはとてもシンプルです。中央に数字テーブルを配置し、そのまわりに複数のまとめテーブルを置いた**星型**のデータモデルです。もちろん応用としてそのほかの形もありますが、まずは以下のような基本の星型データモデルを目指しましょう。

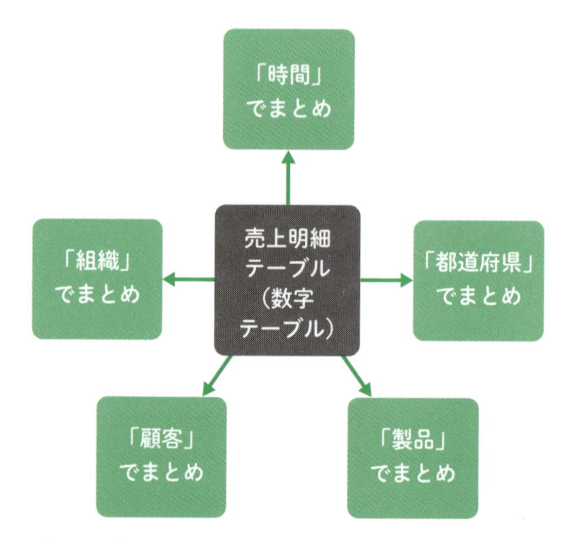

図2-9　まずは星型データモデルを目指す

【星型データモデル】

・中央に1つの数字テーブル（集計されるもの）

・まわり複数のまとめテーブル（まとめるもの）

この形で中央の数字テーブルを、周囲のまとめテーブルのあらゆるレベル、あらゆる組み合わせで集計する準備ができます。

なお、星型といっても周辺のまとめテーブルが5つである必要はありません。中央の数字テーブル1つに対して、周囲に複数のまとめテーブルがあればよいです。

4 インタラクティブ・レポートでデータを「表現」

こうしてデータの骨格であるデータモデルができました。今度はいよいよデータモデルを使って集計を**インタラクティブ・レポート**として「表現」する段階です。「集計」とは、①集めて、②計算するという2つのステップで構成されていますので、必要な情報をインタラクティブ・レポートで表現するためには、①**データを集めるための条件（文脈）**と②**計算の仕方**の2つを指定する必要があります。

「文脈」に沿って「集計」をするピボットテーブル

データを集めるための**文脈**とは何でしょう？　文脈とは表でいえば、**行・列項目の組み合わせ**であり、グラフでいえば**軸**と**凡例**のことです。表もグラフも表現の仕方は異なりますが、本質的に同じ集計をしていますので、ここから先は表形式レポートを例にして説明をしていきます。

Excelで表形式のインタラクティブ・レポートを作るには、**ピボットテーブル**を使います（グラフを作るには**ピボットグラフ**を使います）。すでにデータモデルでデータを集めるための論理的な基礎はできていますので、それを最大限利用してレポートの**個々のセルに集計の文脈を与えます**。

まずはピボットテーブルの働きについて説明します。例えば、売上明細データがあるとして、「売上実績を教えてくれ」という問いは曖昧過ぎていて誰も答えられません。代わりに、①日付ごとの、②販売数量の合計を教えてくれと依頼すれば答えが返ってくるでしょう。つまり、図2-10のように、①文脈として「日付」を与え、②計算の仕方として「数量」の合計を指定します。ちょうど売上明細テーブルには日付と数量の項目があるので、行に売上明細テーブルの「日付」、値に「数量」を持ってくればピボットテーブルは自動的に日ごとの販売数量合計レポートを作ってくれます。

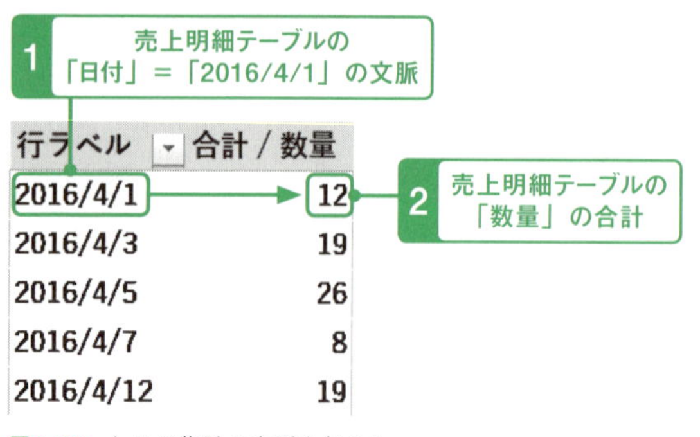

図2-10　セルに集計の文脈を与える

図2-10の結果を見ると、それぞれの行に対して売上明細テーブルの個々の「日付」、つまり①日付＝2016/4/1、2016/4/3、2016/4/5、2016/4/7、2016/4/12といった集計のための文脈が与えられ、それぞれの文脈を条件として絞り込みを受けた②「数量」の合計が計算されています。つまり、ピボットテーブルは人間が見やすい表形式という**枠組み**を与え、そこにユーザーが選んだ「日付」の値に応じたデータの集計を行い、レポートで表現するという働きをしています。このときピボットテーブル自体がデータを持っているわけではなく、データ自体は別のところ、つまりデータモデルの中にあり、ピボットテーブルはデータを覗くための「窓」を提供しているに過ぎません。このデータの骨格と表現を分けた構造によりインタラクティブ・レポート（ここではピボットテーブル）は、使い手の希望・意思によって柔軟にその姿を変えることができるのです。

データモデルで文脈を「連鎖選択」

ここまで説明してきたアプローチは、数字テーブルである売上明細テーブルを唯一のデータの提供元として使用したシングルテーブル・アプローチです。

しかし、ここで行に並べる項目を「日付」ではなく、「年」にしたくなった場合どうしたらよいでしょうか？　残念ながら売上明細テーブルには「年」のデータはありません。ExcelのYEAR関数を使って「日付」から「年」項目を計算して売上明細テーブルに追加しますか？　いえ、その必要はありません。前節で紹介したデータモデル、すなわちカレンダーテーブルと売上明細テーブルのリレーションシップを使用して**連鎖選択**させるのです。今度は行にカレンダーテーブルの「年」を追加します。

行ラベル	合計 / 数量
2016	3525
2017	3577
2018	3509
総計	10611

カレンダーテーブルの「年」

図2-11　マルチ・テーブル環境での集計

図2-11のように、行にカレンダーテーブルの「年」が表示され、それぞれの年の販売数量の合計が自動的に計算されました。このとき、ピボットテーブルはリレーションを伝って、図2-12の順番で集計セルを絞り込んでいます。

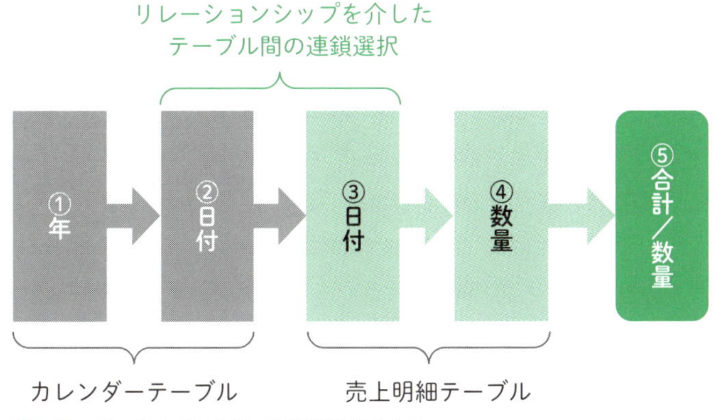

図2-12　データモデルを使った連鎖選択の流れ

まとめテーブルに始まり、リレーションシップを介して数字テーブルにたどり着く伝言ゲーム式の絞り込みを**連鎖選択**といいます。データモデルを使ったアプローチでは、ピボットテーブルの行と列にはまとめテーブルの項目が並び、それらの項目はテーブルを超えた連鎖選択により、数字テーブルの項目を文字通り「まとめ」、集計します。

変化する文脈に対応した計算式「メジャー」

ここまで、「集計」の「集」の部分、つまり①データの集め方について説明してきました。今度は「計」の部分である②計算する方法について掘り下げます。今までは説明の都合上、「合計」のみを扱ってきましたが、「計算する」方法には様々なものがあります。皆さんご存じだと思いますが代表的な例を以下に挙げます。

【代表的な集計】

・レコード件数のカウント
・合計
・平均
・最大値／最小値

これらの「計算方法」の定義をパワーピボットでは「**メジャー**」といいます。この「メジャー（Measure）」は英語で「測定する」の意味です。パワーピボットではこのメジャーを作って、値セルに配置します。

メジャーでは、Excel関数によく似たDAX（Data Analysis Expression）という独特の関数が使われます。Excelのインプット情報は固定的な「セル」および「セルの範囲」であるのに対し、このDAXのインプット情報は、**ピボットテーブルの行や列（ピボットグラフでは、軸や凡例）といった「変化する文脈」**ですので文法が異なります。この点を理解するために、Excel関数とDAXを比較していきましょう。

まずは、特定の条件を満たすデータの数え方、条件付き件数の集計を例にとって説明します。

<table>
<tr><td rowspan="2">Excel関数</td><td>書式</td><td>COUNTIFS（条件範囲1, 検索条件1, 条件範囲2, 検索条件2, …）</td></tr>
<tr><td>例文</td><td>COUNTIFS（A:A, "4月", B:B, "顧客A"）</td></tr>
<tr><td rowspan="2">DAX</td><td>書式</td><td>COUNTROWS（テーブル名）</td></tr>
<tr><td>例文</td><td>COUNTROWS（'売上明細'）</td></tr>
</table>

表2-5　Excel関数とDAXの違い（条件付き件数の集計）

まず関数の名前が違います。Excel関数の方はCOUNTIFSです。こちらを直訳すると「もし条件を満たしていたら（IF）件数を数えます（COUNT）。その条件は複数あってもいいです（S）」となります。それに対して、DAXの方はCOUNTROWSです。これはとてもシンプルで「行レコード（ROWS）の件数を数えます（COUNT）」となります。

つまり、関数に渡すためのインプット情報がExcel関数ではこと細やかなのに対し、DAXではとてもシンプルです。この違いは、両者の違いを説明する上でとても本質的なことです。つまり、Excel関数では**条件を逐一明示的に指定しなくてはならなかった**のに対し、DAXでは**条件を指定する必要はない**のです。なぜでしょうか？　実は行・列のまとめ項目により、メジャーにたどり着くときにはすでに絞り込みが終わっているからです。

なお、この絞り込まれた文脈のことをDAXでは**フィルターコンテキスト**といいます。日本語に訳すと「絞り込まれた条件」となります。

つまり、「メジャー」は、ピボットテーブルの文脈ですでに絞り込みを受けた（フィルターコンテキストを受けた）テーブルに対して、特定の計算を行うための式のことで、この式がDAXという文法で書かれています。

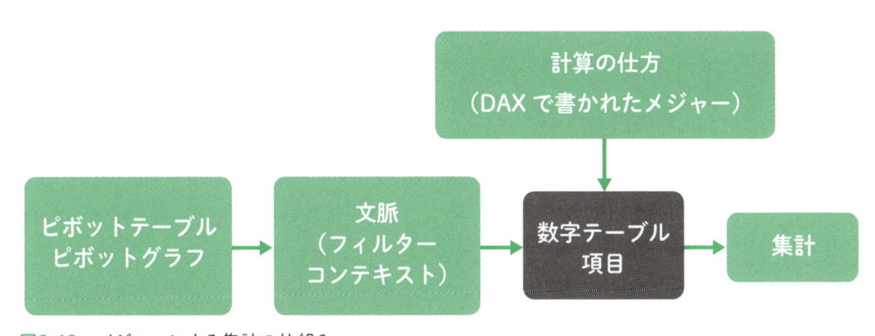

図2-13　メジャーによる集計の仕組み

データを覗く「窓」＝インタラクティブ・レポートによる「表現」

ここまでインタラクティブ・レポートの「表現」に必要な基礎を説明してきました。ここではそれらの基礎を応用してレポートを表現する仕組みについて説明します。

「表現」とは、コンピューターの中に保存されているデータモデルを人間が覗くために、「窓」を用意することです。データモデルそのままの形では人間は情報を利用できないので、「表形式レポート（ピボットテーブル）」または「グラフ形式レポート（ピボットグラフ）」という2種類の窓を用意します。そのどちらも①データを選択するための文脈を並べ（窓枠を並べ）、②そこにメジャーを配置して（ガラスを貼り）③集計結果（外の景色）を見せるという働きでは共通しています。

この「メジャー」最大の特徴は、「変化する文脈を受け取れる」ということです。ピボットテーブルやピボットグラフで与えられた文脈がいくら変わろうとも、1つの計算式だけで集計ができます。さらに前述したように、まとめテーブルの「階層」構造によって同じ計算式でドリルアップ・ドリルダウンもできます。つまり、**同一の計算式で、変化する文脈に応じた集計ができる**ということが最大の特徴です。「計算の仕方」は変わりませんが、「文脈」が変わることでデータを覗く「窓」が新しい形に変化します。この変わらないものと変わるものの組み合わせで、「生きたレポート」＝「インタラクティブ・レポート」が実現できるのです。

5 インタラクティブ・レポートがおこす変化

このように、インタラクティブ・レポートとは、従来の定型レポートのように決まった読み方しかできない受け身のレポートではなく、ユーザー自身が自分の疑問を能動的に解決できるレポート環境のことです。インタラクティブ・レポート環境では、ユーザーの疑問への回答はデータそのものが持っているという前提に立ち、レポートはむしろデータとユーザーの間に立つエージェントのような働きをします。

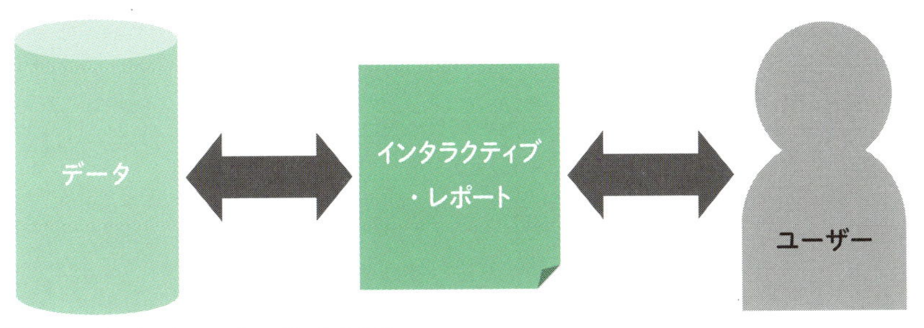

図2-14　インタラクティブ・レポートの働き

インタラクティブ・レポート環境は、以下のことを可能にします。

【インタラクティブ・レポートでできること】
・分析観点（まとめテーブル）の組み合わせを変える
・データを俯瞰するレベル（まとめテーブルの階層）を変える
・集計項目（メジャー）を選ぶ
・見せ方を選ぶ（ピボットテーブル、ピボットグラフ）

このように、ユーザー自ら情報を漁り、分析し、納得することのできる情報環境の提供がインタラクティブ・レポートの役割です。インタラクティブ・レポート環境では、定型レポートのようにそれ以上掘り下げられない部分をそのままにしておく必要はありません。必要な情報は自分で探せるので、数字について漠然と悩むのではなく、具体的に根拠を持って悩めるようになります。

そして、このような能動的なレポート環境は単に集計結果を見せるだけではなく、副次的な効果として使い手のセンスを鋭くしていきます。つまり情報を使う人間が、自ら情報の要点を発見していくうちに、ビジネスや数字に対して鼻が利くようになってきます。ユーザーとしてレポートを使うだけでなく、使っている人自身も成長させるレポート環境こそが理想的な環境だと筆者は考えています。

[第2部] 実践編

第2部では、第1部の内容をExcelレポート作成のデモを通じて実現していきます。このデモでは、基本の7つのステップをマスターすることと、様々なシナリオでの応用について説明します。

[第1章]

実践にあたって

本章では、Excelのレポート作成に入る前に
確認が必要な動作環境について解説します。
また、レポートを作成する際に
意識していただきたい心構えを紹介します。

アクセスキー **i** (小文字のアイ)

1 動作環境について

Microsoft Excelは、そのバージョンによって、画面のデザインや機能面に違いがあります。本書で紹介する内容は、Microsoft Excelの中でもExcel 2016以降のバージョンを主な対象としています。

なお、より幅広い読者の方々に読んでいただくために、Excel 2016以降のバージョンであれば、Excelの標準機能である「リレーションシップ」と「メジャー」を使ってサンプルを実行できるように構成しています。

Excel 2013やExcel 2010をご利用の場合、Power PivotアドインとPower Queryアドインを追加することで、本書で紹介している内容の大部分を試すことは可能ですが、画面やメニューが大きく異なるため、動作の保証はできません。

2 「パワーピボット」について

古いバージョンのExcelでは、Power Pivotアドインが有効な環境でしか「リレーションシップ」と「メジャー」が使えませんでした。そして近年、Excel 2010からExcel2013にかけて「リレーションシップ」が、Excel 2013からExcel 2016にかけて「メジャー」が、Excelの標準機能に組み込まれていきました。本書では、リレーションシップで作成可能なデータモデル、メジャーといった機能を総称して「**パワーピボット**」と呼んでいます。

なお、Power Pivotアドインが有効な環境では、「データビュー」「ダイアグラムビュー」「計算列」「階層のグループ化」「項目の非表示」といった便利な機能を使うことができますが、本書では、一部「ダイアグラムビュー」を参考として紹介する以外は扱っておりません。

3 本書で掲載している画面イメージについて

本書に掲載している画面イメージは、筆者が本書執筆時に利用していたOffice365環境のExcel（2019年４月頃）によるものです。そのため、プレインストール版およびパッケージ版のExcel 2016の画面とは、イメージが一部異なります。

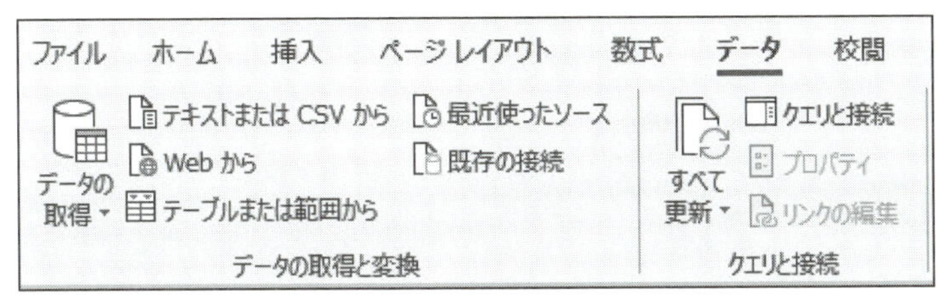

図1-1　Office 365およびExcel 2019の画面

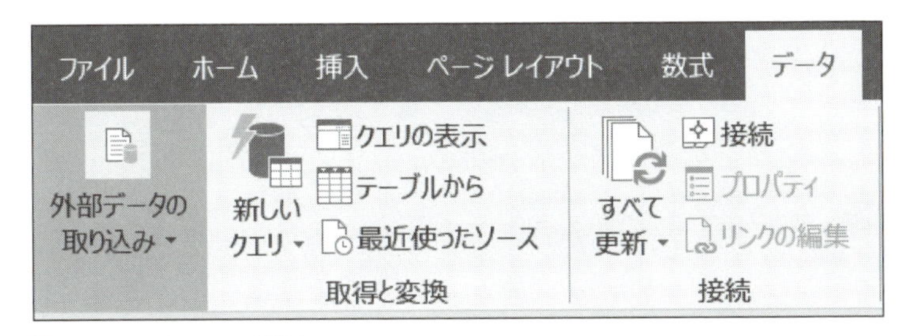

図1-2　Excel 2016の画面

具体的には、アイコンの画像イメージ、メニューの位置、名称、デザイン、ダイアログボックスの内容などに相違があります。特に2018年末にOffice 365環境では、従来と比べてアイコンのイメージが大きく変わりました。しかし、メニューそのものに大きな相違はありません。違いが大きいいくつかの画面については、Excel 2016の画面イメージ（図番号の後に［2016］と記しています）を併記する形で対応させていただいております。また、わずかな違いの部分は、文章で説明しています。Officeの更新プログラムが適用されていない環境でも画面が異なる場合があるのでご注意ください。

4 Excelのバージョン確認の方法

以下に、Excelの製品名（バージョン）の確認法について説明します。
まず、Excelを立ち上げ、「ファイル」メニューをクリックします。

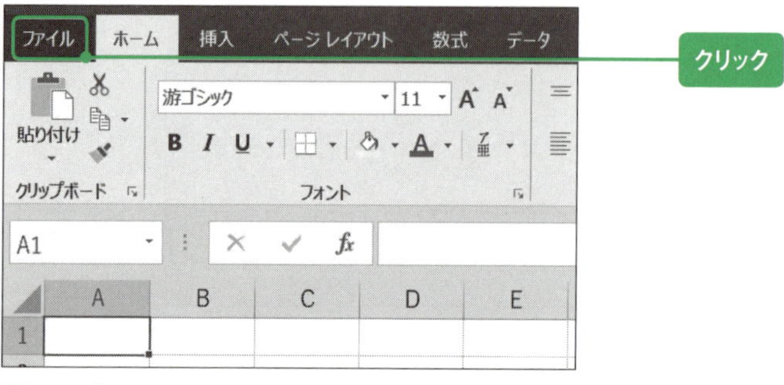

図1-3　「ファイル」メニューをクリック

次に、画面左下の「アカウント」をクリックします。

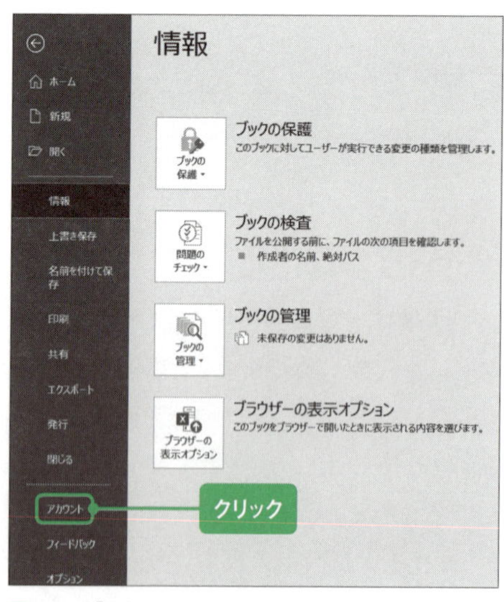

図1-4　「アカウント」をクリック

「製品情報」の「ライセンス認証された製品」がExcelの製品名（バージョン）となります。

図1-5　ライセンス認証された製品

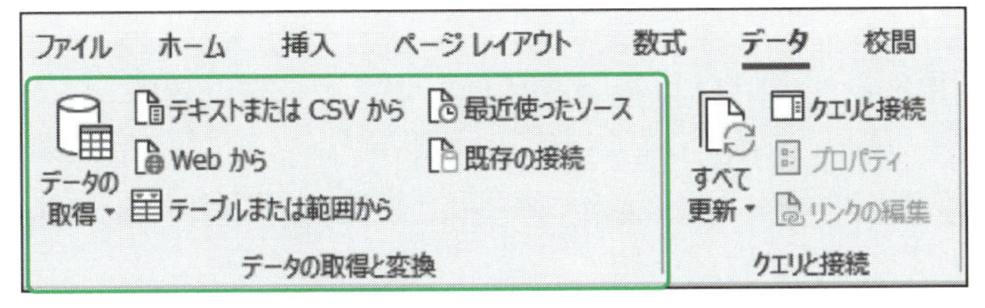

図1-6　データの取得と変換

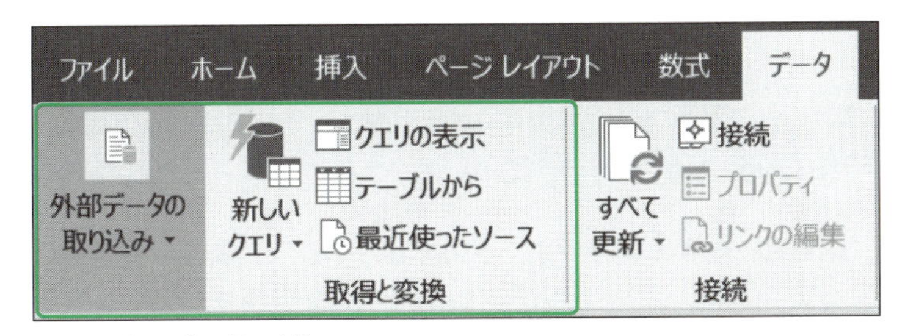

図1-7　［2016］取得と変換

なお、パワークエリが使用可能な環境では、「データ」メニューの中に「データの取得と変換」があります（Excel 2016では「取得と変換」になります）。

5 レポートを作る際の心構え

ここでは、具体的に7つのステップの説明に入る前に、レポートを作るにあたっての一般的な心構えについて説明したいと思います。

とりあえず「試作品」を作る

実際にレポートを作るときは、失敗してもリスクが少ないというモダンExcelのメリットを活かして、とりあえず「試作品」を作るところから始めます。

従来の大規模レポートの作成では、まずプロジェクトとして相当の費用と人員が必要であったため、失敗することが許されませんでした。そのため、実際にレポートを作り始める前に、ほぼ完全に近い形で必要な業務要件を洗い出しておくことが必要でした。

それに対して、本書では**とりあえず使えるレポートの試作品を作り、必要に応じて項目・分析視点を追加していく（もしくは廃止していく）**というアプローチをとります。

どこで何を使うのかを明確に

今回紹介するExcelの機能は多彩です。本書では、それらの多彩な機能をレポート作成のどのステップで、どのように使うのかを明確にします。

「アレもできます。コレもできます」といった一貫性のない散発的な紹介では、これらの技術を使いこなすことはできません。本書は新機能の紹介ではなく、「この技術は、ここで、このように使ってください」という提言に重きを置いています。つまり、初めから終わりまで一貫した方法論に基づいて、それぞれの技術を**どの段階で、どのように使うのか**についてのベストプラクティスを提案し、皆様にレポーティング自動化のメソッドを身に着けていただくことを目的としています。

作るときに考えて、繰り返すときは考えない

レポート自動化の重要なポイントは、「データ」と「ロジック」を分離し、「定点観測」を実現するということです。このとき、「ロジック」＝「レポートを自動化する仕組み」を作るときは頭を使って深く考えますが、レポートを更新する段階では、極力、頭を使わない仕組みにしてください。レポートを更新するときに、人間の注意力が要求されると、手違いが入り、誤ったレポートが作成されてしまう可能性が生じます。ですから運用はとにかくシンプルにして、**「作るときに考えて、繰り返すときは考えない」**という状態が理想です。

後で忘れても困らないように

本書のアプローチは、試作品を元にした追加開発を前提としています。つまり、ある程度時間がたった後で、自分が作ったものを見直すことを前提としています。人間は忘れやすい生き物ですので、「後で忘れても困らない」な構造を心がけてください。

そうすれば、結果として中身がブラックボックスにならず、他の人にレポートの管理を渡したときもスムーズに移行できることでしょう。

意識しなくても要点が目に飛び込んでくるレポートを

これは、ピボットテーブルやピボットグラフを作るときのポイントです。Excelには、条件付き書式のように要点をハイライトする機能や、多彩なグラフ機能があります。それらの力を効果的に使って、**意識しなくても要点が目に飛び込んでくるレポート**を作りましょう。

要点を効率的に見つけやすくするのがレポートの役割です。インタラクティブ・レポートは、データの世界と人間の世界をつなぐエージェントですので、要点はレポートに任せてハイライトしてもらい、より詳細な分析が必要なときは明細にドリルダウンしていけばよいのです。管理するのがかえって大変になるような過度な装飾は禁物ですが、最小限の設定で最大限のアウトプットが得られるレポートを心がけましょう。

［第2章］
まずは基本の星型モデルで 7つのステップをマスター

第1番目のシナリオとして、
星型データモデルにもとづいたレポートを作ります。
このシナリオの中で7つのステップすべてを扱い、
レポート自動化プロセスの基本をマスターします。
どのようなレポートを作る場合でも、
そのコア（核）となる「ひな形」を作ることが重要です。

アクセスキー **H**（大文字のエイチ）

1 生きたレポートを作るための7つのステップ

ここからいよいよ「生きた」レポート＝インタラクティブ・レポートを作るための7つのステップを、実践を通じて学んでいきます。7つのステップは、図2-1のようなサイクルで行います。

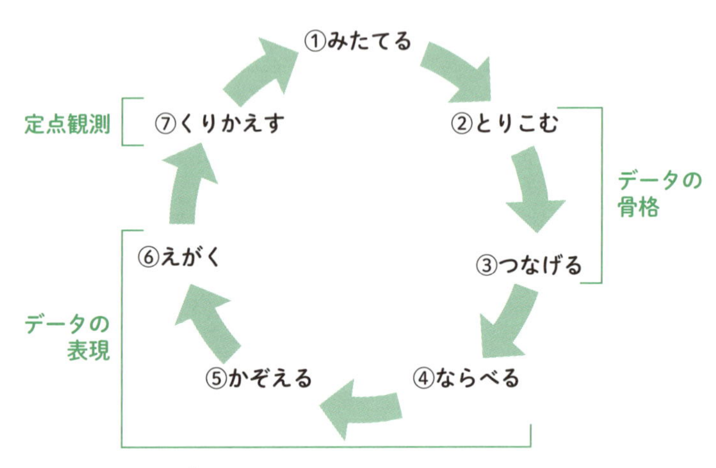

図2-1　7つのステップのサイクル

どのようなレポートを作る際にも、すべてこのプロセスを経ます。各ステップのタスクと、それぞれどのようなテクニックを使うのかを理解してください。

7つのステップは、それぞれ表2-1のような技術とタスクで構成されています。

	技術要素	タスク
1. みたてる	―	インプット情報からデータモデルの形をデザインし、アウトプットとなるレポートの姿を考える
2. とりこむ	Power Query	様々なデータを整えてExcelのテーブルに取り込む
3. つなげる	リレーションシップ	テーブルとリレーションシップでデータモデルを作る

4. ならべる	ピボットテーブル スライサー	行・列、スライサーでデータの集め方を決める
5. かぞえる	メジャー（DAX） 条件付き書式	計算の仕方を決め、表形式レポートを作る
6. えがく	ピボットグラフ	グラフを作る
7. くりかえす	—	データをリフレッシュして、レポートを更新する

表2-1　7つのステップの技術要素とタスク

1 みたてる

「みたてる」ステップでは、**今現在、自分が手に入れることのできるインプット情報（生データ）を元に、これからどのようなレポートを作るのか方針を立てます。**すでに手作業で作成しているレポートがあれば、それを参考にします。

【タスク】
・手に入る生データ＝インプット情報の棚卸し
・データモデルの下書き
・アウトプットとなるレポートのラフスケッチ

第1に、インプット情報の棚卸しとして、「今現在、どのような生データを入手することができるか」を把握します。その中にはシステムから出力されるデータ、データベースの中のデータ、Excelでマニュアル管理されたファイル、そして新しく追加するデータの候補が含まれます。

棚卸しが済んだら次にそのデータの中で、「数字テーブル」になるもの、「まとめテーブル」になるものの候補を見つけ、データの骨格＝データモデルの下書きをします。これは簡単な手書きの絵で結構です。**中央に1つの数字テーブル、まわりに複数のまとめテーブルを置き、それらをリレーションシップで結ぶことで基本となる星形データモデルを描きます。**線を引くときは、その元と先が何か、つまり「数字テーブルの外部キー項目」と「まとめテーブルのプライマリ・キー項目」が何かをはっきりさせておくことが重要です。

その後で、自分がどのようなレポートが欲しいのかの絵を描きます。レポートには、表形式レポートとグラフ形式レポートがあります。作り慣れてくるうちに今のインプット情報からどのようなレポートができるか、事前にイメージできるようになってくることでしょう。

インプット情報の棚卸し

まずは「インプット情報」の棚卸しです。**現在、自分自身が入手できるデータを洗い出します。**実際にはユーザー部門が自力で入手できるデータもあれば、IT部門に依頼して特別に用意してもらうデータもあることでしょう。また、データとして最初から理想的な形式に整っていれば最善ですが、不揃いなデータがあってもPower Queryで変換できますし、Power Queryで定義した加工ロジックを参考にしてIT部門にデータソースの形を整えてもらっても構いません。

なお、今回のシナリオでは以下の4つのデータが定期的に入手できるということを想定しています。

・売上明細データ ▶ csvファイル
・顧客データ ▶ Excelファイル
・商品データ ▶ csvファイル
・支店データ ▶ タブ区切りテキストファイル

ただし「カレンダー」データに関しては入手できなかったので、今回手作りで用意することにしました。

今回入手できたデータの項目とデータ型は、それぞれ表2-2～2-5のようになっています。

項目	日付	商品ID	顧客ID	支店ID	販売単価	販売数量
データ型	日付	文字列	文字列	文字列	整数	整数
例1	2016/4/1	P0002	C0007	B002	36800	11
例2	2016/4/3	P0014	C0006	B002	19500	9

表2-2　売上明細データ

項目	顧客ID	顧客名	性別	会社名
データ型	文字列	文字列	文字列	文字列
例1	C0001	佐々木	男性	江戸日本橋商店
例2	C0002	緒形	女性	江戸日本橋商店

表2-3　顧客データ

項目	商品ID	商品カテゴリー	商品名	発売日	定価	原価
データ型	文字列	文字列	文字列	日付	整数	整数
例1	P0001	飲料	お茶	2016/4/1	6700	1407
例2	P0002	飲料	高級白ワイン	2016/4/1	37500	15375

表2-4　商品データ

項目	支店ID	支店名	所在地	人数
データ型	文字列	文字列	文字列	整数
例1	B001	北海道支店	札幌市	5
例2	B002	東北支店	仙台市	7

表2-5　支店データ

データモデルの下書き

次に「データモデルの下書き」に移ります。データモデルの下書きをするために、**星型データモデルの中央に来る「数字テーブル」と周辺に来る「まとめテーブル」を特定し、それらを「リレーションシップ」でつなぎます。**

◎数字テーブルの特定

まず、数字テーブルの候補を探します。数字テーブルの条件は何だったでしょうか？

【数字テーブルの条件】

- 売上、原価、利益といった数字として集計できる項目を持つ
- まとめテーブルのプライマリ・キー項目を「外部キー項目」として持つ
- それぞれのレコードはすべて平等で、階層関係を持たない

テーブルの項目を見渡してみましょう。「売上明細」データ（表2-2）には、「売上」はありませんが、「販売単価」と「販売数量」を掛ければ「売上」になりそうです。また、商品ID、顧客ID、支店IDという他のデータを参照している外部キー項目があり、さらに階層性を表す項目もありません。つまり「売上明細」データは上記の3つの条件をすべてみたしています。

「商品」データ（表2-4）は、「定価」「原価」「利益」といった集計可能な項目を持っていますが、外部キー項目を持っておらず、「商品名」と「商品カテゴリー」が階層関係を持っているので数字テーブルとしての候補からは外れます。

◎まとめテーブルの特定

次に、「まとめテーブル」の候補を探し出します。

【まとめテーブルの特徴】

- それだけでは数字の集計ができない
- プライマリ・キー項目を持つ
- 項目が階層構造を持つ

この観点で見ると、「売上明細」以外のデータはすべて重複のないプライマリ・キー項目を持っているので、まとめテーブルの候補になります。また、これから手作りするテーブルの「カレンダー」も該当しそうです。そのほか「商品」データには定価、原価、「支店」データには人数というようにそれぞれ数字項目を持っていますが、これらの情報は売上のように集計するよりも、個々の支店

や商品を説明するための情報なのでまとめテーブルとして考えます。

◎データモデルの下書き

ここでは、リレーションシップによるテーブルどうしの関連を絵にしてみます。図2-2のように、中央に数字テーブルの「売上明細」が来て、そこを起点として星型（放射状）に「カレンダー」「商品」「支店」「顧客」といったまとめテーブルが並びます。

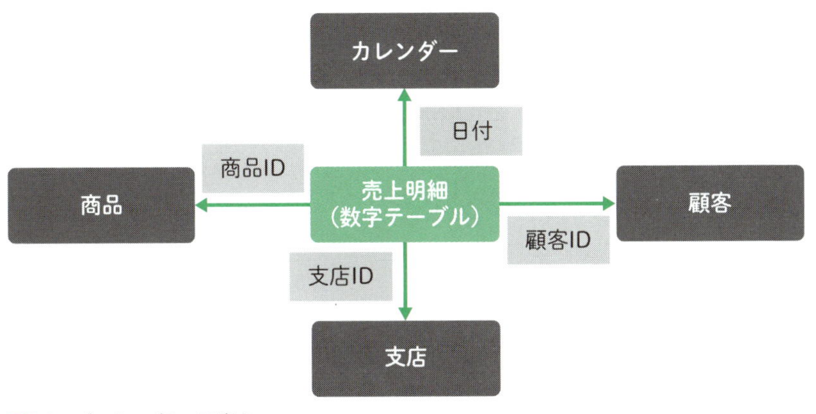

図2-2　データモデルの下書き

アウトプットのラフスケッチ

最後、アウトプットのラフスケッチを描きます。私たちが作るのはインタラクティブ・レポートで、レポートのレイアウトは後から簡単に修正ができますので、この時点ではざっくりとしたイメージで構いません。

まず、ピボットテーブルの外側＝行と列にデータを集計するための条件として何を置くかを考えます。せっかく商品データがあるので、それを行（縦軸）に置いてみましょう。列（横軸）にはカレンダーの情報を置いてみれば、時期ごとの各商品の売上が分かりそうです。商品とカレンダーで行と列を使ったので、入りきらなかった支店と顧客はピボットテーブルの外側に選択項目として追加しましょう。

［支店］
関東支店
大阪支店

［顧客］
江戸日本橋商店

	2016				2017
	Q1	Q2	Q3	Q4	
飲料	100	150	130	200	600
菓子	60	70	60	100	300
雑貨	50	45	60	30	250
食料品	120	130	180	30	500

図2-3　アウトプットのラフスケッチ

次に、集計したい数字データを考えます。今回は、最初の「ひな形」を作るフェーズですので、それほど凝った集計は入れません。まずは合計を考えましょう。とりあえず、数字テーブルの「販売数量」の合計と「売上」の合計を出してみましょう。

グラフとしては、商品ごとの積み上げ棒グラフと折れ線グラフを作ります。

2 とりこむ

「とりこむ」ステップは、「定点観測」でのレポート自動化を実現するための最初のステップです。データの骨格の「骨」に該当する「テーブル」を作ることが目標です。すなわち、**多彩な姿をした生データをすべて共通のテーブルの形にして取り込み、Excelの土俵に乗せることが目的です。**

【タスク】

・データソースの指定

・データの自動加工ステップの定義

・取り込み

【技術】

・Power Query

【ポイント】

- シート／クエリ／テーブルの名前を統一する
- 数字テーブルは「データモデル」にも読み込む
- 数字テーブルの名前には「F_」を付ける
- 自動加工ステップはリネームする
- 最後にクエリをグループ化する

最初に、「みたてる」ステップで棚卸しをしたインプット情報の保管場所（データソース）を指定します。CSVファイル、Excelファイル、データベース、フォルダー内のすべてのファイルなど様々な保管場所を指定します。

この「とりこむ」ステップは、元のデータをそのままExcelの中に引っ越すことではありません。その過程で、いらないデータを削ぎ落としたり、データを結合したり、足し算・引き算・掛け算・割り算といった四則演算を行ったりと一連の自動加工ステップを定義します。この加工ステップでは、前述の「みたてる」で下書きしたデータモデルを意識しながら、**取り込み先のテーブルがなるべくシンプルで使いやすいものになること**を目指します。

最後にExcelへデータを取り込みますが、取り込み先には3つの選択肢があります。1つはもっともオーソドックスな「ワークシートテーブル」です。「まとめテーブル」など件数に限りがあるものはこれがよいでしょう。次に「データモデル」です。これは「数字テーブル」のようにデータ件数が膨大になるものを対象とします。データ件数が数万件程度ならワークシートテーブルでも構いませんが、数十万件を超える場合はパフォーマンスとファイルサイズへの影響を考えてデータモデルをおすすめします。最後に「読み捨て」です。実際にデータを保存しておく必要はないが、他のデータと結合して必要な情報だけ入手したい場合に選びます。

サンプルファイルの準備

本書の読者特典Webサイトからダウンロードしたサンプルファイルの「データソース」フォルダーを、ご自分のPCの任意のフォルダーにまるごと保存してください。本書では、図2-4のようにCドライブ直下に「データソース」フォルダーを保存する前提で進めます。

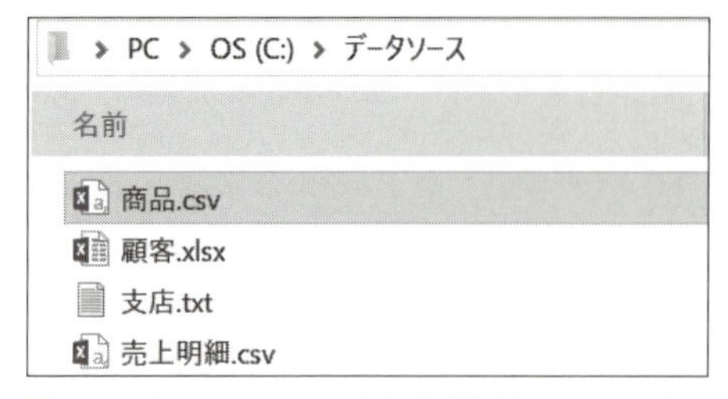

図2-4　データソースファイルが保管されたフォルダー

次にレポート作成用のExcelファイルを用意します。今回はデスクトップに「7ステップ用レポート」という名前で空のExcelファイルを作ります。

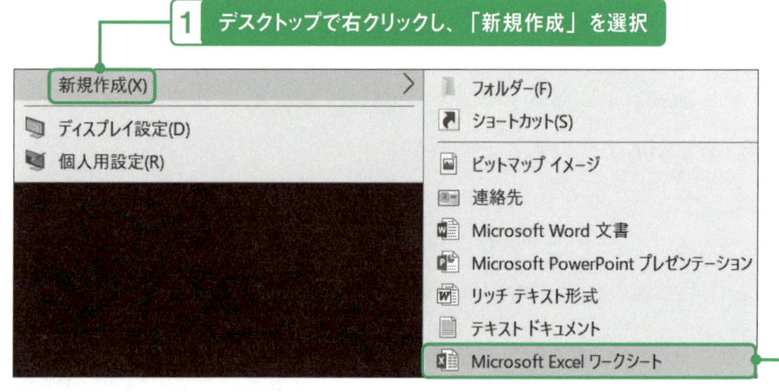

図2-5　Excelファイルの新規作成

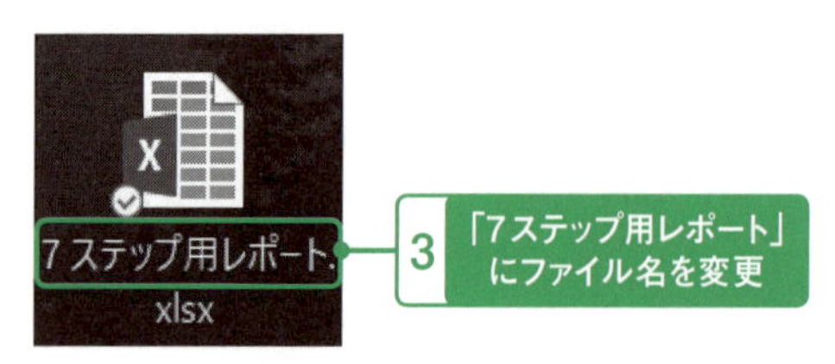

図2-6　ファイル名を変更

「売上明細」をとりこむ

まずは、数字テーブルである「売上明細」データを取り込みます。これはPower Queryによる最初のデータ取り込みなので、詳しく説明します。さきほど作成した「7ステップ用レポート.xlsx」を開いてください。

◎データソースの指定とワークシートテーブルへの仮取り込み

まずは**データソースの指定**です。データソースの指定には、**ファイル形式**と**ファイルの場所**の2つの情報が必要です。「売上明細」はCSVファイルなので、以下の手順で「データの取り込み」ダイアログボックスを開きます。

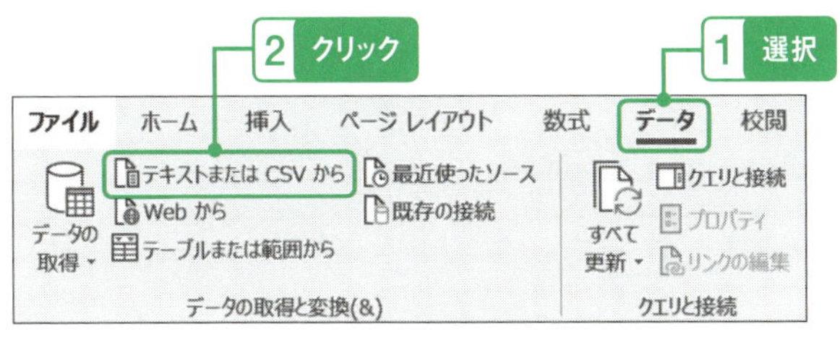

図2-7　データの取得と変換－テキストまたはCSVから

※Excel2016では、以下の手順になります。

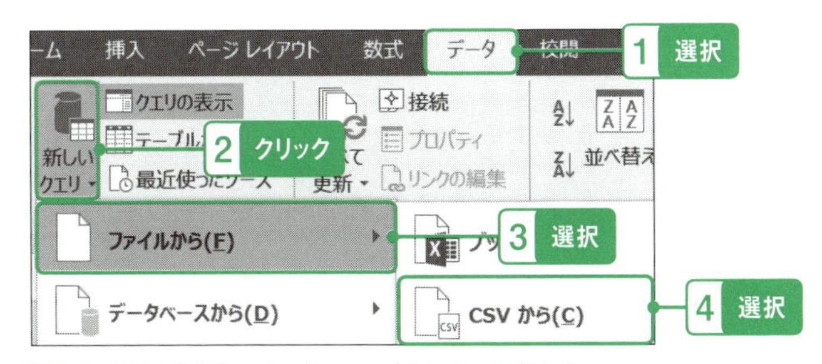

図2-8　[2016] 新しいクエリ－ファイルから－CSVから

ダイアログボックスが開いたら、「データソース」サンプルファイルを保存したフォルダーの「売上明細.csv」を選択して「インポート」ボタンをクリックします。

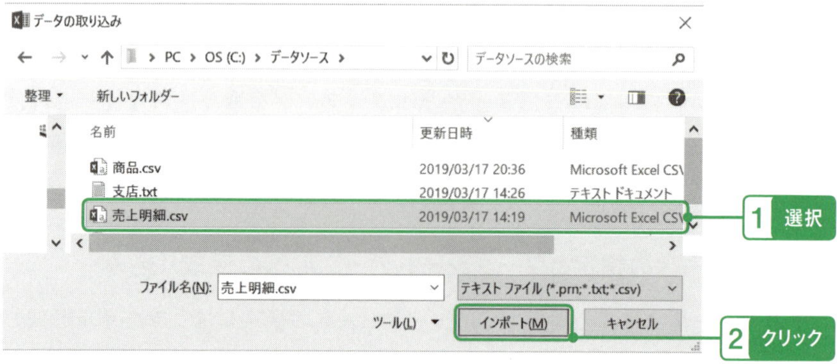

図2-9　「データの取り込み」ダイアログボックス

図2-10のように、「売上明細.csv」のデータのプレビューが表示されます。画面上部には文字コードや、区切り記号、データ型を自動検出するのに使用するレコード数が表示されています。画面下部には「読み込み」と「データの変換」が表示されていますが、今回は「データの変換」ボタンをクリックします。

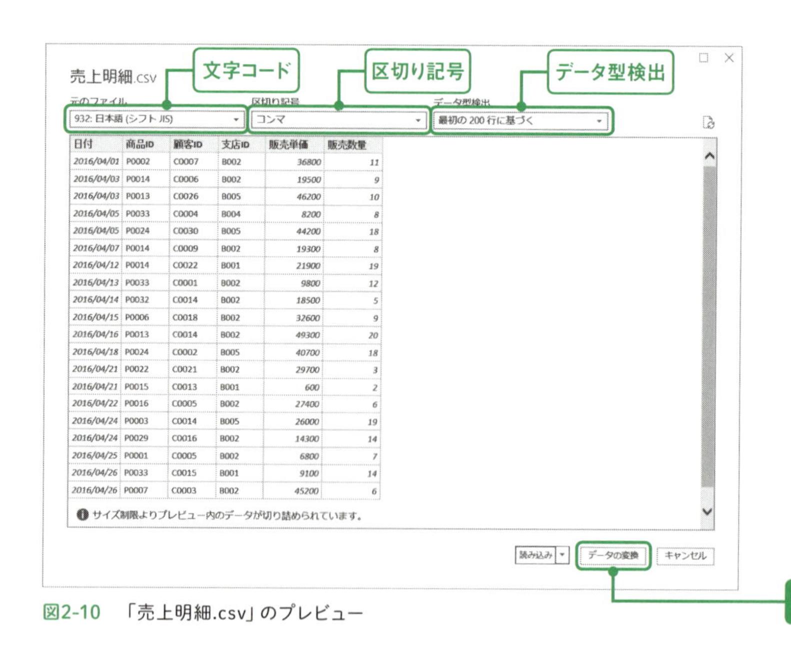

日付	商品ID	顧客ID	支店ID	販売単価	販売数量
2016/04/01	P0002	C0007	B002	36800	11
2016/04/03	P0014	C0006	B002	19500	9
2016/04/03	P0013	C0026	B005	46200	10
2016/04/05	P0033	C0004	B004	8200	8
2016/04/05	P0024	C0030	B005	44200	18
2016/04/07	P0014	C0009	B002	19300	8
2016/04/12	P0014	C0022	B001	21900	19
2016/04/13	P0033	C0001	B002	9800	12
2016/04/14	P0032	C0014	B002	18500	5
2016/04/15	P0006	C0018	B002	32600	9
2016/04/16	P0013	C0014	B002	49300	20
2016/04/18	P0024	C0002	B005	40700	18
2016/04/21	P0022	C0021	B002	29700	3
2016/04/21	P0015	C0013	B001	600	2
2016/04/22	P0016	C0005	B002	27400	6
2016/04/24	P0003	C0014	B005	26000	19
2016/04/24	P0029	C0016	B002	14300	14
2016/04/25	P0001	C0005	B002	6800	7
2016/04/26	P0033	C0015	B001	9100	14
2016/04/26	P0007	C0003	B002	45200	6

図2-10　「売上明細.csv」のプレビュー

Power Queryエディター画面が表示されます。Power Queryエディターの各コンポーネントの名前はそれぞれ図2-10のようになります（左側のクエリペインが閉じている場合は「>」をクリックして開いてください）。

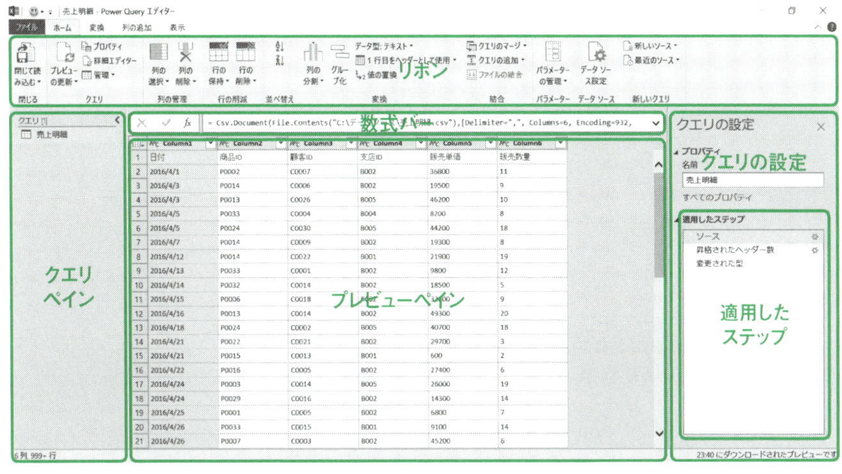

図2-11　Power Query エディターのコンポーネント

まず画面の右側の「クエリの設定」ペインを確認してください。

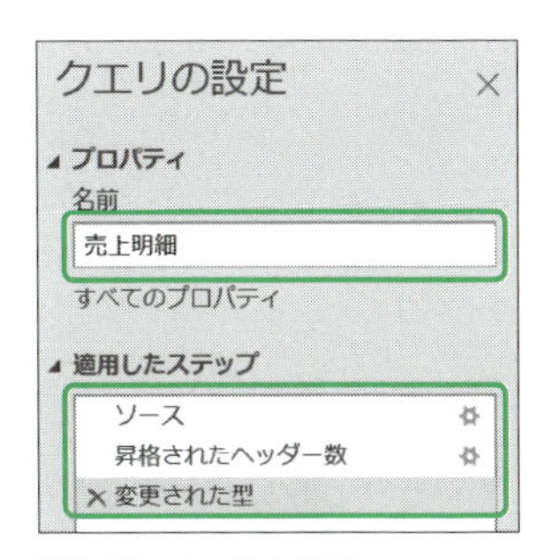

図2-12　クエリの設定

「プロパティ」の「名前」には、ファイル名の「売上明細」が自動でセットされます。その下の「適用したステップ」には、個々の自動変換ロジックが、適用された順番に並びます。今回のインポートで、すでに3つのステップが作られていますのでそれぞれ中身を確認します。ステップの中身は画面中央上部の数式バーで確認できます。

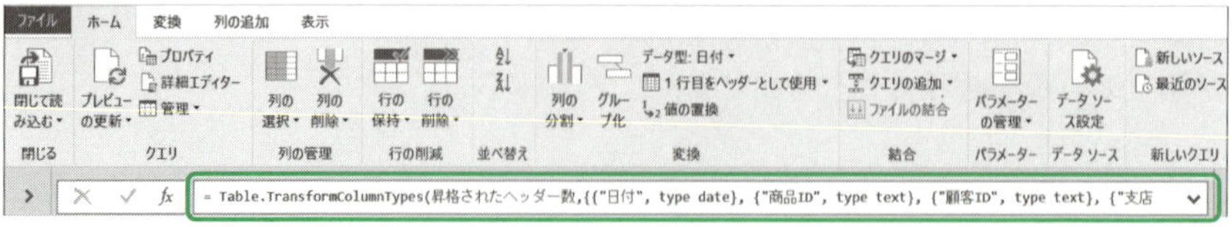

図2-13　数式バー

なお、数式バーが表示されていない場合は以下の手順で表示させてください。

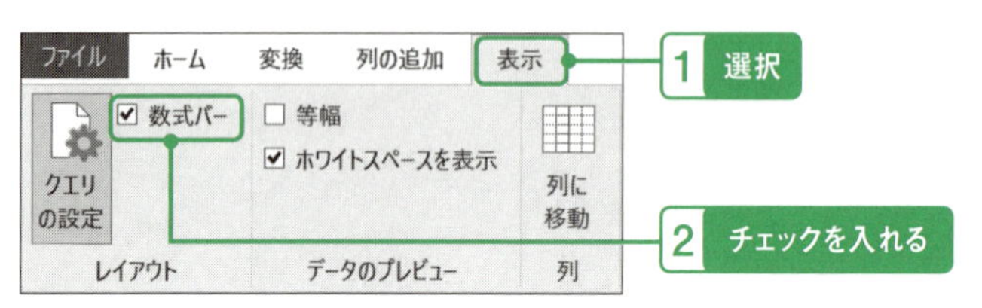

図2-14　「数式バー」の表示

まずは、適用したステップの1行目の「ソース」をクリックしてください。そうすると、左側のプレビューペインの表示が「ソース」ステップ適用直後のデータに変化します。このように、それぞれのステップをクリックすることで、そのステップでどのような変化があったのかを確認することができます。

	Column1	Column2	Column3	Column4	Column5	Column6
1	日付	商品ID	顧客ID	支店ID	販売単価	販売数量
2	2016/4/1	P0002	C0007	B002	36800	11

図2-15　「ソース」ステップ適用直後のプレビュー

なお、「ソース」ステップは1行で収まりきらないので、以下の手順で隠れている部分を表示させてください。

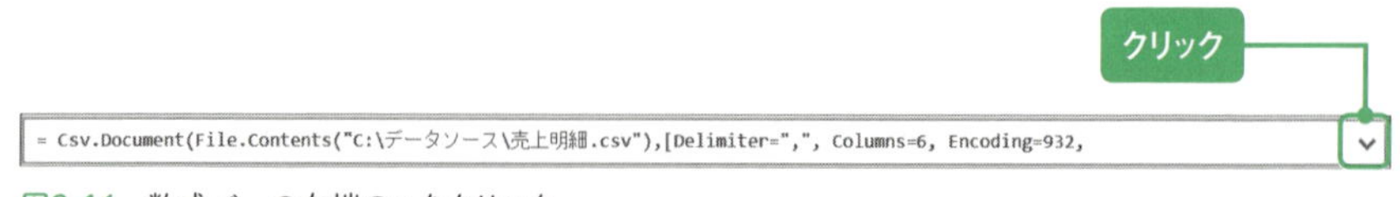

図2-16　数式バーの右端のvをクリック

```
= Csv.Document(File.Contents("C:\データソース\売上明細.csv"),[Delimiter=",", Columns=6, Encoding=932,
QuoteStyle=QuoteStyle.None])
```

図2-17　数式バーの全表示（「ソース」の数式）

これがPower Queryのステップの実体で、「M」という言語で書かれています。基本的にメニューのマウスクリックだけで自動的にPower Queryエディターが文章を組み立ててくれるので、詳しく理解する必要はありませんが、**たまに見る習慣を付けておくとエラーが発生したときにスムーズに解決できるようになります。**

今回は初めてなので「ソース」ステップの中身を簡単に解説します。「Csv.Document」がCSVファイルを読み込むための関数、「C:\データソース\売上明細.csv」でデータソースの場所、「Delimiter=","」でコンマ区切りであること、「Columns=6」で列が6つあること、「Encoding=932」で文字コードがシフトJISであること、「QuoteStyle=QuoteStyle.None」でデータが特別な記号によって区切られていないことを示しています。ここでは、Power Queryエディターはデータの内容から推測して自動的にプログラムを書いてくれているのです。ちなみに、この「ソース」の処理により、「売上明細」の「とりこむ」ステップ最初のタスクであるデータソースの指定は完了しています。

次に、2つ目の「昇格されたヘッダー数」ステップです。これは、1行目のデータをヘッダー=「項目名」として扱う処理です。

```
= Table.PromoteHeaders(ソース, [PromoteAllScalars=true])
```

図2-18　「昇格されたヘッダー数」の数式

ステップを「ソース」から「昇格されたヘッダー数」に移動した瞬間、プレビューペインの1行目のデータが項目名に移動したことを確認してください。

	ABC 日付	ABC 商品ID	ABC 顧客ID	ABC 支店ID	ABC 販売単価	ABC 販売数量
1	2016/4/1	P0002	C0007	B002	36800	11

図2-19　1行目をヘッダーに昇格

最後に3行目の「変更された型」です。これは、データの傾向を見て、Power Queryが自動的にそれぞれの項目のデータ型を設定する処理です。数式の項目名の左側が、それぞれのデータ型となります。

```
= Table.TransformColumnTypes(昇格されたヘッダー数,{{"日付", type date}, {"商品ID", type text}, {"顧客ID", type text}, {"支店ID", type text}, {"販売単価", Int64.Type}, {"販売数量", Int64.Type}})
```

図2-20　「変更された型」の数式

プレビューペインの項目名の左側のデータ型を見て、「日付」が日付型に、「販売単価」と「販売数量」が整数型に変更（変換）されたことを確認してください。

日付型　整数型　整数型

	日付	商品ID	顧客ID	支店ID	販売単価	販売数量
1	2016/04/01	P0002	C0007	B002	36800	11

図2-21　変更されたデータ型

このように、Power Queryは**それぞれのステップの中身と実行結果が確認しやすいので追跡可能性（トレーサビリティ）が高く、プログラムの中身がブラックボックスになりにくい**特徴を持っています。

データの自動加工処理については後ほど詳しく紹介しますが、今回は「仮取り込み」としてここまで確認できたらデータをワークシートテーブルに読み込みます。

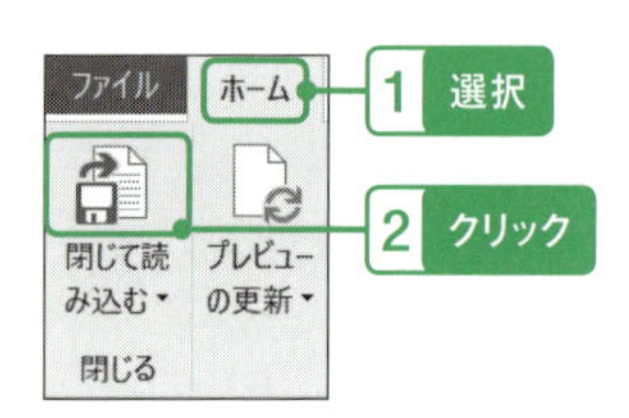

図2-22　閉じて読み込む

すると、画面がExcelに戻り、新しいシートが追加され、CSVファイルのデータがそのままの形でワークシートテーブルに取り込まれます。

	A	B	C	D	E	F
1	日付	商品ID	顧客ID	支店ID	販売単価	販売数量
2	2016/4/1	P0002	C0007	B002	36800	11
3	2016/4/3	P0014	C0006	B002	19500	9
4	2016/4/3	P0013	C0026	B005	46200	10
5	2016/4/5	P0033	C0004	B004	8200	8
6	2016/4/5	P0024	C0030	B005	44200	18

クエリと接続
クエリ | 接続
1個のクエリ
売上明細
670 行読み込まれました。

図2-23　「売上明細.csv」がワークシートテーブルに取り込まれた結果

今度は作成されたテーブル内にカーソルを置くと表示される、「デザイン」メニュー（Excel 2016では「テーブルデザイン」メニュー）をクリックし、左上の「テーブル名」を確認してください。

図2-24　「デザイン」メニューの「テーブル名」

テーブル名はPower Queryエディターのクエリの「名前」と同じく、「売上明細」となっています。クエリの「名前」と「テーブル名」は一致しますので、**テーブル名を変更する場合は、クエリの「名前」を変更します**。今回の「売上明細」は数字テーブルですので、数字の意味を持つ英単語「Figure」の頭文字をとって「F_売上明細」に変更します。

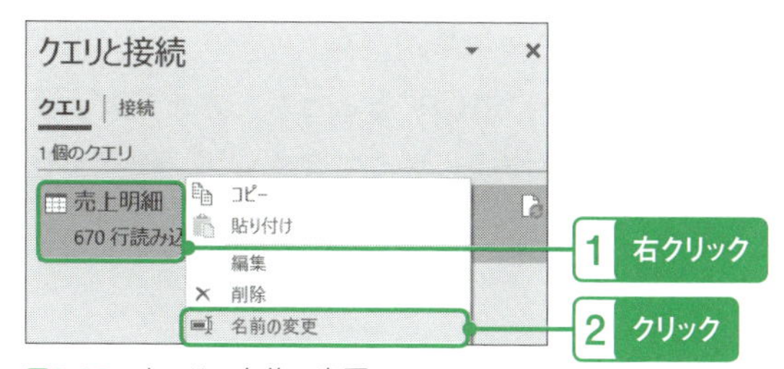

図2-25　クエリの名前の変更

※Excel2016では、「クエリと接続」ではなく「ブッククエリ」での操作になります。

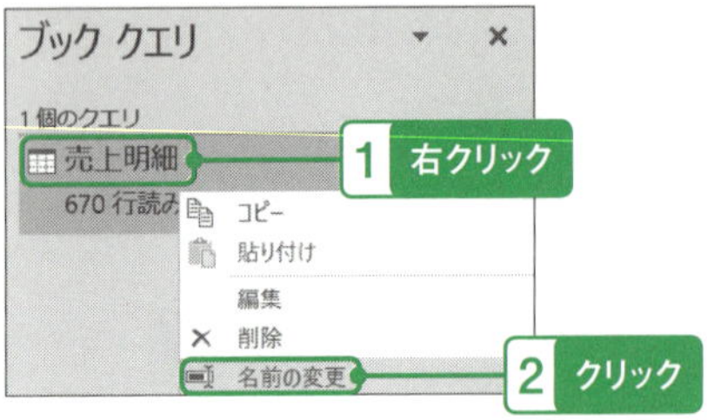

図2-26 ［2016］クエリの名前の変更

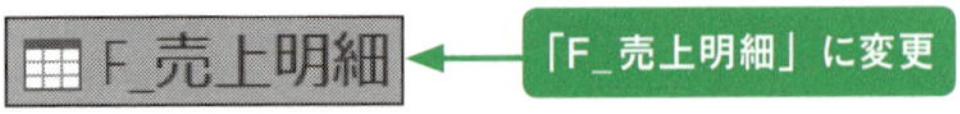

図2-27 「F_売上明細」に変更されたクエリ名

クエリの名前を変更したら、「デザイン」メニューの「テーブル名」も「F_売上明細」に変わっていることを確認してください。

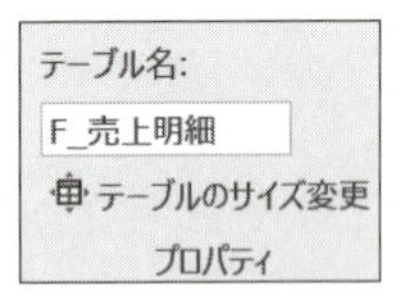

図2-28 「F_売上明細」に変更されたテーブル名

次に、「F_売上明細」テーブルは数字テーブルであり、数10万件の膨大なデータになることが予想されるので、「データモデル」に読み込む設定をしておきます。今回のデモではそこまでの件数ではありませんが、実運用上では数10万件を超えることはよくありますので、数字テーブルは最初からデータモデルに追加するのがよいでしょう。**後からデータモデルに追加することもできますが、その場合はリレーションシップとメジャーを再作成しなくてはならず、後戻り作業が発生します。**

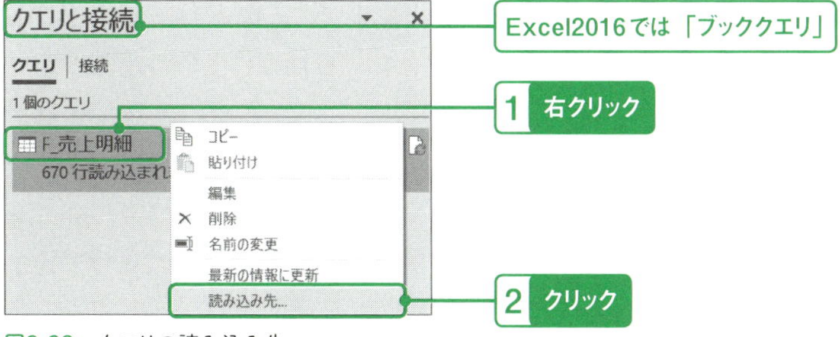

図2-29　クエリの読み込み先

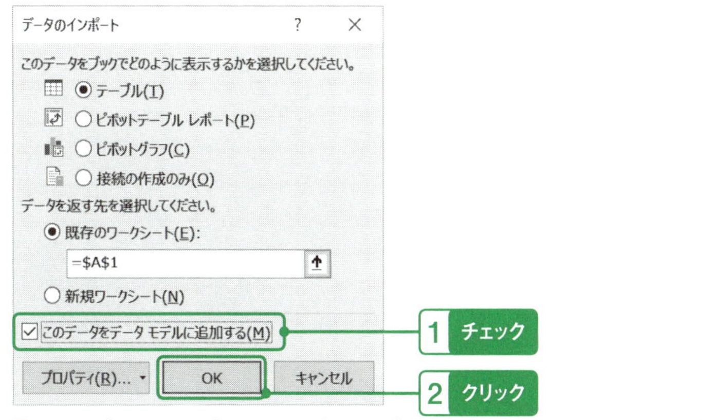

図2-30　データのインポートーこのデータをデータモデルに追加する

※Excel2016では、「読み込み先」画面で、以下の手順となります。

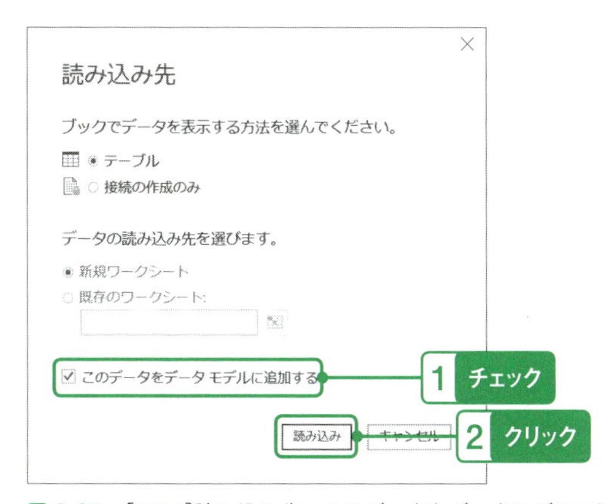

図 2-31　[2016]読み込み先ーこのデータをデータモデルに追加する

「データ損失の可能性」警告ウィンドウが出ますが、そのまま「OK」ボタンをクリックします。実はこの警告にある事態を避けるために、今の段階でデータモデルに追加しています。

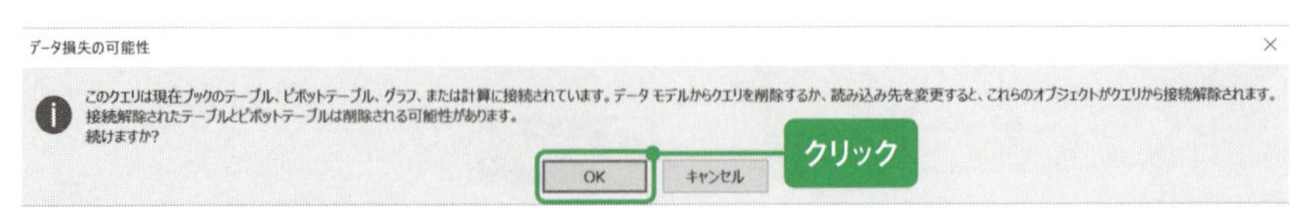

図2-32　「データ損失の可能性」警告メッセージ

※Excel2016では、やや画面が異なり「続行」ボタンをクリックします。
いったんワークシートテーブルが削除されて、再作成されます。

	A	B	C	D	E	F
1	日付	商品ID	顧客ID	支店ID	販売単価	販売数量
2	2016/4/1	P0002	C0007	B002	36800	11
3	2016/4/3	P0014	C0006	B002	19500	9
4	2016/4/7	P0014	C0009	B002	19300	8
5	2016/4/13	P0033	C0001	B002	9800	12
6	2016/4/14	P0032	C0014	B002	18500	5

クエリと接続
クエリ | 接続
1 個のクエリ
F_売上明細
670 行読み込まれました。

図2-33　再び読み込まれた「F_売上明細」

次にクエリの実行結果を確認していきます。「クエリと接続」(Excel2016では、「ブッククエリ」)ペインのクエリ名の下に取り込んだレコード数が表示されます。今回は「670行読み込まれました。」とあります。

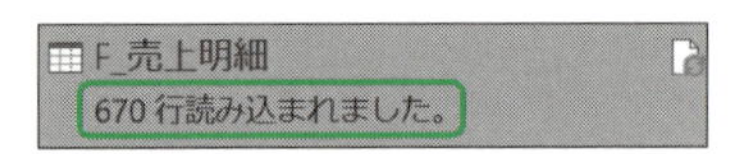

図2-34　読み込まれたレコード数

確認のため、データソースである「売上明細.csv」ファイルを開いてレコード数を見てください。最終行が671行となっており、1行目のヘッダー行を除くと670レコードであることが確認できます。

670	2018/3/29	P0031	C0023	B005	19600	12
671	2018/3/29	P0001	C0015	B001	6100	19
672						

図2-35　売上明細.csvの最終行

なお、データの取り込み過程でエラーがあると、この件数が一致しません。その際は、Power Queryエディターを開いて、それぞれの加工ステップと結果をチェックしながらエラーを取り除くことになります。

次に、「クエリと接続（ブッククエリ）」ペインの「売上明細」クエリの上にマウスカーソルを置いてください。すると、左側にクエリのサマリーが表示されます。

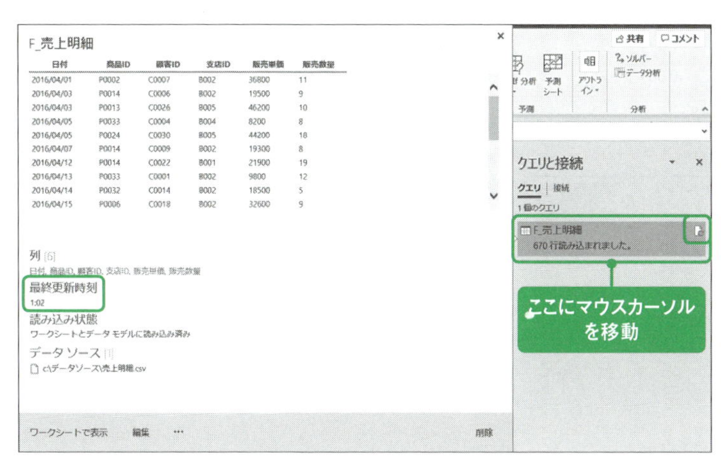

図2-36　「F_売上明細」クエリのサマリー

上からクエリの名前、データのプレビュー、列（項目）、最終更新時刻、読み込み状態、データソースが表示されます。最終更新時刻が、「閉じて読み込む」ボタンをクリックした時刻であることを確認してください。

クエリの右側のアイコンは「最新の情報に更新」ボタンです。

図2-37　「最新の情報に更新」ボタン

このボタンをクリックすると、もう一度データソースにアクセスし、クエリの中で定義された加工ステップを経たデータを再度取り込み直します。実際にデータを追加して更新する処理は「くりかえす」ステップで行いますが、この機能によってデータの「定点観測」が実現されます。

なお、いったんExcelファイルを閉じてもう一度開いたときに、この「クエリと接続（ブッククエリ）」ペインが表示されない場合は以下の手順で再表示させてください。

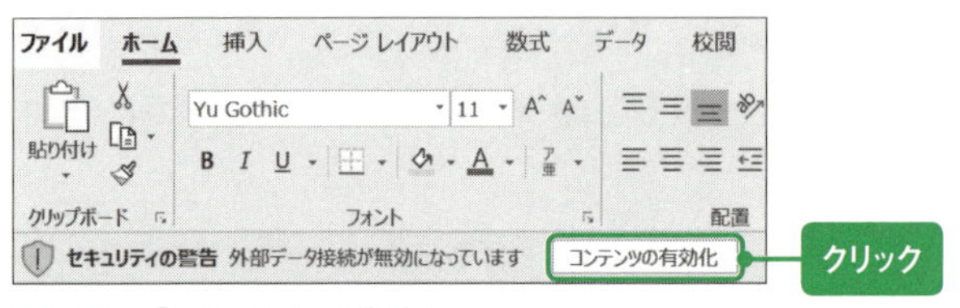

図2-38　「セキュリティの警告」

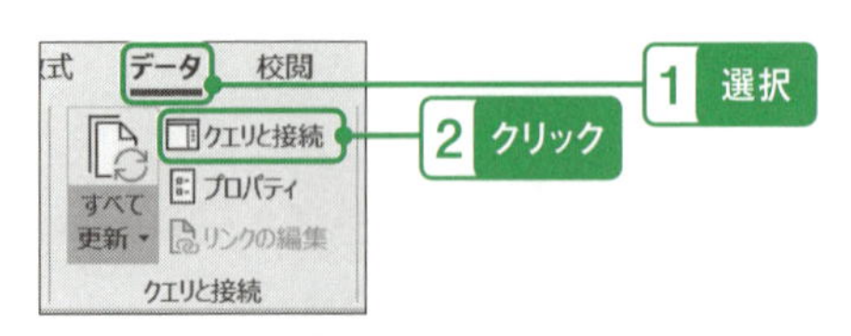

図2-39　クエリと接続

※Excel2016では以下の手順になります。

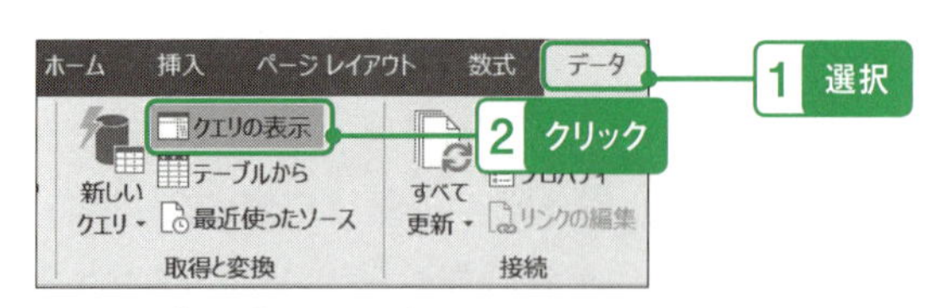

図2-40　[2016] クエリの表示

◎データの加工

次に、データの加工ステップを追加していきます。「みたてる」ステップでの方針に基づき、「販売単価」と「販売数量」をかけて「売上」項目を作ります。

以下の手順で、Power Queryエディターで「F_売上明細」クエリを開いてください。

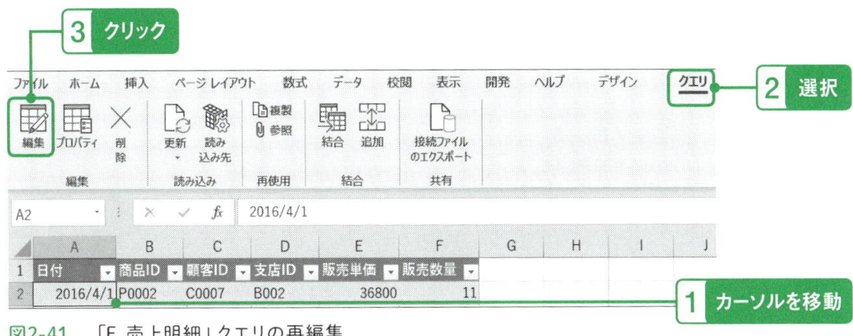

図2-41　「F_売上明細」クエリの再編集

Power Queryエディターが開いたら、以下の手順で「カスタム列」の追加画面に移動します。

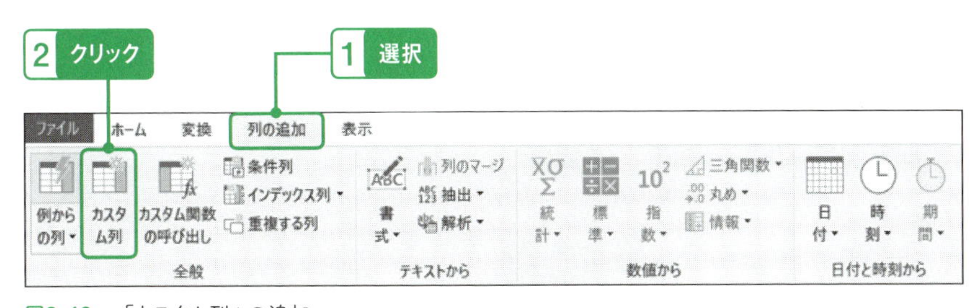

図2-42　「カスタム列」の追加

図2-43のように、「カスタム列」の追加画面が開きます。

カスタム列
新しい列名
カスタム
カスタム列の式:
=
使用できる列:
日付
商品ID
顧客ID
支店ID
販売単価
販売数量
<< 挿入
Power Query の式についての詳細
✓ 構文エラーが検出されませんでした。
OK
キャンセル

図2-43　「カスタム列」画面

まず「新しい列名」に、「売上」と入力します。

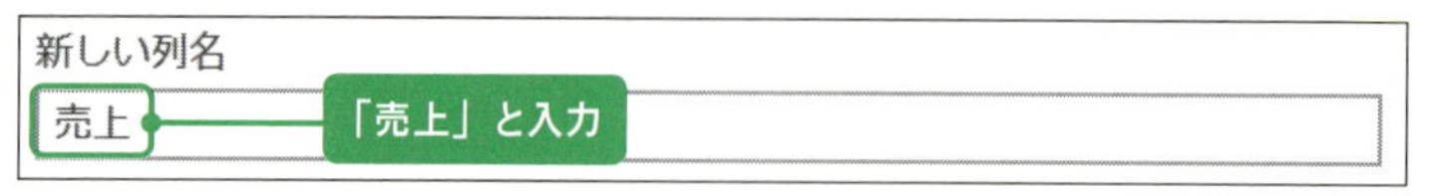

図2-44　「新しい列名」の入力

次に「カスタム列の式」ですが、ここには「売上」を計算するための式を入力します。求める数式は「販売単価」×「販売数量」ですので、それぞれの項目を持ってきます。画面の右側の「使用できる列」にこのテーブルの項目が並んでいますので、ここから選びます。

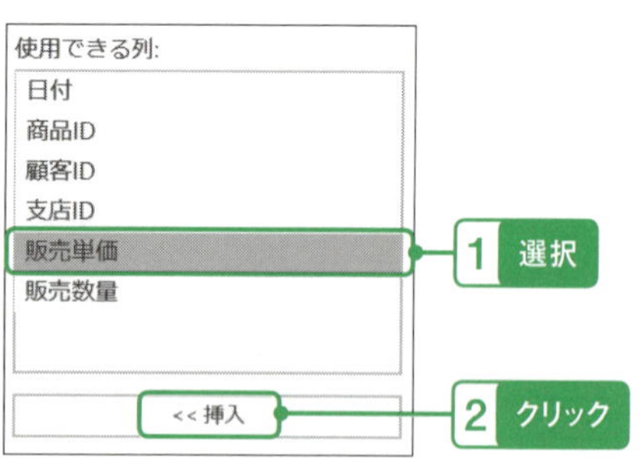

図2-45　「使用できる列」の選択

すると、販売単価が[　]付きで「カスタム列の式」に追加されます。

= [販売単価]

図2-46　カスタム列の式1

続いて「掛け算」の記号「*」を[販売単価]の右に入力します。なお、「*」は半角であることに注意してください。

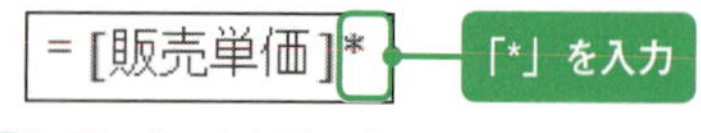

図2-47　カスタム列の式2

続いて「販売数量」を追加します。「使用できる列」から「販売数量」を選択して、「<<挿入」をクリックします。

```
= [販売単価]*[販売数量]
```

図2-48　カスタム列の式3

これで式が完成したので、画面右下の「OK」をクリックして終了します。

プレビューペインを見ると、右端に「売上」が追加されています。

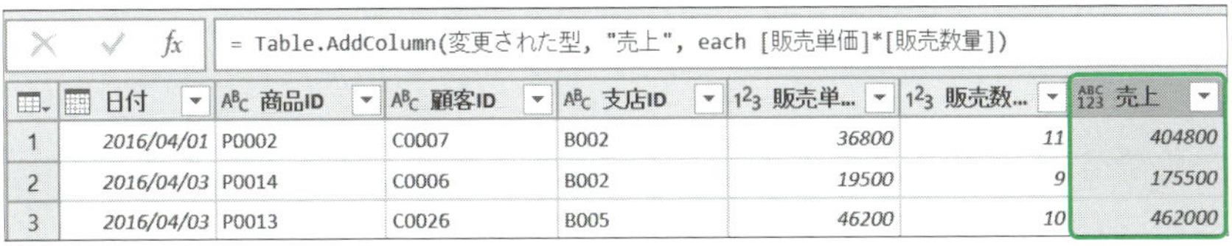

= Table.AddColumn(変更された型, "売上", each [販売単価]*[販売数量])

	日付	商品ID	顧客ID	支店ID	販売単...	販売数...	売上
1	2016/04/01	P0002	C0007	B002	36800	11	404800
2	2016/04/03	P0014	C0006	B002	19500	9	175500
3	2016/04/03	P0013	C0026	B005	46200	10	462000

図2-49　カスタム列「売上」の追加完了

さらに「クエリの設定」ペインを見ると、「適用したステップ」の末尾に「追加されたカスタム」が追加されています。

クエリの設定
プロパティ
名前
F_売上明細
すべてのプロパティ
適用したステップ
ソース
昇格されたヘッダー数
変更された型
追加されたカスタム

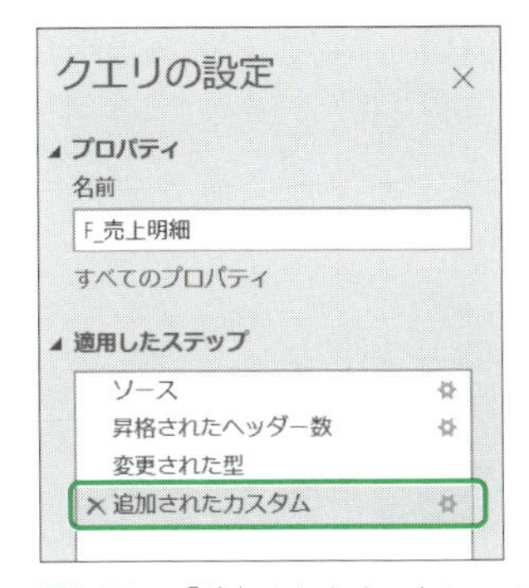

図2-50　「追加されたカスタム」ステップ

ちなみに「追加されたカスタム」ステップをダブルクリックすると、先ほどの「カスタム列」編集画面が現れ、式の中身を確認することができます。

図2-51　「カスタム列」の編集画面

次に「追加されたカスタム」の名前を変更します。

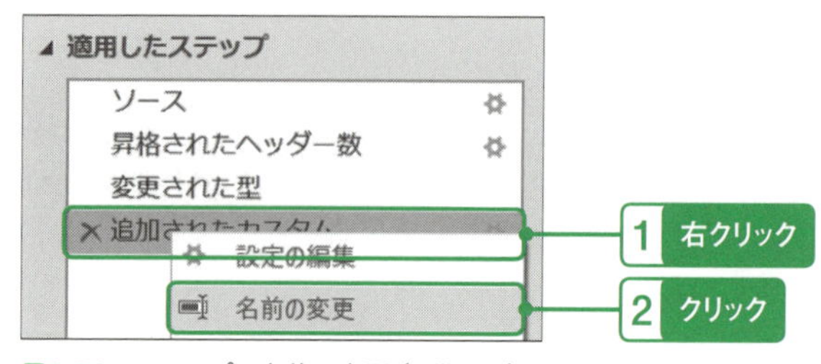

図2-52　ステップの名前の変更（リネーム）

図2-53　『「売上」項目の追加』に変更

このようにステップに適切な名前をつけることで、処理の中身が明確になり、後で見なおしたときに分かりやすくなります。

次に「売上」のデータ型を直します。まず「売上」列をクリックし、列全体を選択します。

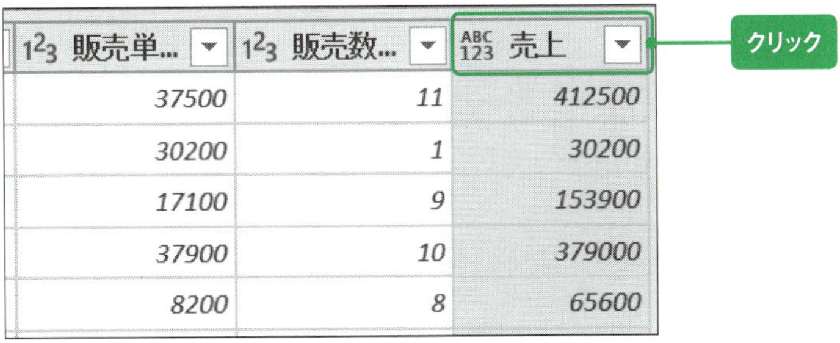

1²3 販売単...	1²3 販売数...	ABC123 売上
37500	11	412500
30200	1	30200
17100	9	153900
37900	10	379000
8200	8	65600

クリック

図2-54　「売上」項目の選択

以下の設定でデータ型を「整数」に変換します。

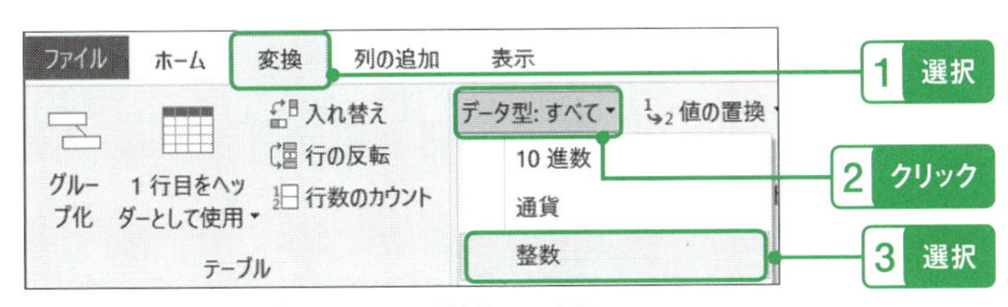

図2-55　データ型を「すべて」から「整数」に変換

「売上」項目左側のデータ型が「整数」になったことを確認します。

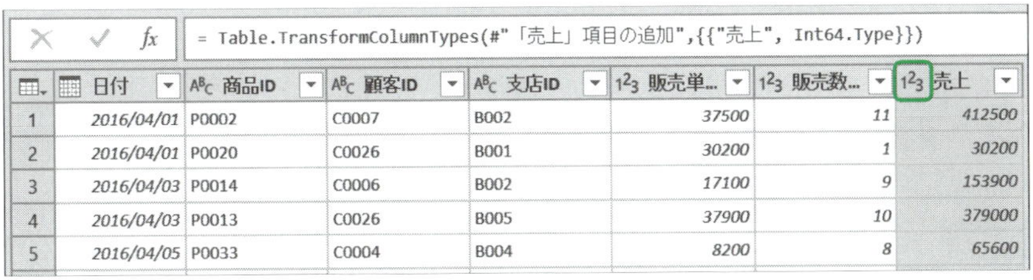

`= Table.TransformColumnTypes(#"「売上」項目の追加",{{"売上", Int64.Type}})`

	日付	ABC 商品ID	ABC 顧客ID	ABC 支店ID	1²3 販売単...	1²3 販売数...	1²3 売上
1	2016/04/01	P0002	C0007	B002	37500	11	412500
2	2016/04/01	P0020	C0026	B001	30200	1	30200
3	2016/04/03	P0014	C0006	B002	17100	9	153900
4	2016/04/03	P0013	C0026	B005	37900	10	379000
5	2016/04/05	P0033	C0004	B004	8200	8	65600

図2-56　「整数」型に変換された「売上」

あわせてステップ名を『「売上」を整数型へ変換』に変えておきましょう。

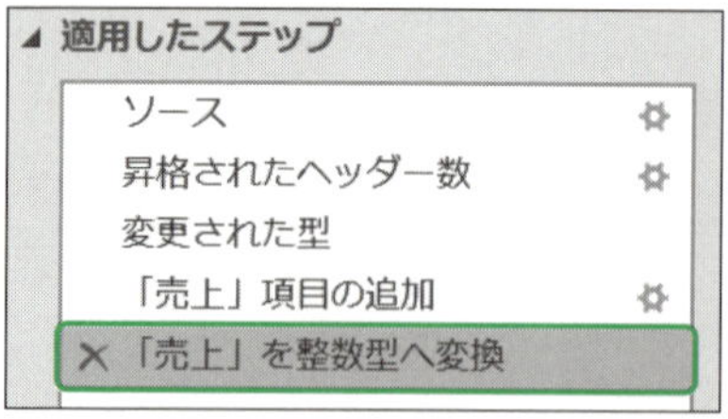

▲ 適用したステップ
- ソース
- 昇格されたヘッダー数
- 変更された型
- 「売上」項目の追加
- × 「売上」を整数型へ変換

図2-57　『「売上」を整数型へ変換』にリネーム

なお、今回はこまめにステップ名を整えていますが、データ取り込みがすべてうまく行った段階でまとめてステップ名を変えても構いません。

最後にPower Queryエディターの機能を説明するために、あえて間違えてみます。「日付」列を選択した後、Shiftキーを押しながら「支店ID」列をクリックしてみてください。こうすることで、連続する列をまとめて選択することができます（ちなみにCtrlキーを押しながら列を選択していくと、連続していない任意の列を選択できます）。

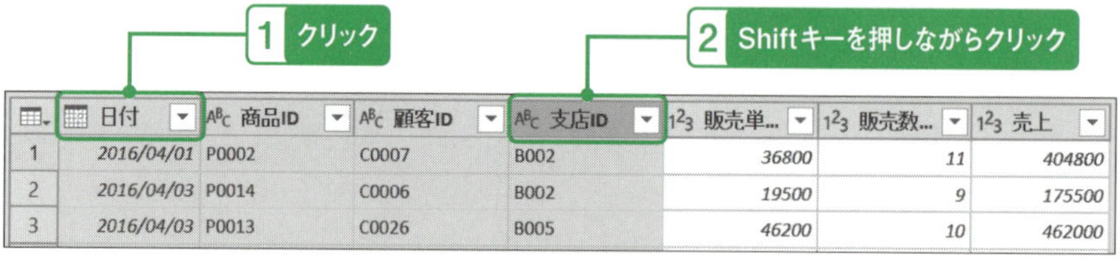

1 クリック　2 Shiftキーを押しながらクリック

	日付	商品ID	顧客ID	支店ID	販売単...	販売数...	売上
1	2016/04/01	P0002	C0007	B002	36800	11	404800
2	2016/04/03	P0014	C0006	B002	19500	9	175500
3	2016/04/03	P0013	C0026	B005	46200	10	462000

図2-58　「日付」から「支店ID」までを選択

今度は操作を誤ったと仮定して、選択した列（項目）を削除してください。

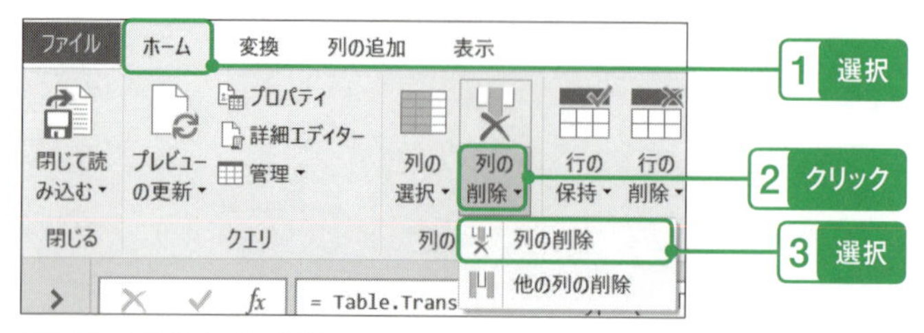

図2-59　選択した列の削除

すると、選択した列がすべて消えてしまいました。

	1²3 販売単...	1²3 販売数...	1²3 売上
1	36800	11	404800
2	19500	9	175500
3	46200	10	462000

図2-60　削除された後の列

それでは困るのでこのステップを取り消したいと思います。画面右側の「適用したステップ」の一番下に「削除された列」というステップがあるので、その左側の「×」をクリックします。

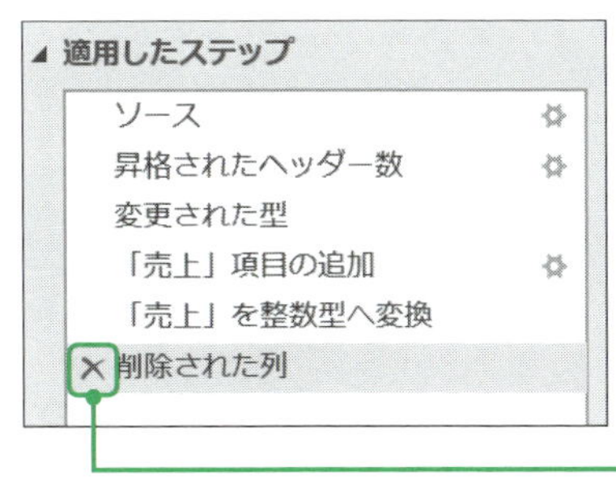

図2-61　「削除された列」ステップの削除

すると、「削除された列」のステップがなくなり、列が復活します。

	日付	ABC 商品ID	ABC 顧客ID	ABC 支店ID	1²3 販売単...	1²3 販売数...	1²3 売上
1	2016/04/01	P0002	C0007	B002	37500	11	412500
2	2016/04/01	P0020	C0026	B001	30200	1	30200
3	2016/04/03	P0014	C0006	B002	17100	9	153900
4	2016/04/03	P0013	C0026	B005	37900	10	379000
5	2016/04/05	P0033	C0004	B004	8200	8	65600

図2-62　取り消された「削除された列」ステップ

このように、**Power Queryエディターでは誤ったステップは簡単に取り消すことができます。**ただし、連続するステップの間のステップを削除するときは、後に続くステップに矛盾が生じてエラーの原因になることがあるため要注意です。

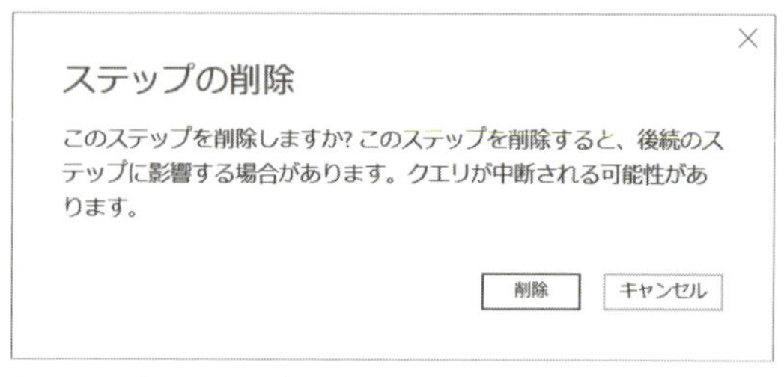

図2-63　中間ステップを削除する時の警告メッセージ

ここまで終わったら「閉じて読み込む」を実行します。今度は更新されたワークシートテーブルに「売上」が追加されていることを確認してください（データの並び順が異なるときはテーブルを「日付」順で並べかえてください）。

日付	商品ID	顧客ID	支店ID	販売単価	販売数量	売上
2016/4/1	P0002	C0007	B002	36800	11	404800
2016/4/3	**P0014**	**C0006**	**B002**	**19500**	**9**	**175500**
2016/4/7	P0014	C0009	B002	19300	8	154400

図2-64　「売上」が追加された売上明細テーブル

最後に、Excelのワークシート名をクエリ名と統一させます。まず、以下の手順でワークシート名を「F_売上明細」に変更します。

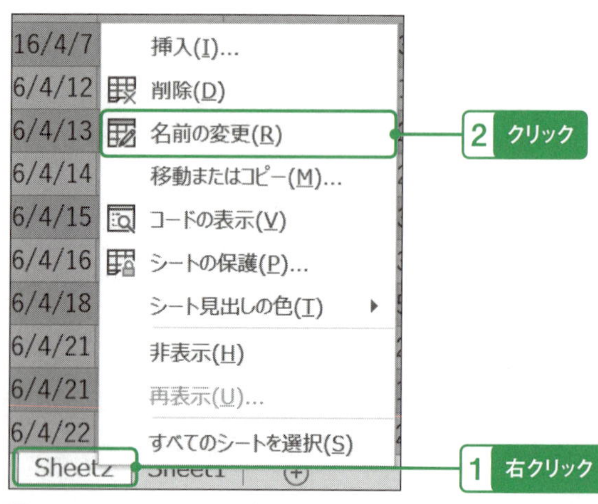

図2-65　ワークシート名の変更

※Excel2016では、新しいシートは一番右側に追加されます。

「F_売上明細」に変更

F_売上明細 Sheet1

図2-66　「F_売上明細」に変更

さらに、シートのタブの色も意味を持って統一させます。今回は、Power Queryで取得したデータのワークシートは「緑」に統一します。

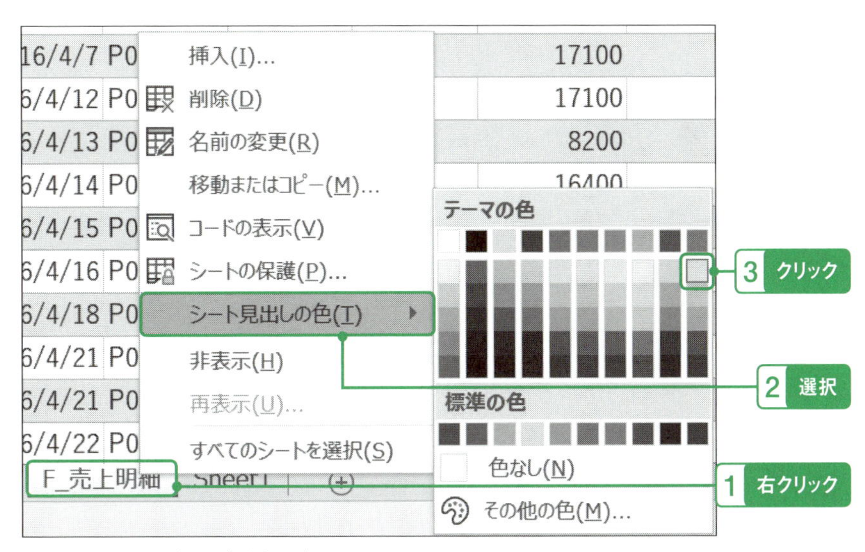

図2-67　シート見出しの色を緑に変更

F_売上明細 Sheet1

図2-68　変更されたシート見出し

これで、このワークシートのタブを見ただけで、このシートがPower Queryで取得した「売上明細」データであることが分かるようになりました。

これで「売上明細」データの取り込みは完了です。

「顧客」をとりこむ

次に、「顧客」データを取り込みます。「売上明細」のデータソースはCSVファイルでしたが、今回はExcelファイルです。Excelファイルの特徴は「1つのExcelシートの中に複数のワークシートが存在する」という点で、それぞれ中身を見て必要なワークシートだけを取り込む必要があります。

◎取り込み対象ファイルの特徴を把握する

まず、取り込み対象データの特徴を知るために、「データソース」フォルダーの中の「顧客.xlsx」を開きます。Excelファイルを開くと「表紙」と「データ」の2つのワークシートが確認できます。

図2-69　「顧客.xlsx」ファイルのワークシート

1つ目の「表紙」ワークシートには特に意味のあるデータは存在しておらず、このファイルの説明が書いてあるだけです。

	A	B	C	D	E	F
1	このファイルは顧客データを格納したファイルです。					
2						

図2-70　「表紙」シートの中身

次に「データ」シートを見ると、1行目に「データ取得日」があり、2行目に項目名、3行目から顧客データのレコードが並んでいます。

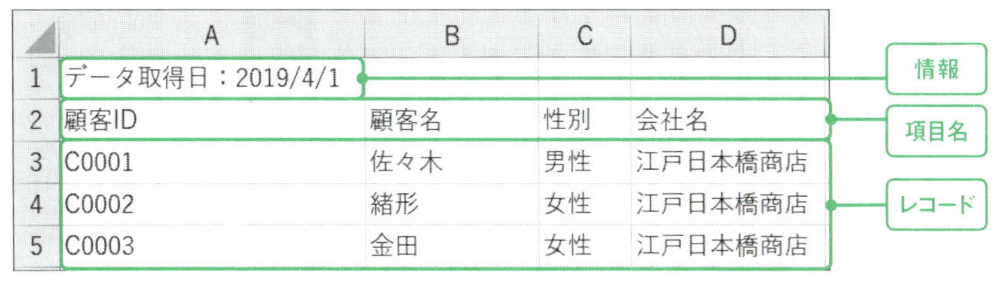

	A	B	C	D
1	データ取得日：2019/4/1			
2	顧客ID	顧客名	性別	会社名
3	C0001	佐々木	男性	江戸日本橋商店
4	C0002	緒形	女性	江戸日本橋商店
5	C0003	金田	女性	江戸日本橋商店

図2-71　「データ」シートの中身

以上のことから、データの取り込みの際は以下を考慮しなくてはなりません。

- 「表紙」シートは不要なので取り込まない
- 「データ」シートの1行目は不要なので読み飛ばす

これでファイルの特徴が分かったので「顧客.xlsx」ファイルは閉じて、「7ステップ用レポート.xlsx」に戻ります。

◎データの取り込み

まずはデータソースを指定します。

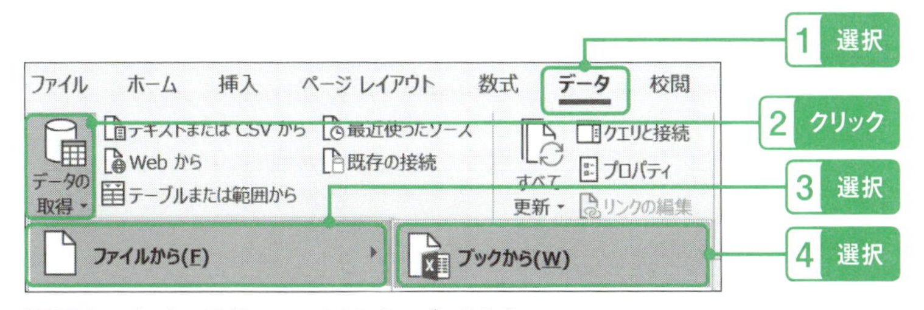

図2-72　データの取得ーファイルからーブックから

※Excel2016では、以下の手順になります。

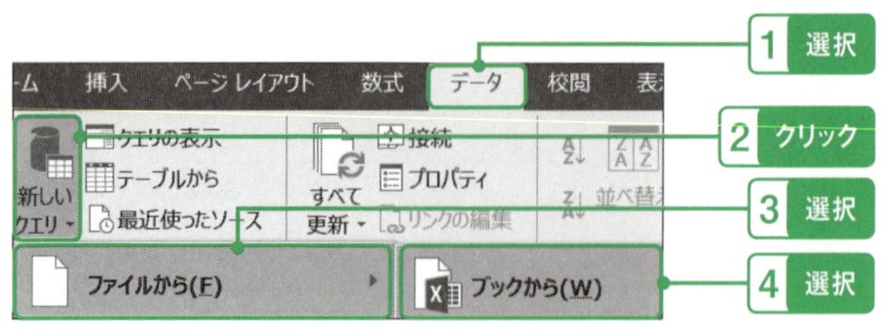

図2-73　[2016] 新しいクエリ―ファイルから―ブックから

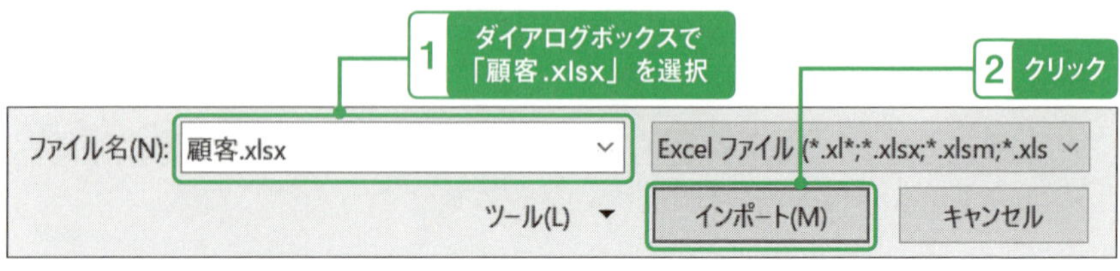

図2-74　Excelファイルの選択

CSVファイルのときとは異なるナビゲーター画面が現れます。

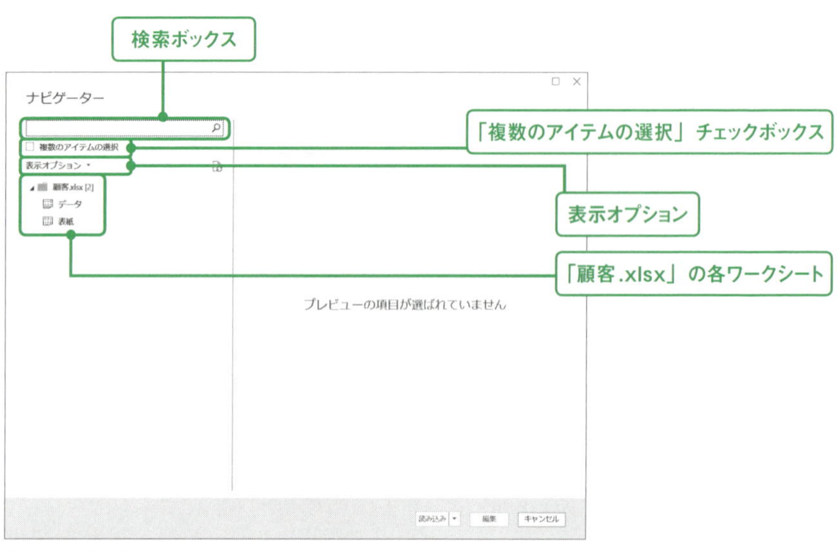

図2-75　ナビゲーター

今回、取り込もうとしている「データ」ワークシートを選択すると、右側のデータプレビューにワークシートの中身が表示されます。

図2-76　「データ」シートを選択

このまま「データの変換」ボタンをクリックします。

「データ」シートだけがPower Queryエディターに読み込まれます。

	Column1	Column2	Column3	Column4
1	データ取得日:201...	null	null	null
2	顧客ID	顧客名	性別	会社名
3	C0001	佐々木	男性	江戸日本橋商店
4	C0002	緒形	女性	江戸日本橋商店

図2-77　「データ」シートのプレビュー

とりあえずこのまま「閉じて読み込む」を実行します。

すると、残念なことに①テーブルの項目名がColumn1…4に、②不要な1レコード目「データ取得日：2019/4/1」が読み込まれ、③テーブル名も「顧客」ではなくシート名の「データ」になっています。

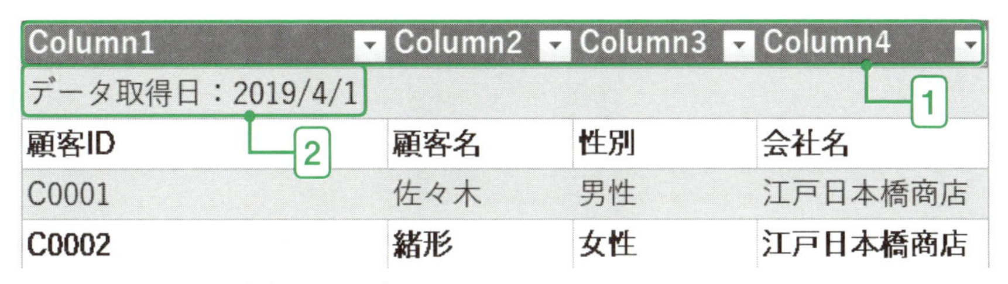

図2-78　取り込まれた「データ」テーブル

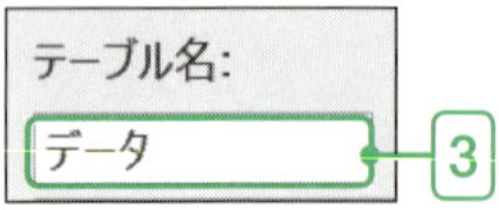

テーブル名:
データ
3

図2-79　テーブル名が「データ」

これら3点の修正を行うため、Power Queryエディターに戻ります。

データ
32 行読み込まれました。
ダブルクリック

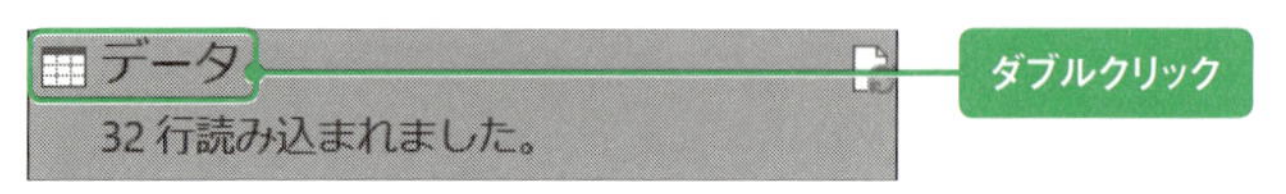

図2-80　「データ」クエリをダブルクリック

データプレビューを確認すると、レコードの1行目が「データ取得日：201…」となっているので、1行目を読み飛ばし、現在2行目にある項目名をヘッダーに持っていきます。

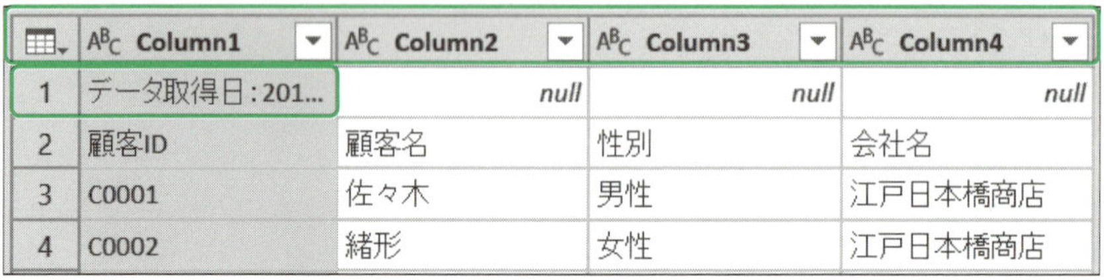

Column1
Column2
Column3
Column4
1 データ取得日：201... null null null
2 顧客ID 顧客名 性別 会社名
3 C0001 佐々木 男性 江戸日本橋商店
4 C0002 緒形 女性 江戸日本橋商店

図2-81　「顧客」クエリの再編集

まず、すでに適用されているデータ型の設定を取り消します。

適用したステップ
ソース
ナビゲーション
変更された型
クリック

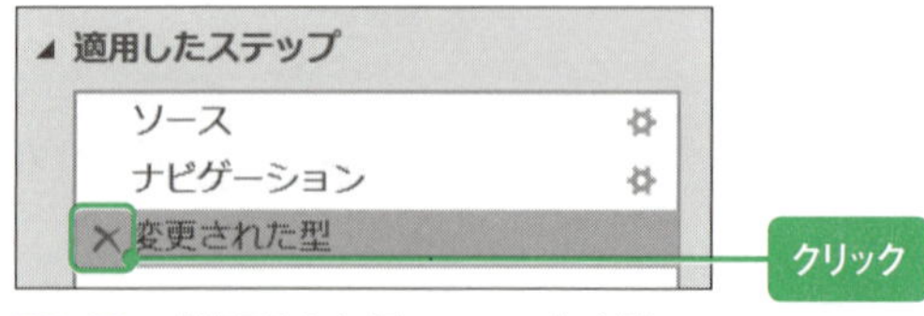

図2-82　「変更された型」ステップの削除

すると、各データ型が初期値の「すべて」に変わりました。

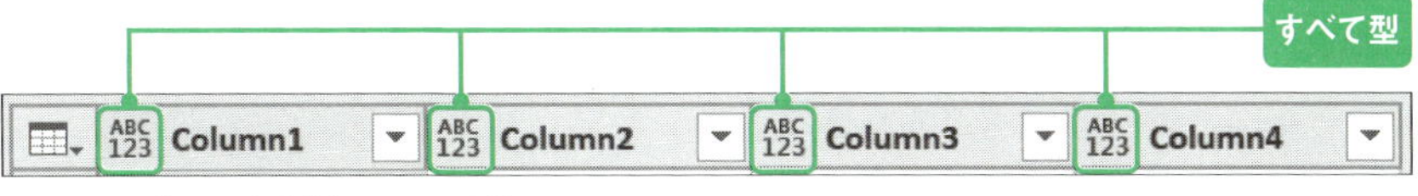

図2-83　データ型が「すべて」に変換

次に、1行目の「データ取得日・・・」を読み飛ばします。

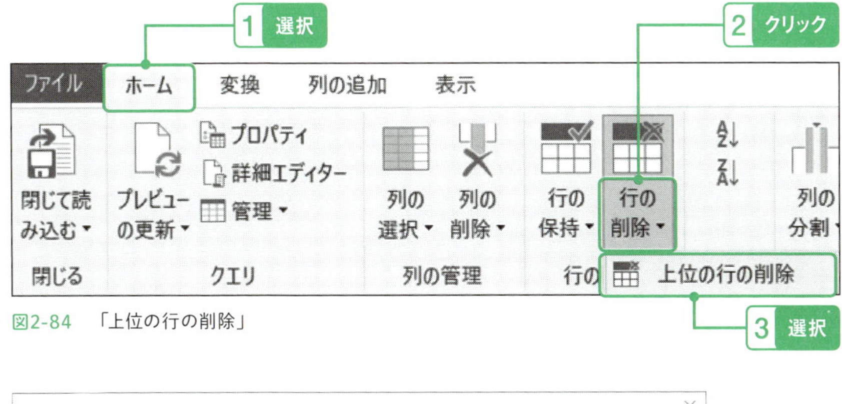

図2-84　「上位の行の削除」

図2-85　「上位の行の削除」の設定

データの1行目が削除され、データの項目名が1行目に来ました。

	ABC 123 Column1	ABC 123 Column2	ABC 123 Column3	ABC 123 Column4
1	顧客ID	顧客名	性別	会社名
2	C0001	佐々木	男性	江戸日本橋商店

図2-86　1行目が削除されたプレビュー

次に、1行目のデータを列名（項目名）として設定します。

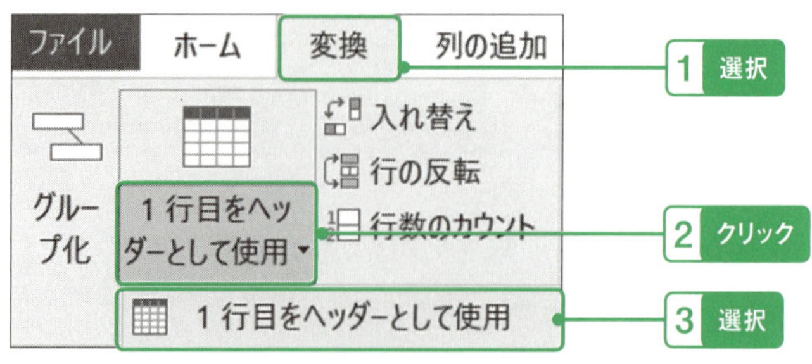

図2-87　「1行目をヘッダーとして使用」

1行目レコードがヘッダーに昇格し、それぞれの項目名がセットされました。

	ABC 顧客ID	ABC 顧客名	ABC 性別	ABC 会社名
1	C0001	佐々木	男性	江戸日本橋商...
2	C0002	緒形	女性	江戸日本橋商...

図2-88　1行目がヘッダー（項目名）に昇格

「適用したステップ」見ると、一気に「昇格されたヘッダー数」と「変更された型」の2つが追加されています。

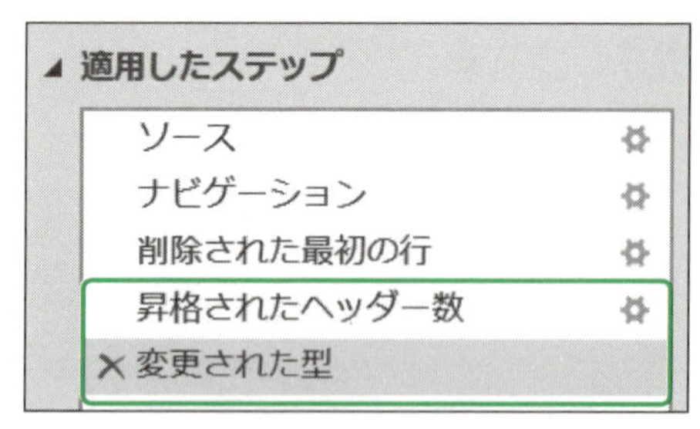

図2-89　追加された2つのステップ

Power Queryでヘッダーの昇格を行うと、先頭にあるデータの傾向を元に自動的にデータ型が設定されます。大体の場合においてその選択は正しいのですが、誤った設定になっていた場合はデータ型を変更し直す必要あります（今回の例ではすべて正しく設定されているので変更は不要です）。

最後に、クエリの名前を変更します。

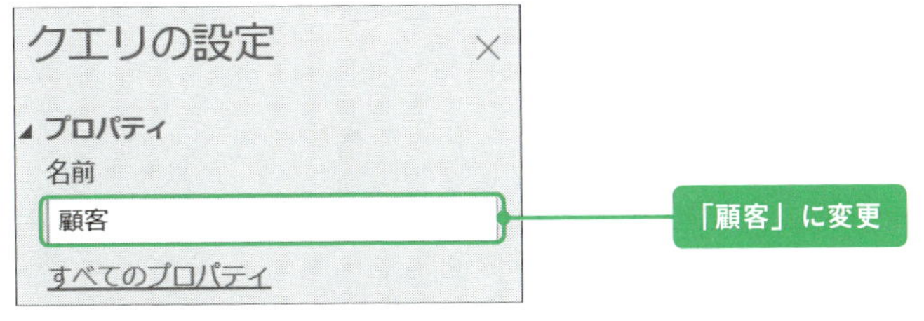

図2-90　クエリの名前を「顧客」に変更

ここまでできたら、「閉じて読み込む」を実行してください。今度はきれいな顧客テーブルとして読み込まれていることが分かります。

顧客ID	顧客名	性別	会社名
C0001	佐々木	男性	江戸日本橋商店
C0002	**緒形**	**女性**	**江戸日本橋商店**
C0003	金田	女性	江戸日本橋商店

図2-91　整えられた「顧客」テーブル

同じくクエリ名、テーブル名も「顧客」になっています。

図2-92　クエリ名が「顧客」に

図2-93　テーブル名も「顧客」に

なお、テーブル名に関して、登場数の少ない「数字テーブル」の方にだけ

「F_」を付けておけば、他のテーブルはすべて「まとめテーブル」だと分かるので、このままで構いません。

最後に仕上げとしてシート名を「顧客」に、タブの色を緑にしてください。

顧客 | F_売上明細 | Sheet1

図2-94　シート名を「顧客」に、タブの色を緑に

これで「顧客」データの取り込みは完了です。

「商品」をとりこむ

次に「商品」データを取り込みます。まず、「商品.csv」ファイルの中身を見てみましょう。

	A	B	C	D	E	F
1	商品ID	商品カテ	商品名	発売日	定価	原価
2	P0001	飲料	お茶	2016/4/1	6,700	1,407
3	P0002	飲料	高級白ワ	2016/4/1	37,500	15,375
4	P0003	飲料	白ワイン	2016/4/1	24,800	4,216

図2-95　「商品.csv」ファイルの中身

今回はCSVファイルなので複数のワークシートはありません。先頭行にも不要なデータはありません。「7ステップ用レポート.xlsx」に戻ってさっそくデータを読み込みましょう。

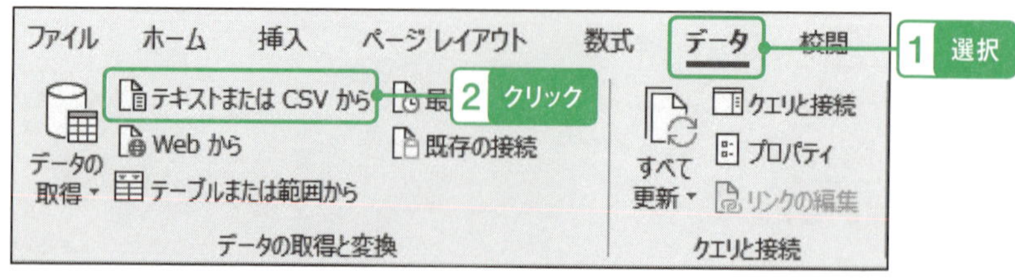

図2-96　データの取得と変換ーテキストまたはCSVから

※Excel2016では、以下の手順になります。

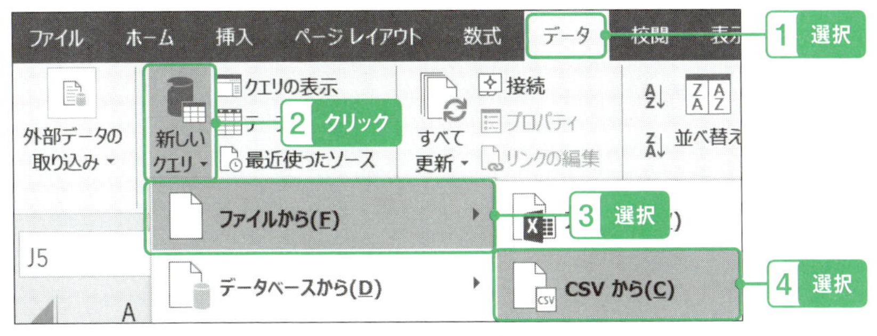

図2-97　［2016］新しいクエリ―ファイルから―CSVから

「データの取り込み」ダイアログボックスで「商品.csv」を選択して「インポート」をクリックします。「商品.csv」のプレビューが表示されたら「データの変換」をクリックします。Power Queryエディターのデータプレビューでそれぞれの項目のデータをチェックします（Excel2016では、定価と原価のデータ型が「整数型」になりますが、問題ありません）。

	商品ID	商品カテゴリー	商品名	発売日	定価	原価
1	P0001	飲料	お茶	2016/04/01	6700	1407
2	P0002	飲料	高級白ワイン	2016/04/01	37500	15375
3	P0003	飲料	白ワイン	2016/04/01	24800	4216

図2-98　各項目のデータをチェック

それぞれ問題ないので、このまま「閉じて読み込む」を実行します。

商品ID	商品カテゴリー	商品名	発売日	定価	原価
P0001	飲料	お茶	2016/4/1	6700	1407
P0002	飲料	高級白ワイン	2016/4/1	37500	15375
P0003	飲料	白ワイン	2016/4/1	24800	4216

図2-99　取り込まれた「商品」テーブル

正常にテーブルに読み込まれました。

テーブル名、クエリ名も「商品」となっています。

商品
36 行読み込まれました。

図2-100　クエリ名が「商品」

テーブル名:
商品

図2-101　テーブル名も「商品」

最後に、シート名を「商品」に、シートの色を緑にします。

商品 | 顧客 | F_売上明細 | Sheet1

図2-102　「商品」シート名の仕上げ

これで「商品」データの取り込みは終わりです。

「支店」をとりこむ

次に、「支店」データを取り込みます。まず、「支店.txt」データの中身を確認してみましょう。

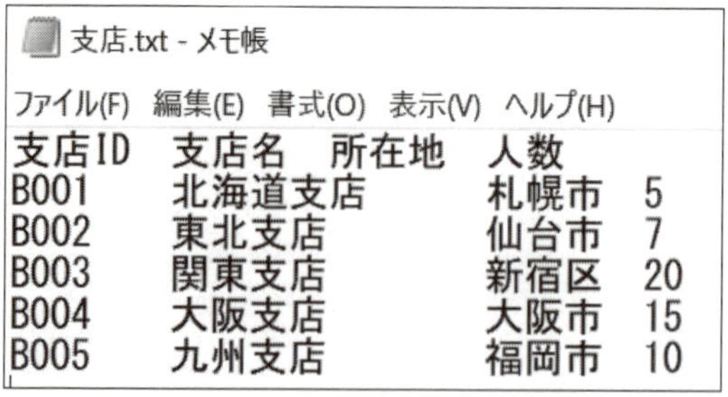

支店.txt - メモ帳

ファイル(F)　編集(E)　書式(O)　表示(V)　ヘルプ(H)

支店ID	支店名	所在地	人数
B001	北海道支店	札幌市	5
B002	東北支店	仙台市	7
B003	関東支店	新宿区	20
B004	大阪支店	大阪市	15
B005	九州支店	福岡市	10

図2-103　「支店.txt」ファイルの内容

こちらは今までのようなCSVファイルではなく、タブ区切りのテキストファイルです。フォーマットは異なりますが、同じ手順で取り込むことができます。

「7ステップ用レポート.xlsx」に戻って、データを取り込みます。

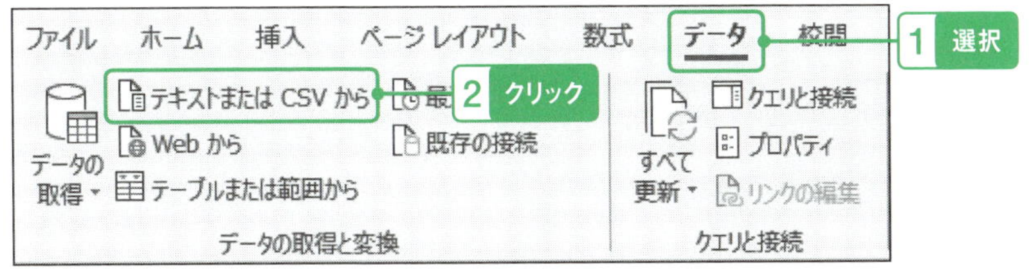

図2-104　データの取得と変換―テキストまたはCSVから

※Excel2016では、以下の手順になります。

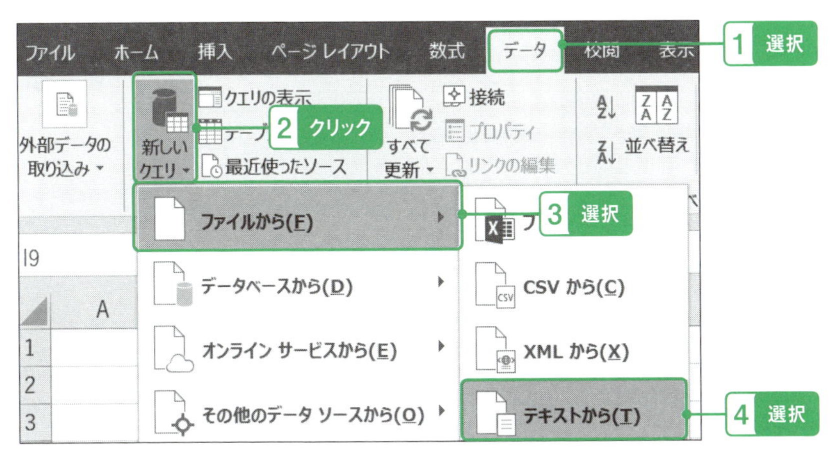

図2-105　[2016] 新しいクエリ―ファイルから―テキストから

「データの取り込み」ダイアログボックスが開いたら、「支店.txt」を選択し、「インポート」をクリックします。今回は「区切り記号」がCSVファイルのように「コンマ」ではなく、「タブ」になっていることに注意してください。このまま「データの変換」をクリックします。

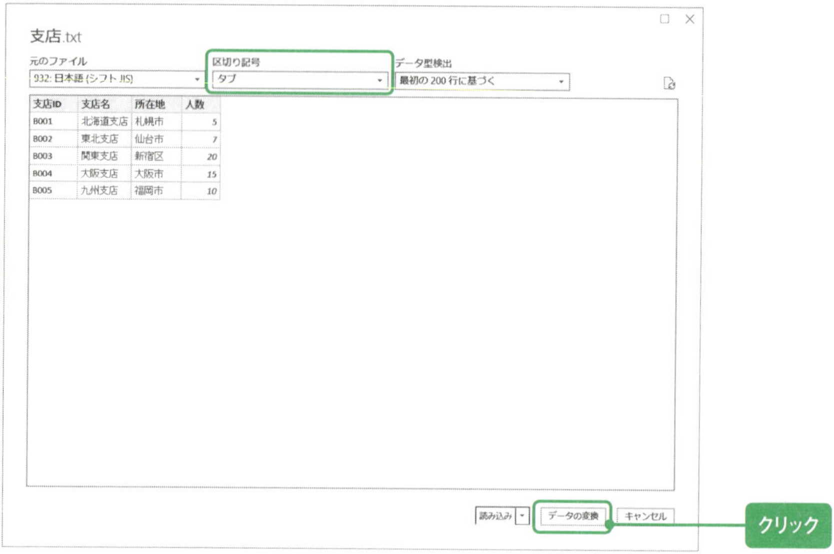

支店.txt

元のファイル: 932: 日本語 (シフト JIS)

区切り記号: タブ

データ型検出: 最初の 200 行に基づく

支店ID	支店名	所在地	人数
B001	北海道支店	札幌市	5
B002	東北支店	仙台市	7
B003	関東支店	新宿区	20
B004	大阪支店	大阪市	15
B005	九州支店	福岡市	10

読み込み　データの変換　キャンセル

クリック

図2-106　「支店.txt」のプレビュー

Power Queryエディターのデータプレビューでそれぞれの項目のデータをチェックします。

	ABC 支店ID	ABC 支店名	ABC 所在地	123 人数
1	B001	北海道支店	札幌市	5
2	B002	東北支店	仙台市	7
3	B003	関東支店	新宿区	20
4	B004	大阪支店	大阪市	15
5	B005	九州支店	福岡市	10

図2-107　各項目のデータをチェック

それぞれ問題ないので、「閉じて読み込む」を実行します。

支店ID	支店名	所在地	人数
B001	北海道支店	札幌市	5
B002	**東北支店**	**仙台市**	**7**
B003	関東支店	新宿区	20
B004	**大阪支店**	**大阪市**	**15**
B005	九州支店	福岡市	10

図2-108　取り込まれた「支店」テーブル

正常にテーブルが読み込まれました。テーブル名、クエリ名も「支店」になっています。

図2-109　クエリ名が「支店」

テーブル名:
支店

図2-110　テーブル名も「支店」

最後にシート名を「支店」に、シートの色を緑にします。

支店 | 商品 | 顧客 | F_売上明細 | Sheet1

図2-111　「支店」シート名の仕上げ

これで外部から読み込むデータのクエリはすべて用意できました。

「カレンダー」を作る

最後のデータソースの「カレンダー」テーブルを作ります。このテーブルは他のテーブルと異なり、手作業で作ります。

カレンダーテーブルの特徴は、2018年、2019年、2020年というように増加していく時間軸を持ちつつ、その一方で会計月、四半期といったように毎年繰り返す情報を持つ点です。このため、異なる年どうしであっても「前の年と比べて今年の状況はどうか？」という比較・分析を行うことができます。

また、カレンダーには「暦年」のほかに「会計年度」という組織ごとに異なる独自の期間が存在します。カレンダーテーブルを手作りすると、そのような個別の状況に柔軟に対処できるというメリットがあります。

◎「カレンダー」ワークシートの追加

まず、Excelに新しいワークシートを追加します。

F_売上明細 | Sheet1 | ⊕ ← クリック

図2-112　新しいワークシートの追加

新しいシートができたら、左端に移動しシート名を「カレンダー」に変更して、シートの色を手作りテーブルであることを示す「オレンジ」にします。

カレンダー | 支店 | 商品 | 顧客 | F_売上明細 | Sheet1

図2-113　「カレンダー」シート名の設定

◎「カレンダー」テーブルの用意

最初に「日付」項目を作ります。なお、「日付」項目は、「みたてる」ステップでデザインしたように、「F_売上明細」とリレーションシップを作成する際の外部キー項目、つまり「カレンダー」テーブルのプライマリ・キー項目になります。**プライマリ・キーとなる項目は必ずテーブルの先頭の項目にしましょう。**そうしておくことでテーブルの構造が理解しやすくなります。

図2-114　A1セルに「日付」項目名を入力

次に最初の日付データを入力します。今回、リレーションシップを持つ「売上明細」テーブルの日付が2016年4月から始まっているため、最初の日付を2016/4/1にします。

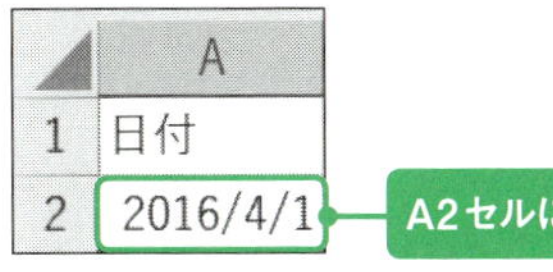

図2-115　最初の日付「2016/4/1」を入力

次に、このデータを「テーブル」に変換します。A2セルにカーソルを置いたまま、「ホーム」メニューに移動し、以下の手順でテーブル変換をします。

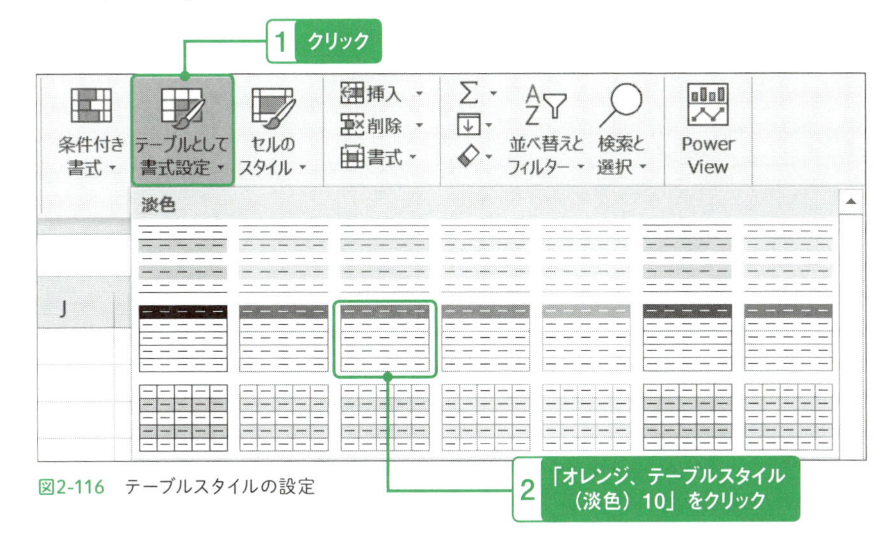

図2-116　テーブルスタイルの設定

テーブルとして書式設定　?　×

テーブルに変換するデータ範囲を指定してください(W)

=$A$1:$A$2

☑ 先頭行をテーブルの見出しとして使用する(M)

OK　キャンセル

クリック

図2-117　テーブルとして書式設定

表が「テーブル」に変換されました。

図2-118　作成された「カレンダー」テーブル

新しく作られたこのテーブルの「テーブル名」を「カレンダー」に変更します。

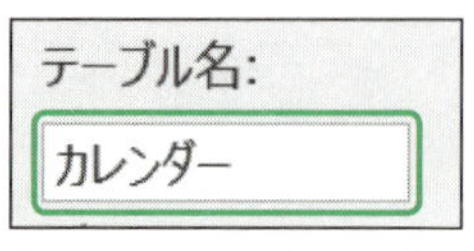

図2-119　テーブル名を「カレンダー」に変更

すべての自作テーブルにいえることですが、テーブル名は決してデフォルトの「テーブル1、2、3…」のままにしないでください。そのままにするとリレーションシップを作るときやピボットテーブルを作る際に分かりにくくなります。

次に、最初の日付を起点として一気に4年分の日付データを用意します。A2セルにカーソルを置いたまま、「ホーム」メニューの「編集」グループの「フィル」より、日付を延長します。

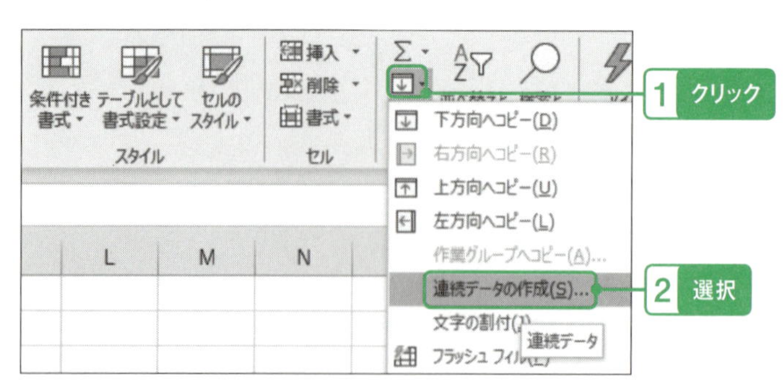

図2-120　フィル→連続データの作成

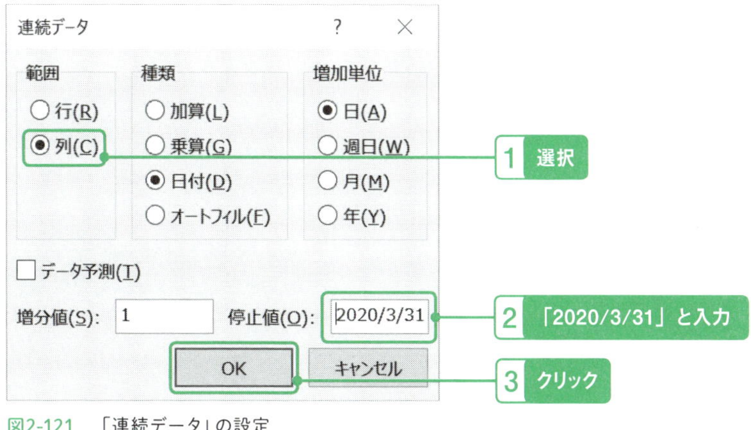

図2-121　「連続データ」の設定

指定された日までの日付データが作成されます。

2020/3/29
2020/3/30
2020/3/31

図2-122　作成されたデータの最終行

◎「月」項目の追加

次に、日付から「月」を計算します。まず、項目名としてB1セルに「月」と入力します。すると、自動的にテーブル範囲がB列まで拡張されます。

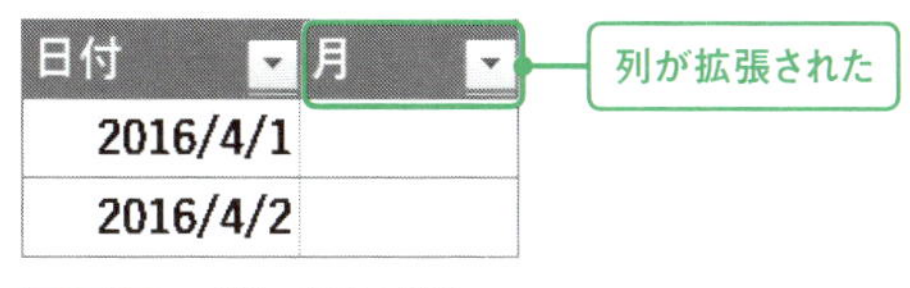

図2-123　「月」項目の追加

次にB2セルに移動し、日付データから「月」を計算します（なお、数式を入力中に、A2セルをクリックすると、[@日付] を入力することができます）。

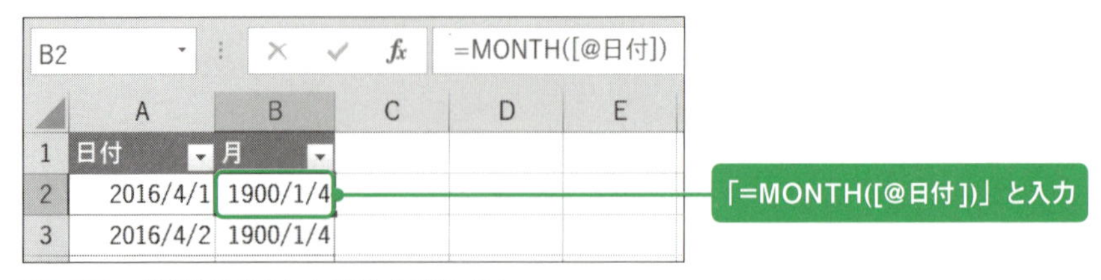

図2-124　関数は設定されたが書式が「日付」

データは作成されましたが、セルの書式が「日付」になっているので、以下の手順でB列の書式を直してください。

図2-125　書式を「標準」にすると月が表示される

4月以外の月も確認して「月」が正しく計算されていることを確認します。

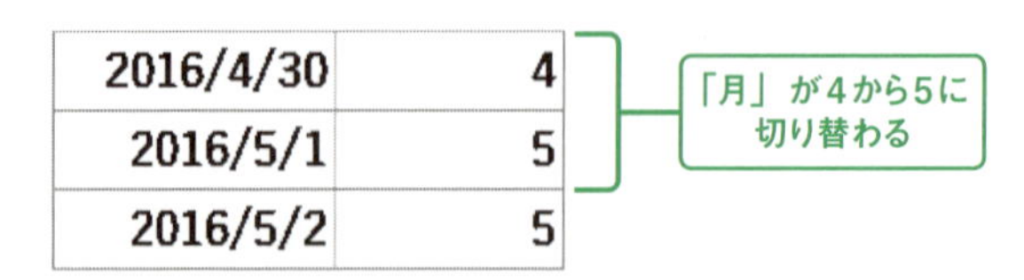

2016/4/30	4
2016/5/1	5
2016/5/2	5

図2-126　「月」の変わり目をチェック

◎「年」項目の追加

次に、「年」項目を追加します。

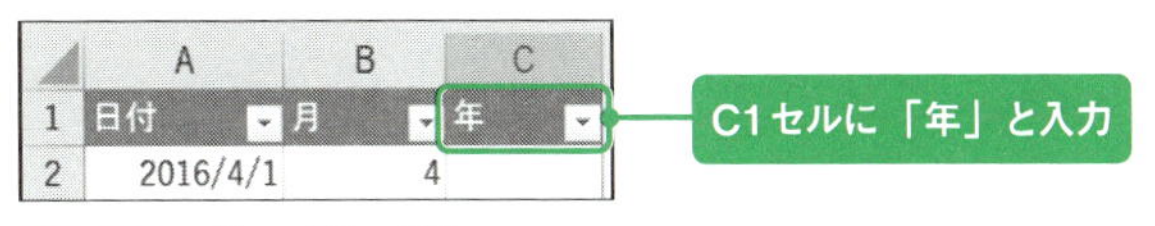

	A	B	C
1	日付	月	年
2	2016/4/1	4	

図2-127　「年」項目の追加

C2セルに移動し、日付データから「年」を計算します。

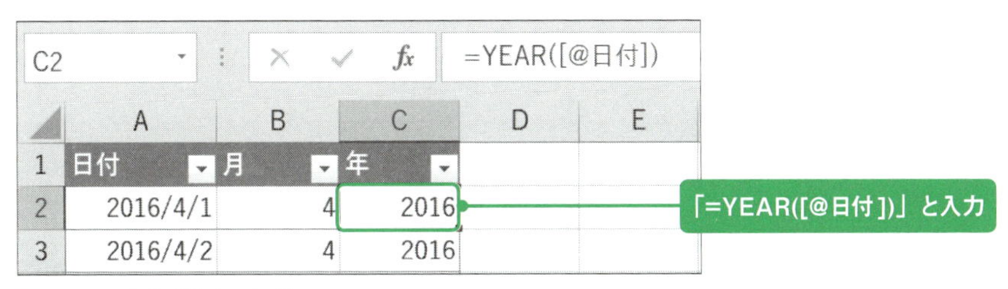

	A	B	C	D	E
1	日付	月	年		
2	2016/4/1	4	2016		
3	2016/4/2	4	2016		

図2-128　自動計算された「年」

◎「会計年度」項目の追加

次に、「会計年度」を作ります。暦年とは異なり、会計年度は会社ごとに異なります。今回は4月が期初で3月が期末のカレンダーを用意します。

まず、D1列に項目名として「会計年度」と入力します。

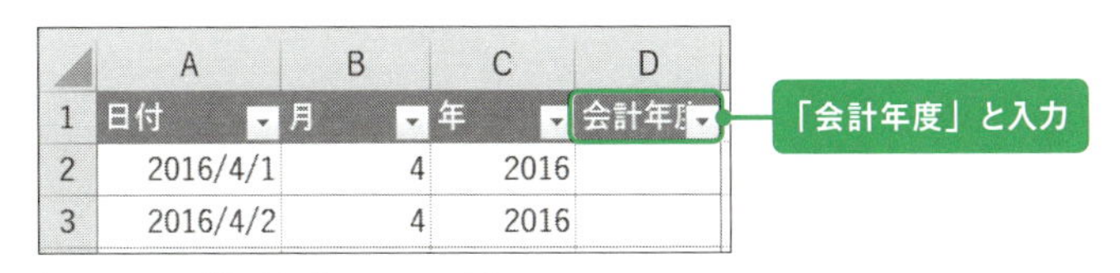

	A	B	C	D
1	日付	月	年	会計年月
2	2016/4/1	4	2016	
3	2016/4/2	4	2016	

図2-129　「会計年度」項目の追加

会計年度の計算は、暦年に比べると少し工夫が必要です。例えば、次ページの表2-6のように、4月が期初である場合は、1月、2月、3月は前会計年度となります。

暦年月	暦年	会計年度
2017年1月	2017年	**2016年度**
2017年2月	2017年	**2016年度**
2017年3月	2017年	**2016年度**
2017年4月	2017年	2017年度

表2-6 「暦年」と「会計年度」の関係

よって、**「会計年度」は、月が3月以前なら暦年1を引いた年になり、「それ以外は暦年と同じ」**ということができます。D2セルに以下の数式を入力してください。

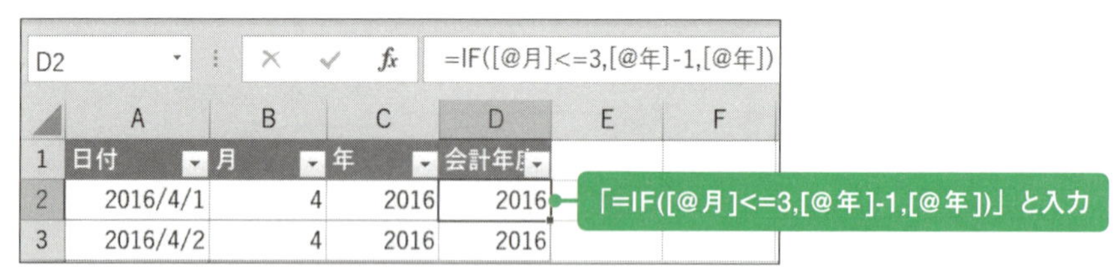

図2-130 自動計算された「会計年度」

暦年と会計年度の変わり目を確認して会計年度が正しく計算されていることを確認してください。

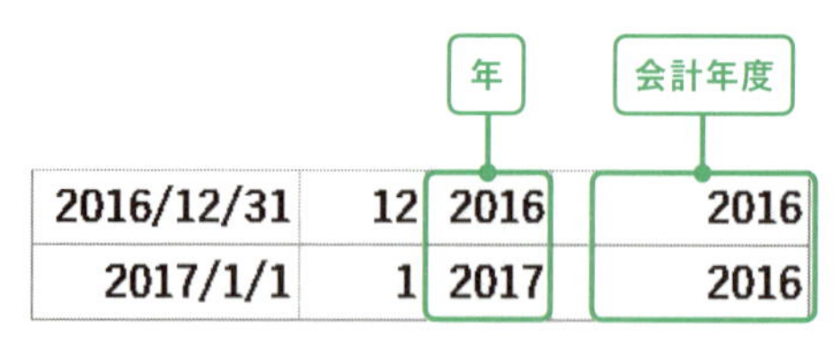

図2-131 12月と1月の間で「暦年」の変わり目をチェック

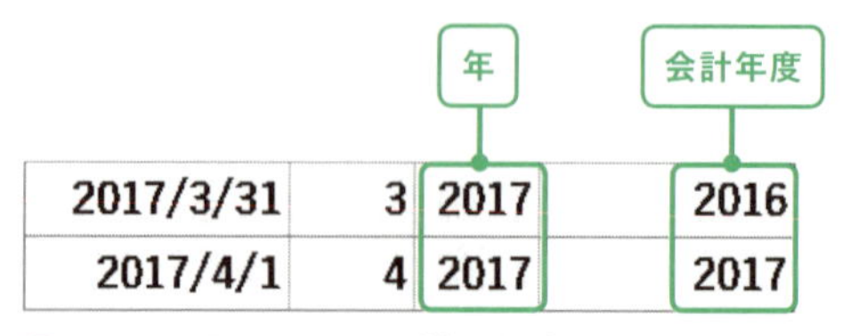

図2-132 3月と4月の間で「会計年度」の変わり目をチェック

◎「会計四半期」項目の追加

最後に、「会計四半期」項目を追加します。会計四半期は1年を四等分した期間ですので、それぞれの会計四半期は以下のようになります。

四半期	月
第１四半期（Q1）	4月、5月、6月
第２四半期（Q2）	7月、8月、9月
第３四半期（Q3）	10月、11月、12月
第４四半期（Q4）	1月、2月、3月

表2-7　「会計四半期」と「月」の関係

まず項目名としてE1セルに「会計四半期」と入力します。

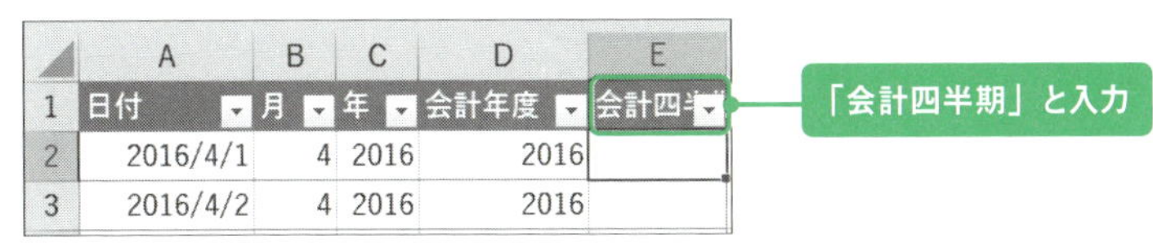

図2-133　「会計四半期」項目名の追加

次に上の表を数式で表現します。E2セルに以下の式を入力してください。

```
=IF([@月]<=3,"Q4",IF([@月]<=6,"Q1",IF([@月]<=9,"Q2","Q3")))
```

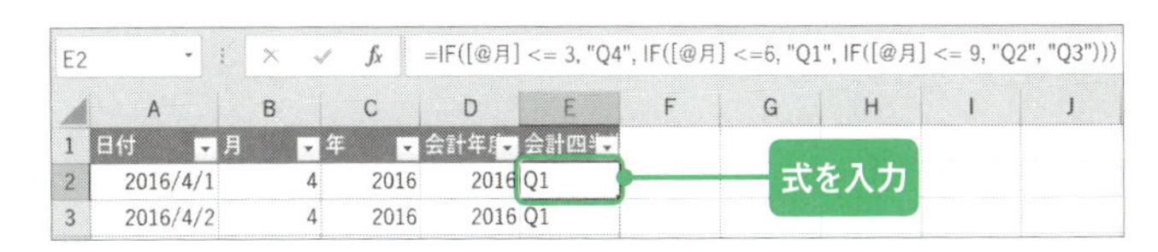

図2-134　自動計算された「会計四半期」

会計四半期の変わり目をそれぞれチェックして、正しく会計四半期が計算できていることを確認します。

日付	月	年	会計年度	会計四半期
2016/4/1	4	2016	2016	Q1

図2-135　「会計四半期」の変わり目をチェック（Q1）

2016/6/30	6	2016	2016	Q1
2016/7/1	7	2016	2016	Q2

図2-136　「会計四半期」の変わり目をチェック（Q1とQ2）

2016/9/30	9	2016	2016	Q2
2016/10/1	10	2016	2016	Q3

図2-137　「会計四半期」の変わり目をチェック（Q2とQ3）

2016/12/31	12	2016	2016	Q3
2017/1/1	1	2017	2016	Q4

図2-138　「会計四半期」の変わり目をチェック（Q3とQ4）

2017/3/31	3	2017	2016	Q4
2017/4/1	4	2017	2017	Q1

図2-139　「会計四半期」の変わり目をチェック（Q4とQ1）

これで「カレンダー」テーブルが完成しました。

作ったクエリのグループ化

最後に、「とりこむ」ステップのまとめとして「クエリのグループ化」をします。目的ごとにクエリをグループ化しておくと、追加開発のときにスムーズに構造が理解できます。まず、「クエリと接続（ブッククエリ）」ペインから以下の手順でまとめテーブルをグループ化します。

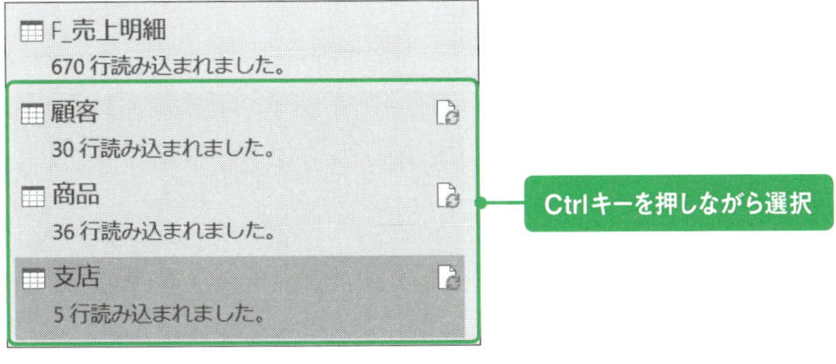

図2-140　Ctrlキーを押しながら3つのクエリをクリック

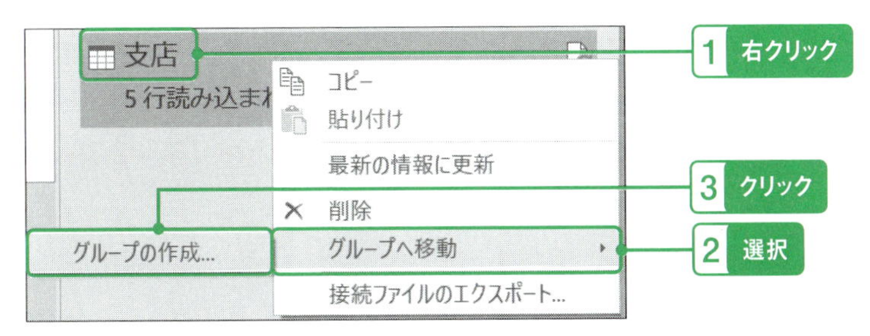

図2-141　グループの作成

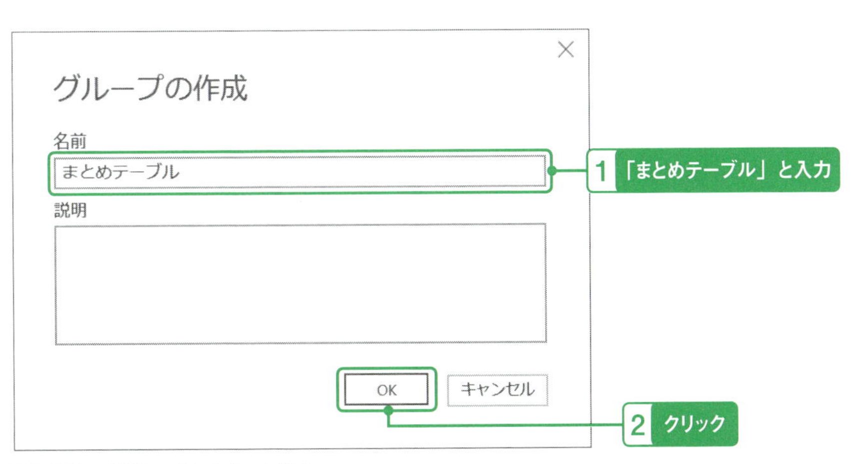

図2-142　「グループの作成」の設定

3つのクエリが「まとめテーブル」としてグループ化されました（「カレンダー」テーブルはクエリではないので、ここには表示されません）。

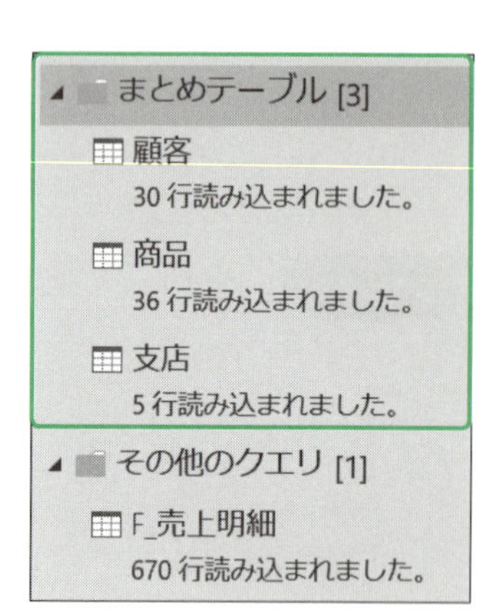

図2-143　選択された3つのクエリが「まとめテーブル」グループに移動

同様にして、「F_売上明細」を「数字テーブル」としてグループ化します。

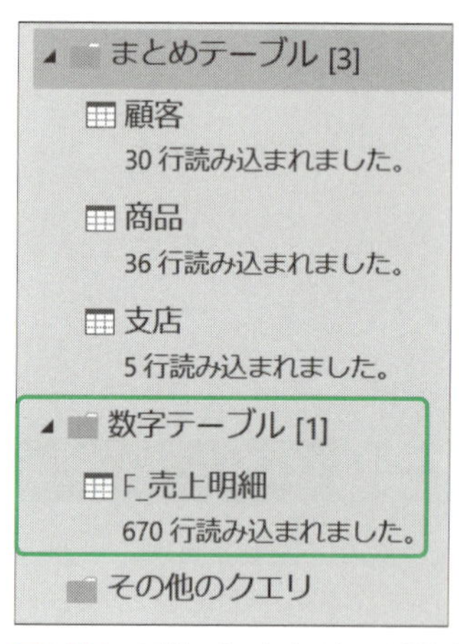

図2-144　同様に「F_売上明細」を「数字テーブル」グループに

これで「とりこむ」ステップは完了です。

3 つなげる

「つなげる」ステップでは、前ステップで用意したテーブルどうしをリレーションシップでつなぎ、データの骨格であるデータモデルを完成させます。このとき、「みたてる」ステップでデザインした**数字テーブルの「外部キー項目」と、まとめテーブルの「プライマリ・キー項目」をつなぎます。**

【タスク】
・「リレーションシップ」を作る
・テーブルどうしをつなぎ、「データモデル」を完成させる

【技術】
・リレーションシップ

【ポイント】
・リレーションシップのMany側とOne側を意識する
・プライマリ・キー項目が重複していたら「とりこむ」ステップに戻る
・まずは基本の「星型データモデル」を作る

それではさっそくリレーションシップを作っていきます。

「F_売上明細」と「顧客」をつなぐ

まず、F_売上明細テーブルと顧客テーブルをつなぎます。以下の手順で「リレーションシップの管理画面」を開いてください。

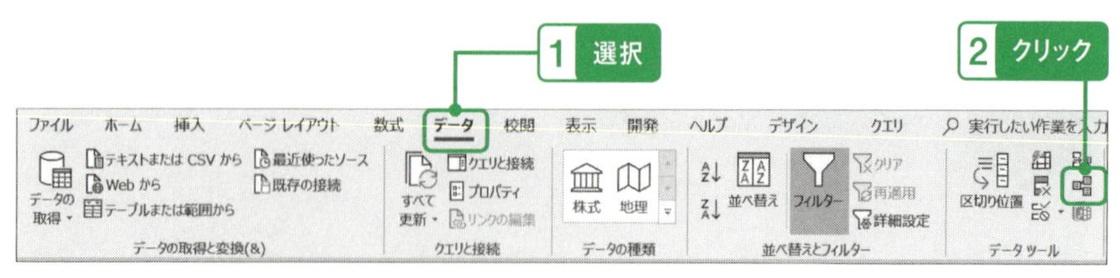

図2-145　データ→データツール→リレーションシップ

「リレーションシップの管理」画面が開くので、「新規作成」をクリックします。

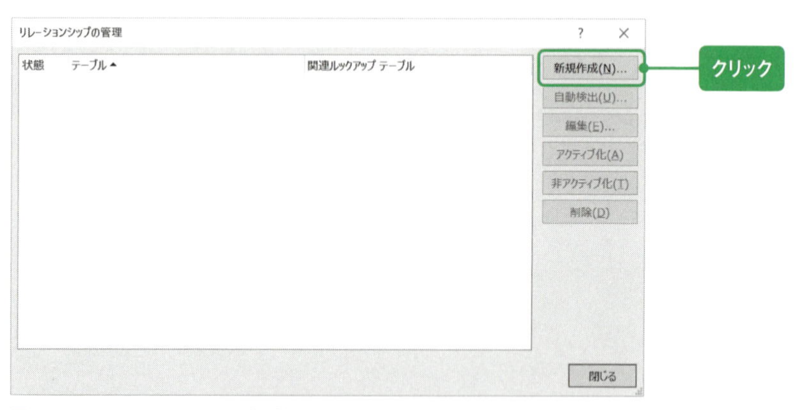

図2-146　リレーションシップの管理

「リレーションシップの作成」画面が開きますので、以下のように設定します。なお、「F_売上明細」については必ず「データモデルのテーブル：」が付いている方を選んで下さい。

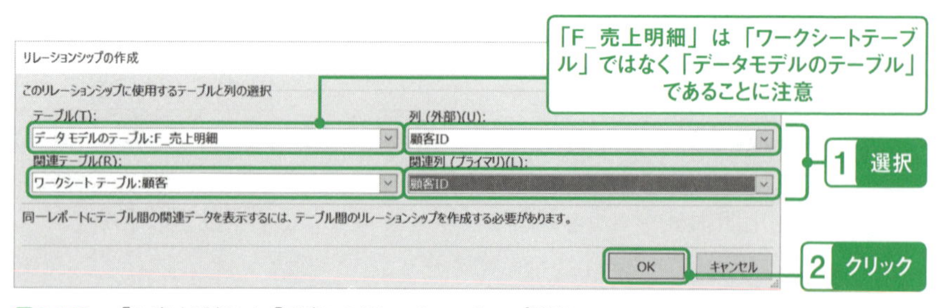

図2-147　「F_売上明細」と「顧客」のリレーションシップ設定

※Excel2016では、「F_売上明細」テーブルの前に「データモデルのテーブル：」や「ワークシートテーブル：」が表示されず、同じ名前の「F_売上明細」が2つ並んで両者の区別がつかない場合があります。
この場合、「とりこむ」ステップに戻り、「F_売上明細」クエリの読み込み先を「テーブル」ではなく「接続の作成のみ」に変更することで、データモデルの「F_売上明細」のみを表示させてから、リレーションシップを作成してください。

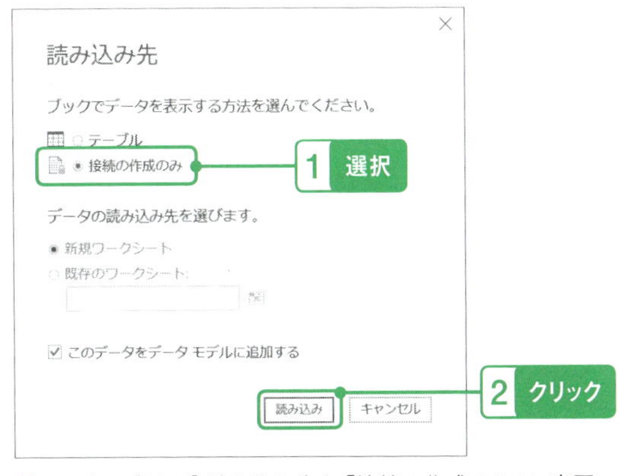

図2-148　[2016] 読み込み先を「接続の作成のみ」に変更

すると、「リレーションシップの管理」画面に作成したリレーションシップが表示されます。**星型データモデルでは、数字テーブルが左側の「テーブル」に、まとめテーブルが右側の「関連ルックアップテーブル」に来ます。**

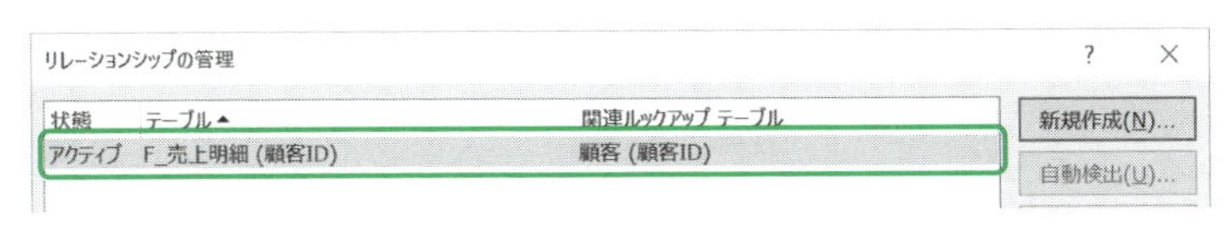

図2-149　左が数字テーブル、右がまとめテーブル

確認のため、作成されたリレーションシップを選択して右側の「編集」ボタンをクリックします。

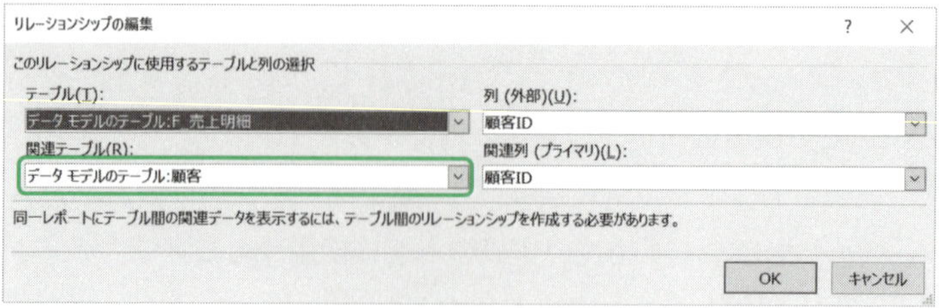

図2-150　「リレーションシップの編集」画面

すると、新規作成時に「ワークシートのテーブル：顧客」と表示されていた「関連テーブル」が「データモデルのテーブル：顧客」に変わっています。つまり、Excel上では「リレーションシップ」が作成された瞬間に、バックグラウンドでそれらのテーブルが内部の「データモデル」にも連携されるのです。この暗黙的に作成されたテーブルは、「クエリと接続」ペインの「接続」で確認することができます。

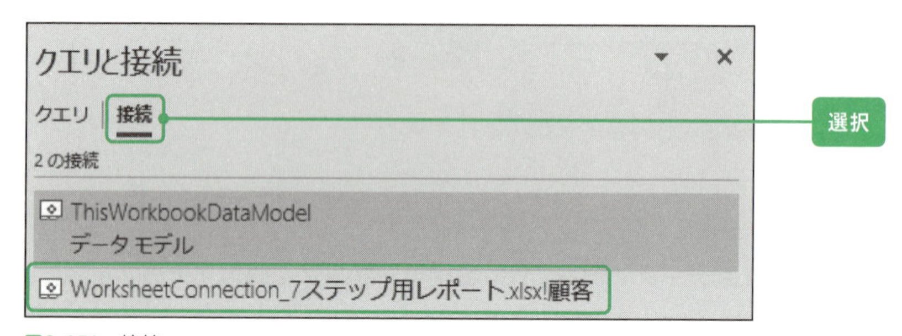

図2-151　接続

※Excel2016では、「データ」メニューの「接続」から確認できます。

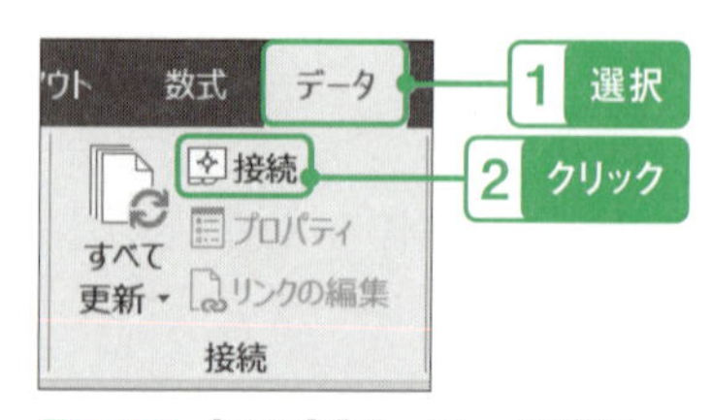

図2-152　[2016]「データ」－「接続」

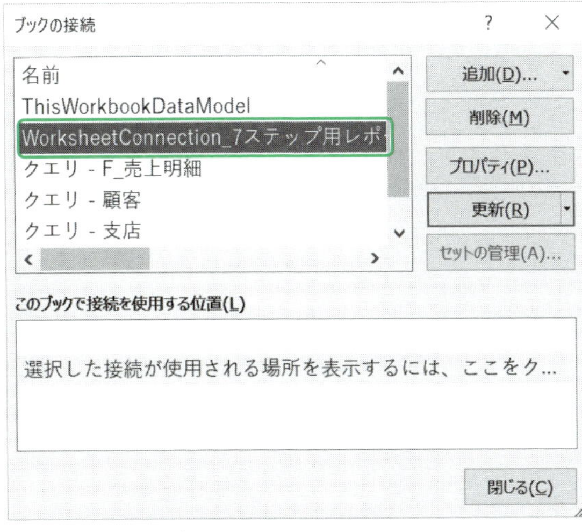

図2-153 ［2016］ブックの接続

なお、「F_売上明細」については、最初から「データモデルのテーブル」を選択しているのでここには表示されません。もし誤って「ワークシートテーブル：F_売上明細」を選択していたら、この画面で削除してから、「データモデル：F_売上明細」でリレーションシップを作り直してください。

「F_売上明細」と「商品」をつなぐ

同じ手順で「F_売上明細」テーブルと「商品」テーブルをつなぎます。

リレーションシップの作成
このリレーションシップに使用するテーブルと列の選択
テーブル(T):
データ モデルのテーブル:F_売上明細
列 (外部)(U):
商品ID
関連テーブル(R):
ワークシート テーブル:商品
関連列 (プライマリ)(L):
商品ID
同一レポートにテーブル間の関連データを表示するには、テーブル間のリレーションシップを作成する必要があります。
OK
キャンセル

図2-154 「F_売上明細」と「商品」のリレーションシップ設定

「F_売上明細」と「支店」をつなぐ

同じ手順で「F_売上明細」テーブルと「支店」テーブルをつなぎます。

リレーションシップの作成
?
このリレーションシップに使用するテーブルと列の選択
テーブル(T):
データ モデルのテーブル:F_売上明細
列 (外部)(U):
支店ID
関連テーブル(R):
ワークシート テーブル:支店
関連列 (プライマリ)(L):
支店ID
同一レポートにテーブル間の関連データを表示するには、テーブル間のリレーションシップを作成する必要があります。
OK
キャンセル

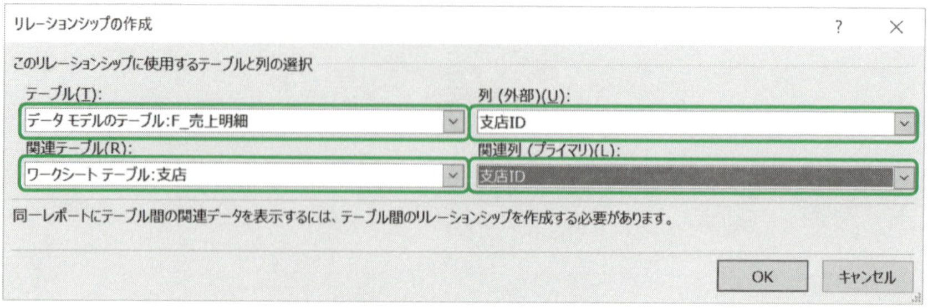

図2-155　「F_売上明細」と「支店」のリレーションシップ設定

「F_売上明細」と「カレンダー」をつなぐ

最後に「F_売上明細」テーブルと「カレンダー」テーブルをつなぎます。

リレーションシップの作成
?
このリレーションシップに使用するテーブルと列の選択
テーブル(T):
データ モデルのテーブル:F_売上明細
列 (外部)(U):
日付
関連テーブル(R):
ワークシート テーブル:カレンダー
関連列 (プライマリ)(L):
日付
同一レポートにテーブル間の関連データを表示するには、テーブル間のリレーションシップを作成する必要があります。
OK
キャンセル

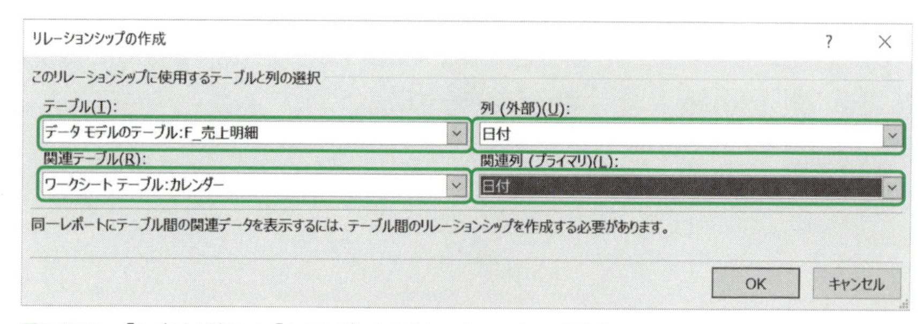

図2-156　「F_売上明細」と「カレンダー」のリレーションシップ設定

これですべてのリレーションシップが作成されました。リレーションシップが以下の設定になっていることを確認してください。

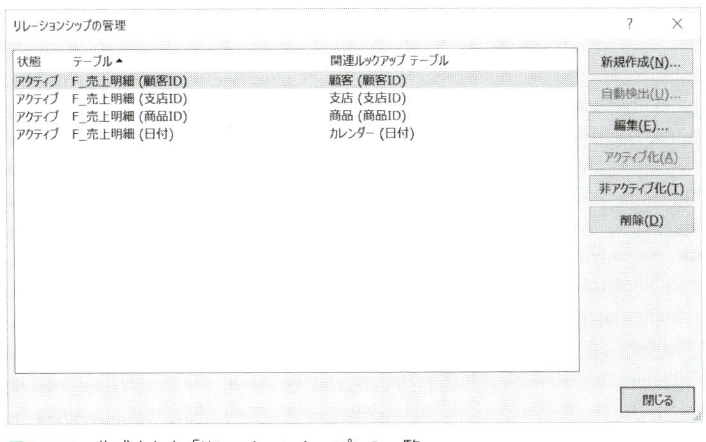

図2-157　作成された「リレーションシップ」の一覧

また、「クエリと接続」ペインの「接続」で、「F_売上明細」を除く4つのテーブルがリストされていることを確認します。

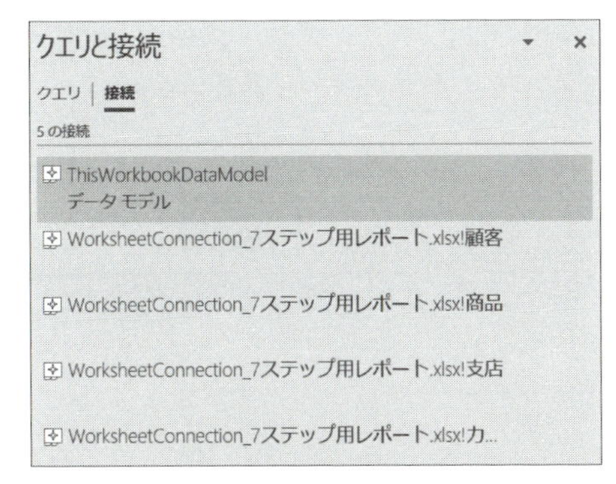

図2-158　作成された「接続」一覧

※Excel2016では、「データ」メニューの「接続」から「ブックの接続」で確認します。

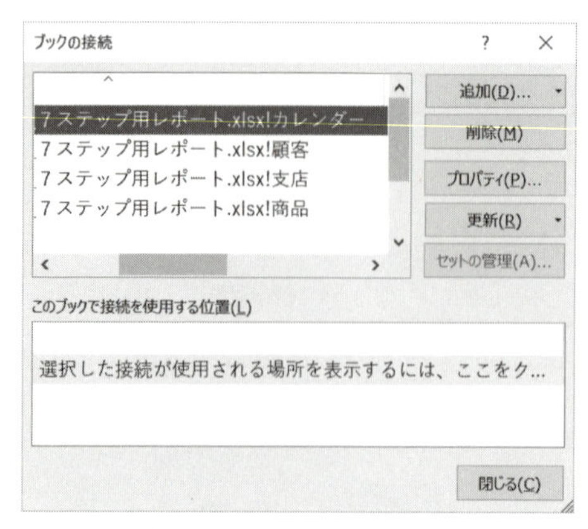

図2-159 ［2016］作成された接続一覧

これで「つなげる」ステップは完了です。

ダイアグラムビューについて

なお、Power Pivotアドインが使える環境では、「ダイアグラムビュー」でデータモデルをグラフィカルに確認することができます（必須ではありません）。

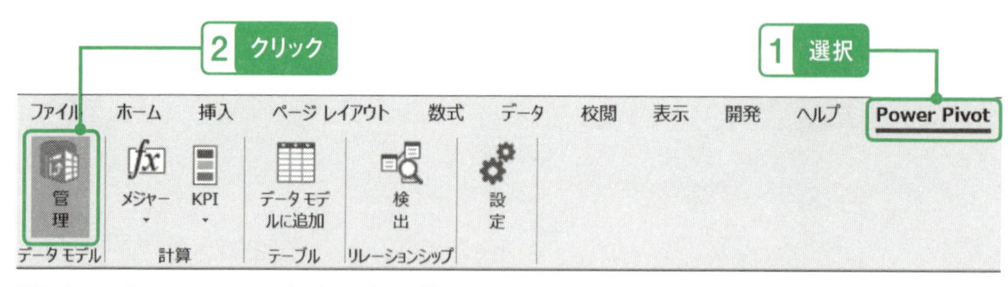

図2-160 Power Pivot→データモデル→管理

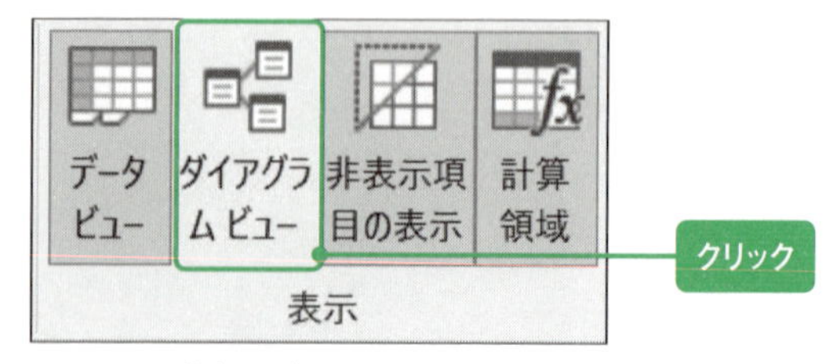

図2-161 「ダイアグラムビュー」メニュー

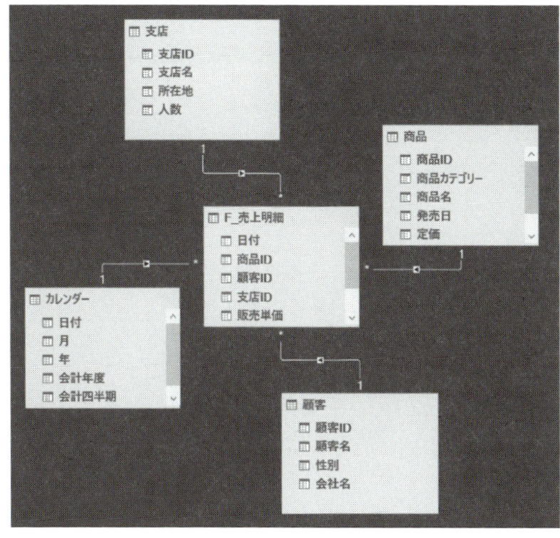

図2-162　「ダイアグラムビュー」で表示されたデータモデル

ダイアグラムを見ると、数字テーブルである「F_売上明細」を中心として、そのほかのまとめテーブルが周囲にならんでいます。このとき、数字テーブルである「F_売上明細」がMany側（*）であり、周囲のまとめテーブル側がそれぞれOne側（1）になっていることを確認してください。

4 ならべる

「ならべる」ステップでは、ピボットテーブルの行と列にまとめテーブルの項目を並べて、データの集め方を決めます。つまり、**次の「かぞえる」ステップで集計を行う「メジャー」へ渡すデータの絞り込み条件（＝フィルターコンテキスト）を決めます。**

【タスク】

・表形式レポートのレイアウトを作る
・データの絞り込み条件を並べる
・集計のための「フィルターコンテキスト」を作る

【技術】

・ピボットテーブル

・スライサー

【ポイント】

・ピボットテーブルでデータモデルを呼び出す

・まとめ項目を並べるときは「階層」を意識する

ピボットテーブルを呼び出す

まず、「7ステップ用レポート.xlsx」を開き、今まで使用していなかった「sheet1」の名前を「商品別売上推移」に変えます。

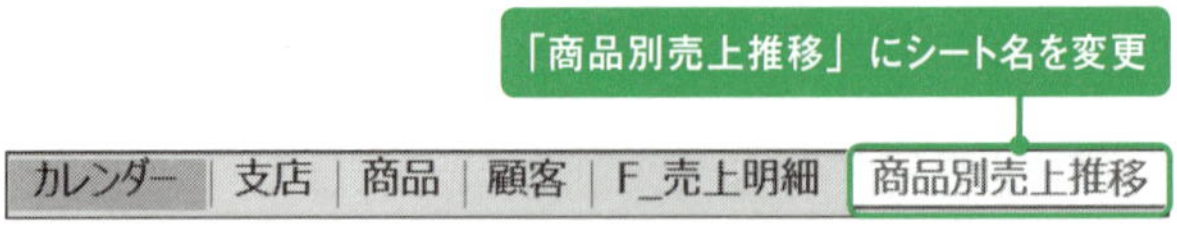

「商品別売上推移」にシート名を変更

カレンダー | 支店 | 商品 | 顧客 | F_売上明細 | 商品別売上推移

図2-163　「商品別売上推移」にシート名を変更

このシートはユーザーが頻繁に使うレポートですので、先頭に移動しておきましょう。

図2-164　「商品別売上推移」シートを先頭に移動

次に、このシートのB3にカーソルを置きます。

図2-165　「B3」セルにカーソルを移動

以下の手順で、「ピボットテーブルの作成」画面を呼び出します。

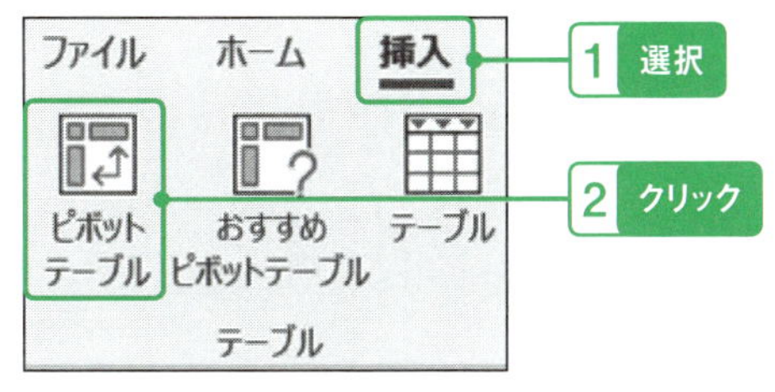

図2-166　ピボットテーブルの呼び出し

次がとても重要なところです。以下の設定でピボットテーブルを作成してください。

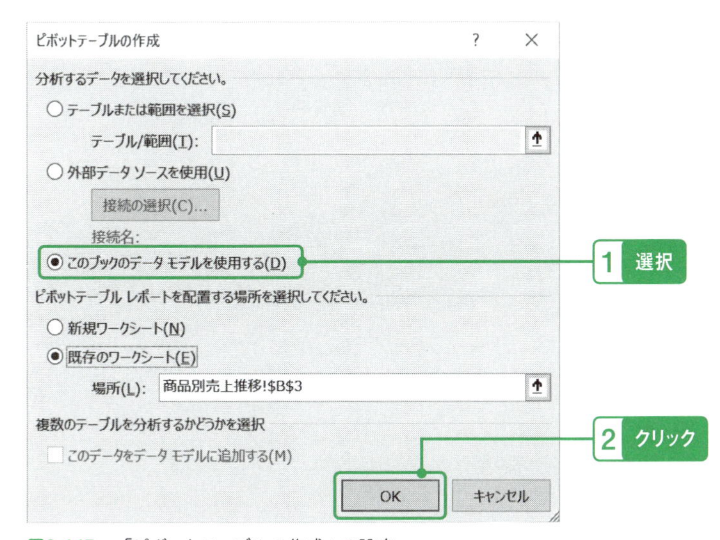

図2-167　「ピボットテーブルの作成」の設定

図2-167の「このブックのデータモデルを使用する」は、「とりこむ」や「つなげる」ステップでデータモデルへの接続を作成したため、選択できるようになりました（ちなみに一番上の「テーブルまたは範囲を選択」が従来型のシングルテーブル・アプローチとなります）。

「OK」をクリックすると、ピボットテーブルにデータモデルが読み込まれます。

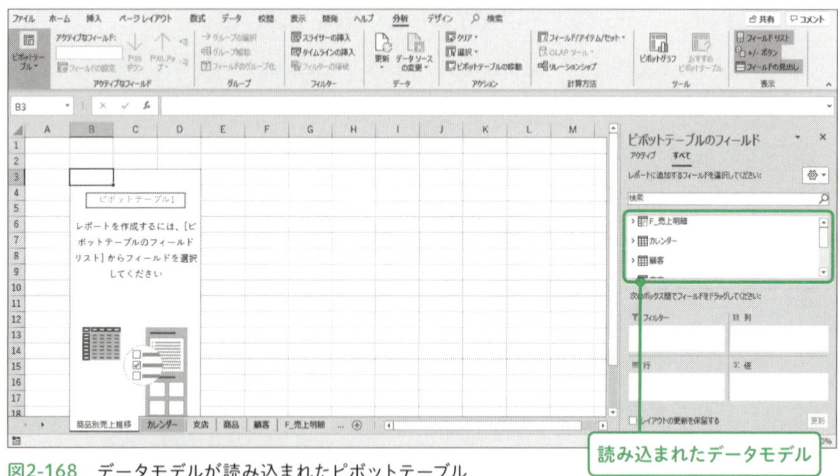

図2-168　データモデルが読み込まれたピボットテーブル

ピボットテーブルが表示されたら、画面右側の「ピボットテーブルのフィールド」のフィールドセクションに注目してください。

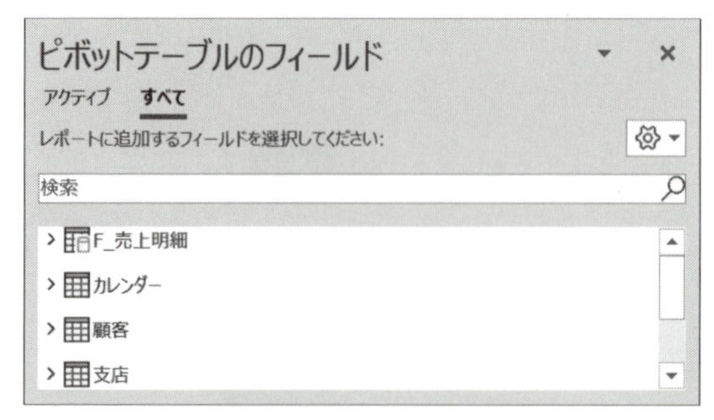

図2-169　フィールドセクションのテーブル一覧

ここを見ると、「とりこむ」ステップで作成したテーブルが並んでいます。

次にフィールドセクションの上にあるツールボタンで、表示形式を変更します。

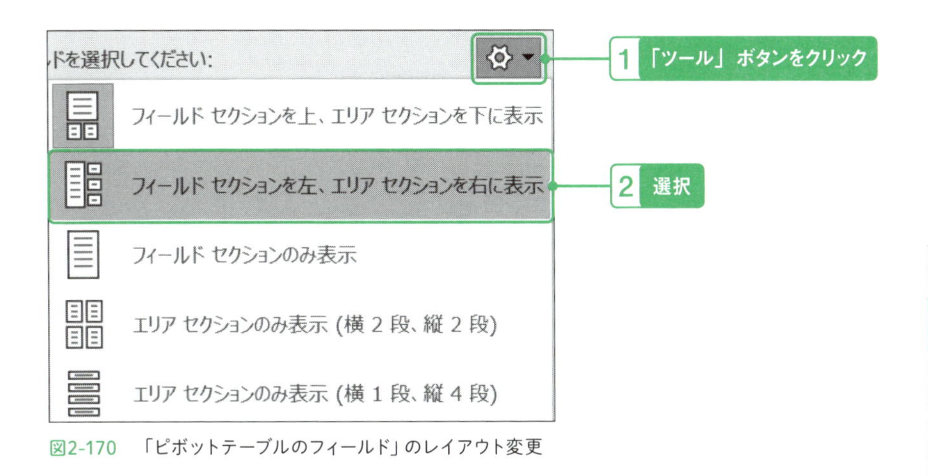

図2-170　「ピボットテーブルのフィールド」のレイアウト変更

表示が変わり、すべてのテーブルが見られるようになりました。

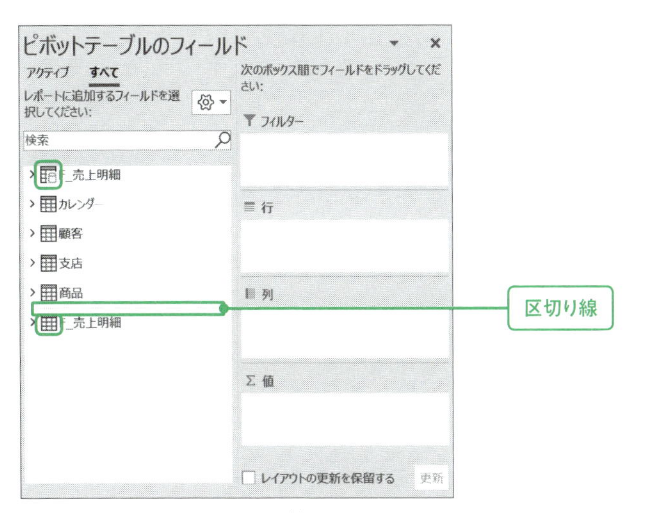

図2-171　フィールドセクションが左に配置されたレイアウト

左側のフィールドセクションを見ると、「F_売上明細」のみ2つのテーブルがあります。上の「F_売上明細」のアイコンは表の隣に円柱があり、下の「F_売上明細」には円柱はありません。**円柱のあるアイコンはデータモデルに直接読み込まれたテーブル、表のみのアイコンはワークシート上のテーブルを意味しています。**

図2-172　データモデルに読み込まれたテーブル

図2-173　ワークシートテーブル

また、下の「F_売上明細」の上には区切り線があります。これはこのテーブルが他のテーブルとリレーションシップで結ばれていない孤立したテーブルであることを意味しています。

今後、「F_売上明細」については、上のデータモデルに直接取り込まれたテーブルを使用して、下のワークシート上のテーブルは使用しないでください。最終的に「くりかえす」ステップで動作確認が取れた段階で、このテーブルは「接続のみ」にしてワークシートから削除します。誤って下の「F_売上明細」の項目をピボットテーブルで使用してしまうと、使った瞬間に「F_売上明細 1」という名前の新しいテーブルが自動でデータモデルに追加されてしまいます。

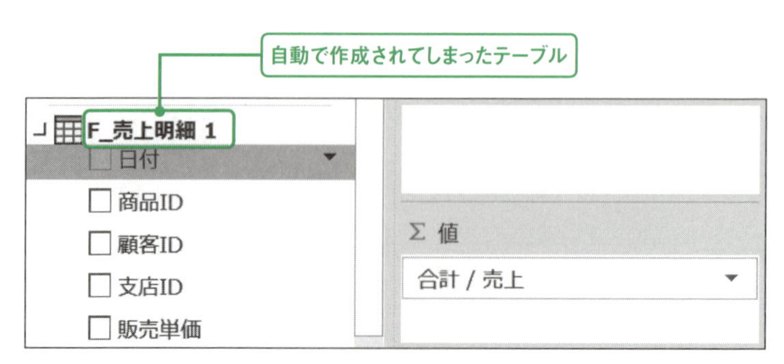

図2-174　自動的に作成されてしまったテーブル

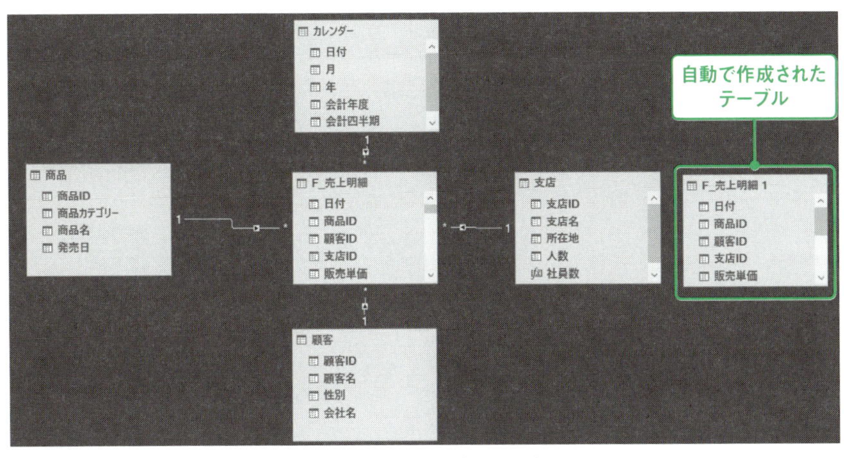

図2-175　自動作成されたテーブルはリレーションシップを持たず孤立している

いったんこのテーブルが作られてしまうと、テーブルを接続専用にした後でもデータモデルに残ってしまいます。そしてこの状態でデータ更新をすると以下のエラーメッセージが表示されるようになります。

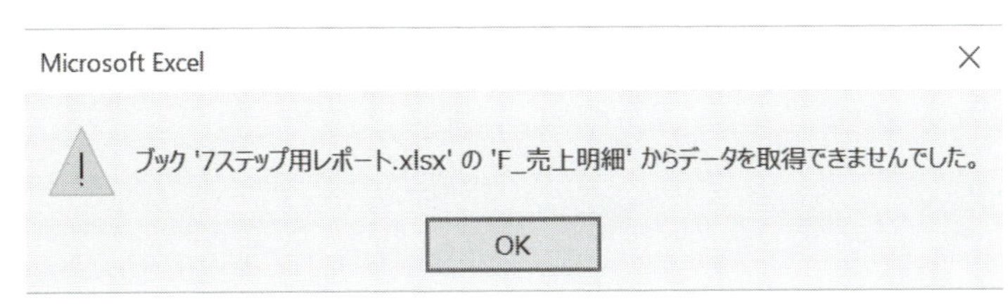

図2-176　テーブルが自動作成されたときのデータ更新エラー

この状態になった場合は、「クエリと接続」ペインから以下の手順で自動作成されたテーブルを消してください。

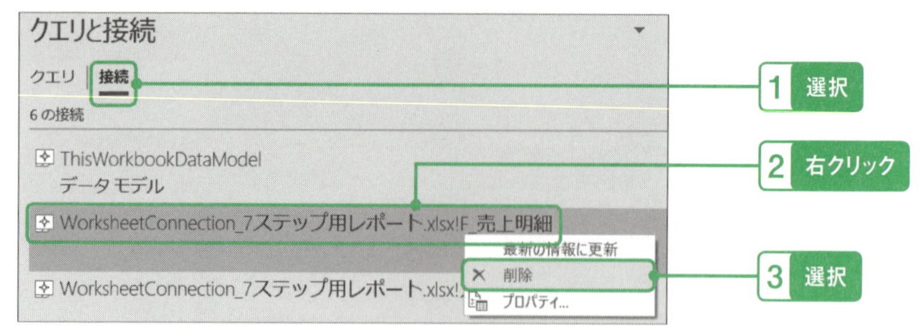

図2-177　自動作成されたテーブルは「接続」から削除

※Excel2016では「データ」メニューの「接続」から削除します。

確認用項目を「値」に

これから「行」と「列」にまとめテーブルの項目を並べていきますが、最初に確認用として数字テーブルの数値項目を「値」にセットします。ここに確認用の集計項目をセットしておくことで、まとめテーブルから数字テーブルへのリレーションシップが正しく作成されていることを確認できます。

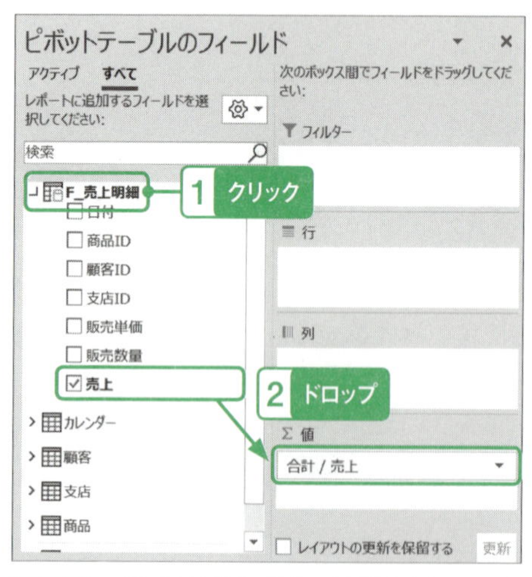

図2-178　「F_売上明細－売上」をΣ値セクションへドロップ

合計 / 売上
192251200

図2-179　売上の合計

この時点では、**「値」セルへのデータの絞り込み＝「フィルターコンテキスト」**

が一切効いていない「売上」の総合計が表示されます。なお、ピボットテーブルでは計算の種類を指定しない場合、数値項目は自動で合計が計算されます（テキスト型データの場合は件数が計算されます）。

「商品」テーブルの項目を「行」に

確認用の集計項目がセットされたので、次に「行」の項目をセットします。一般的にExcelのレポートでは画面を縦にスクロールして使うことが多いので、**「行（縦）」項目に項目が多いもの、「列（横）」項目が少ないものを並べるのがよい**と思います。

今回は縦に「商品」、横に「カレンダー」の項目を並べることにします。

まず、「商品」テーブルから並べます。ピボットテーブル上にカーソルを置き、フィールドセクションの「検索」ボックスに「商品名」と入力し、「商品名」を行セクションにドロップします。

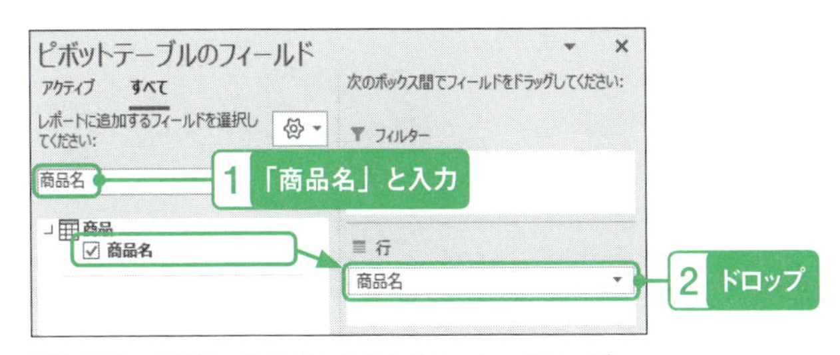

図2-180　「商品－商品名」を行セクションへドロップ

ピボットテーブルを見ると、きちんと商品名ごとの売上合計が計算されていることが確認できます。

行ラベル	合計 / 売上
アイスクリーム	6878500
ウィスキー	10025000
うどん	11181600

図2-181　商品ごとの売上合計

「商品名」と「F_売上明細」は異なるテーブルの項目であるにもかかわらず、それぞれの売上が正常に計算されています。つまり、**データモデルで定義されたリレーションシップを元に、商品テーブルの「商品名」から、F_売上明細テーブルの「売上」へと、テーブルをまたいだデータの「連鎖選択」が働いているのです！**

続いて「商品名」の上位階層である「商品カテゴリー」を追加します。このとき、行セクション、列セクションの順番はそのまま集計の階層となりますので、「商品カテゴリー」は必ず「商品名」の上に置いてください。

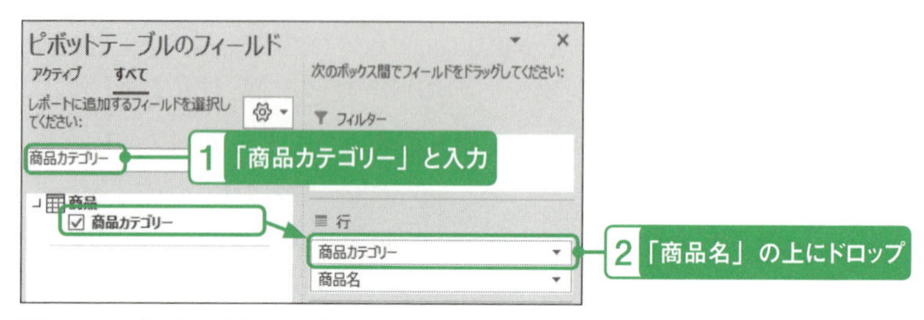

図2-182　「商品－商品カテゴリー」を行セクション「商品」の上へドロップ

今度は各商品の上に「商品カテゴリー」が追加されました。きちんと階層ごとに集計がされていることを確認してください。

行ラベル	合計 / 売上
⊟飲料	
ウィスキー	10025000
オレンジジュース	6714100
お茶	1993100

図2-183　「商品カテゴリー」と「商品」が階層化された集計

なお、階層が「商品名」「商品カテゴリー」というように逆転していると、「商品カテゴリー」ごとの集計ができなくなります。

行ラベル	合計 / 売上
⊟アイスクリーム	
菓子	6878500
⊟ウィスキー	
飲料	10025000
⊟うどん	
食料品	11181600

図2-184　階層が逆転した集計

なお、「商品カテゴリー」左の「－」をクリックすると、「＋」に変化し、「商品カテゴリー」ごとの合計が表示されます。これが階層構造を利用した**ドリルアップ**で、データをまとめる単位が1階層アップした状態です。

行ラベル	合計 / 売上
⊞飲料	57624000
⊟菓子	
アイスクリーム	6878500
カップケーキ	3900100

クリック

図2-185　「飲料」レベルでドリルアップ集計

「＋」をクリックすると、階層単位が1つ下がり**ドリルダウン**となります。

ちなみに、以下の手順でそれぞれの項目をまとめてドリルアップ、ドリルダウンできます。

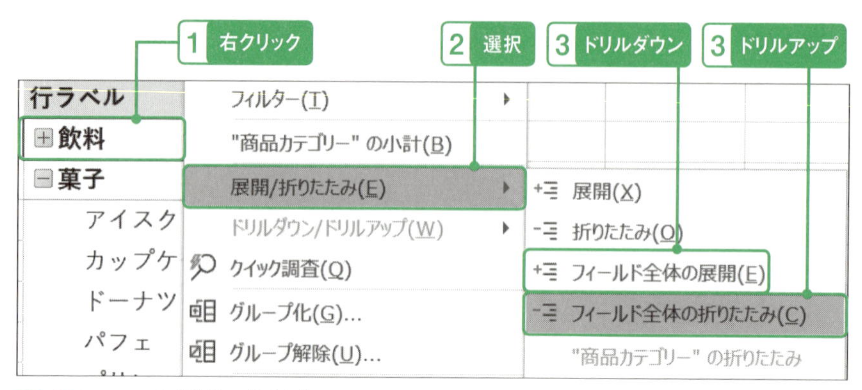

図2-186　フィールド全体の折りたたみ

行ラベル	合計 / 売上
飲料	57624000
菓子	45100100
雑貨	30688900
食料品	58838200
総計	192251200

図2-187　すべての「商品カテゴリー」レベルでドリルアップ

「カレンダー」テーブルの項目を「列」に

次に、「列」項目を並べます。まずは、暦年カレンダーを試してみましょう。これまでの手順と同様に、「カレンダー」テーブルの「月」「年」を列にセットしてください。

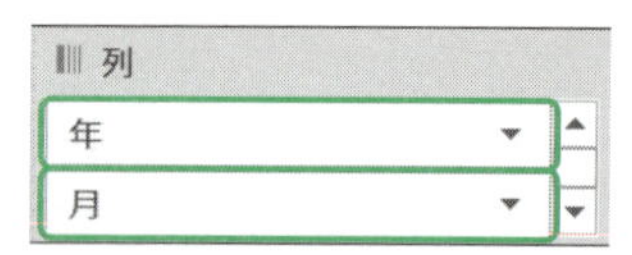

図2-188　「カレンダー」の「月」「年」を列セクションへドロップ

以下のように、列（横軸）に暦年が並びました。12月と1月の間で年が変わっていることを確認してください。

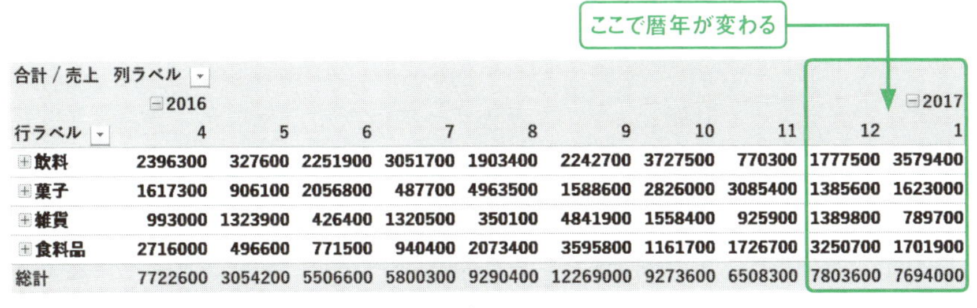

合計 / 売上	列ラベル								
	2016								2017
行ラベル	4	5	6	7	8	9	10	11	12	1
飲料	2396300	327600	2251900	3051700	1903400	2242700	3727500	770300	1777500	3579400
菓子	1617300	906100	2056800	487700	4963500	1588600	2826000	3085400	1385600	1623000
雑貨	993000	1323900	426400	1320500	350100	4841900	1558400	925900	1389800	789700
食料品	2716000	496600	771500	940400	2073400	3595800	1161700	1726700	3250700	1701900
総計	7722600	3054200	5506600	5800300	9290400	12269000	9273600	6508300	7803600	7694000

図2-189　商品カテゴリー×年、月のクロステーブル

次に、「年」を削除して「月」の上に「会計年度」と「会計四半期」を追加してください。

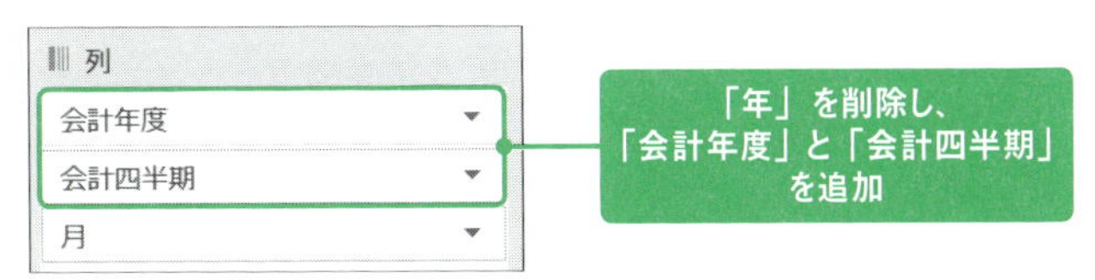

図2-190　列セクションを「カレンダー－会計年度、会計四半期、月」に

今度は新しい年度が4月から始まることを確認してください。

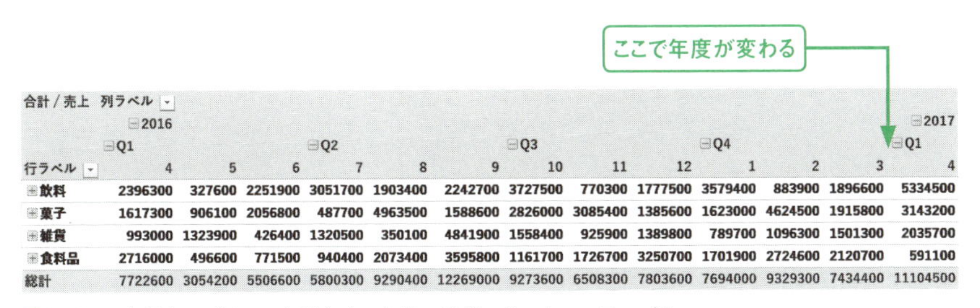

合計 / 売上	列ラベル												
	2016												2017
	Q1			Q2			Q3			Q4			Q1
行ラベル	4	5	6	7	8	9	10	11	12	1	2	3	4
飲料	2396300	327600	2251900	3051700	1903400	2242700	3727500	770300	1777500	3579400	883900	1896600	5334500
菓子	1617300	906100	2056800	487700	4963500	1588600	2826000	3085400	1385600	1623000	4624500	1915800	3143200
雑貨	993000	1323900	426400	1320500	350100	4841900	1558400	925900	1389800	789700	1096300	1501300	2035700
食料品	2716000	496600	771500	940400	2073400	3595800	1161700	1726700	3250700	1701900	2724600	2120700	591100
総計	7722600	3054200	5506600	5800300	9290400	12269000	9273600	6508300	7803600	7694000	9329300	7434400	11104500

図2-191　商品カテゴリー×会計年度、会計四半期、月のクロステーブル

このように、1つのまとめテーブルに2種類の物差しを用意しておけば、ピボットテーブル上で両者を入れ替えるだけで異なる集計が可能です。これが数字テー

ブルとまとめテーブルを分ける「データモデル型アプローチ」のメリットです。

スライサーを追加

次にスライサーを追加します。スライサーは選択項目をボタンで表示し、ピボットテーブル全体に絞り込みをかける機能です。スライサーとして追加する項目は、行にも列にも入らなかった第3、第4のまとめ項目です。

今回は、支店テーブルの「支店名」と顧客テーブルの「会社名」を持ってきます。

まず、「支店名」を追加します。

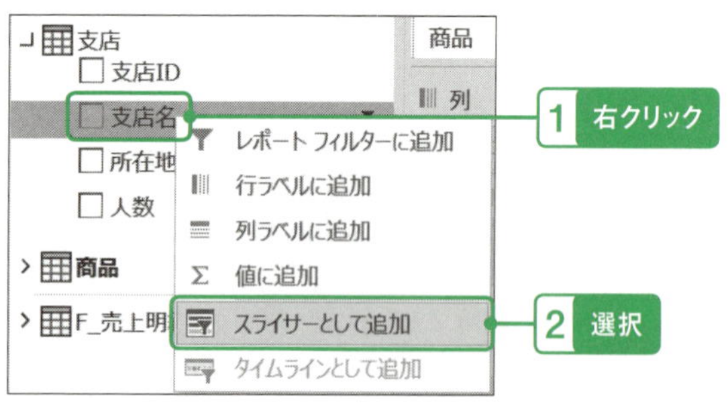

図2-192　「支店名」をスライサーとして追加

※「支店」テーブルがフィールドセクションに見当たらない場合は、以下の手順ですべてのテーブルを表示します（「アクティブ」は、項目が選択されているテーブルのみを表示します）。

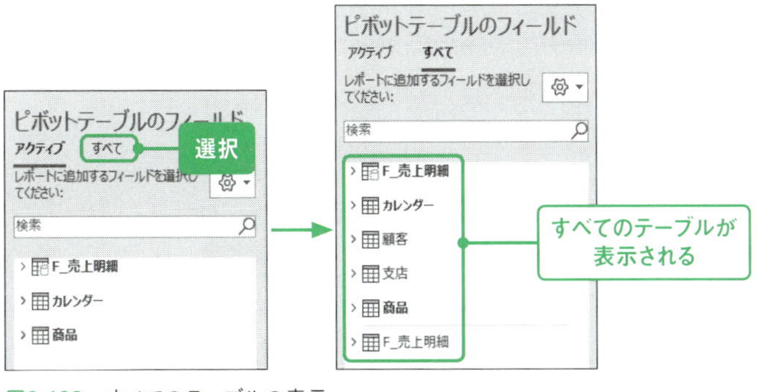

図2-193　すべてのテーブルの表示

「支店名」スライサーが画面中央に現れました。

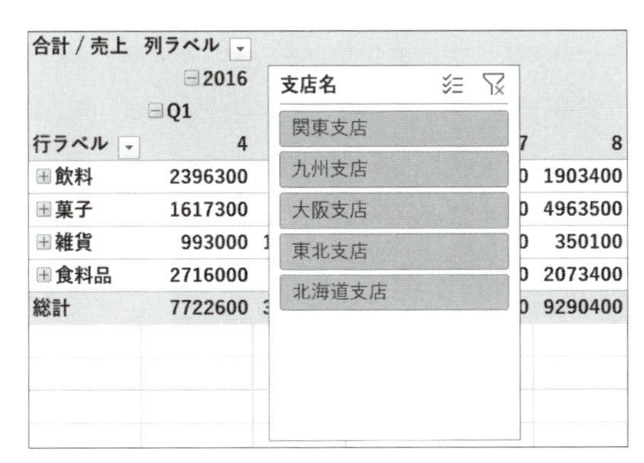

図2-194　追加された「支店名」スライサー

画面の中央では使いにくいので、A列の幅を広げてスライサーを移動します。

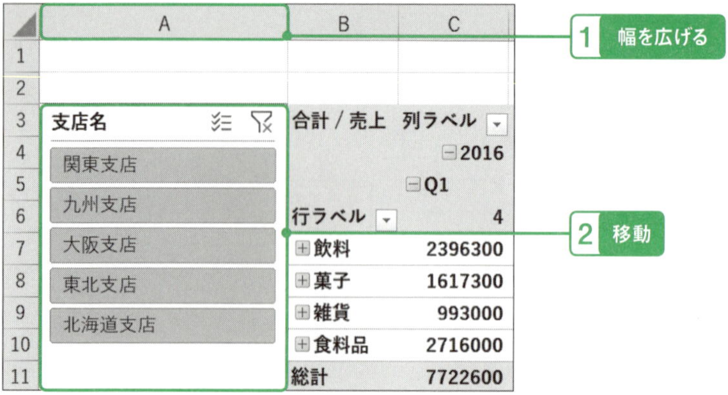

1 幅を広げる
2 移動

	A	B	C
1			
2			
3	支店名	合計 / 売上	列ラベル
4	関東支店		2016
5	九州支店		Q1
6	大阪支店	行ラベル	4
7	東北支店	飲料	2396300
8	北海道支店	菓子	1617300
9		雑貨	993000
10		食料品	2716000
11		総計	7722600

図2-195　A列の幅を広げてスライサーを移動

また、「支店名」スライサーをクリックし、以下の手順でボタンを2列表示にします。

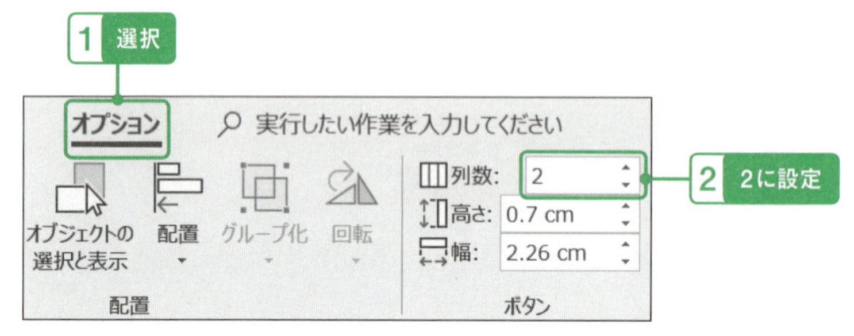

図2-196　スライサー・ボタンの列数を2に

スライサーの高さも合わせて短くします。

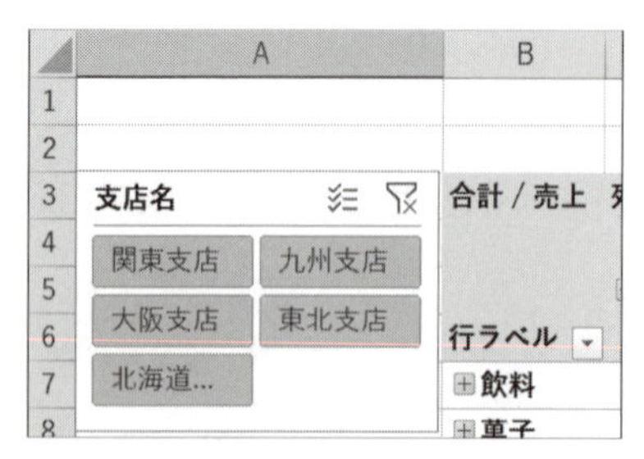

図2-197　2列表示になったスライサー

スライサーの表示を整えたら、試しに「関東支店」をクリックしてピボットテーブルの集計が変わることを確認してください。

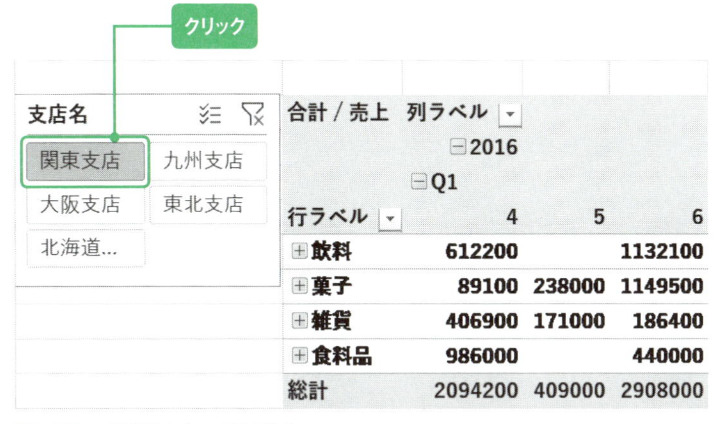

合計 / 売上	列ラベル		
	2016		
	Q1		
行ラベル	4	5	6
飲料	612200		1132100
菓子	89100	238000	1149500
雑貨	406900	171000	186400
食料品	986000		440000
総計	2094200	409000	2908000

図2-198　「関東支店」で絞り込み

次にCtrlキーを押しながら「九州支店」をクリックして、複数の支店を同時に選択できることを確認してください。

支店名
関東支店　九州支店
大阪支店　東北支店
北海道...

Ctrlキーを押しながらクリック

合計 / 売上	列ラベル		
	2016		
	Q1		
行ラベル	4	5	6
飲料	1106200	327600	1132100
菓子	1617300	238000	1149500
雑貨	406900	198000	186400
食料品	1804400	14600	440000
総計	4934800	778200	2908000

図2-199　「関東支店」と「九州支店」で絞り込み

確認できたら、右上の「じょうご」ボタンをクリックしてスライサーの選択を解除してください。

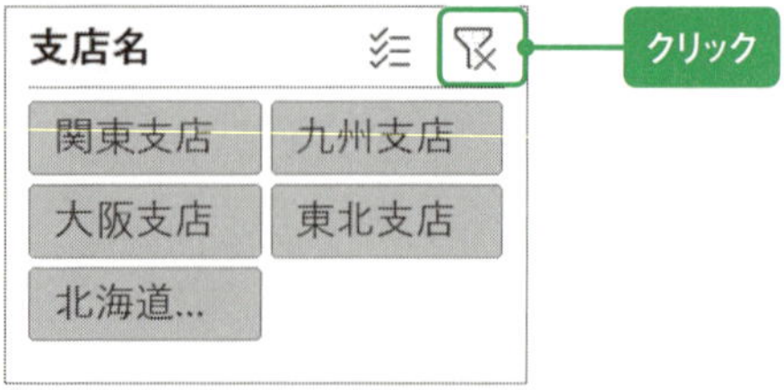

支店名

関東支店 九州支店
大阪支店 東北支店
北海道...

クリック

図2-200　スライサー選択の解除

同様の手順で顧客テーブルの「会社名」もスライサーに追加してください。

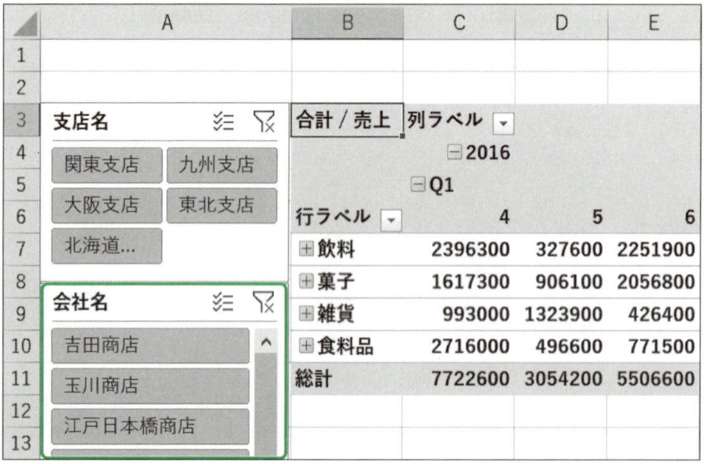

合計 / 売上	列ラベル		
	2016		
	Q1		
行ラベル	4	5	6
飲料	2396300	327600	2251900
菓子	1617300	906100	2056800
雑貨	993000	1323900	426400
食料品	2716000	496600	771500
総計	7722600	3054200	5506600

支店名：関東支店 九州支店 大阪支店 東北支店 北海道...

会社名：吉田商店 玉川商店 江戸日本橋商店

図2-201　「会社名」スライサーの追加

これで商品×カレンダー×支店×顧客の4つのまとめテーブルで、「F_売上明細」数字テーブルを絞り込むことができるようになりました。

仕上げのレイアウト調整

最後にピボットテーブルのレイアウトを整えます。レイアウトを考えるときは繰り返し使うことを前提に、使っていてストレスのないデザインを心がけます。

◎シートの先頭に名前を付ける

A1セルは最初に目に飛び込んでくる部分なので、ここにシートのタイトルを付けてください。

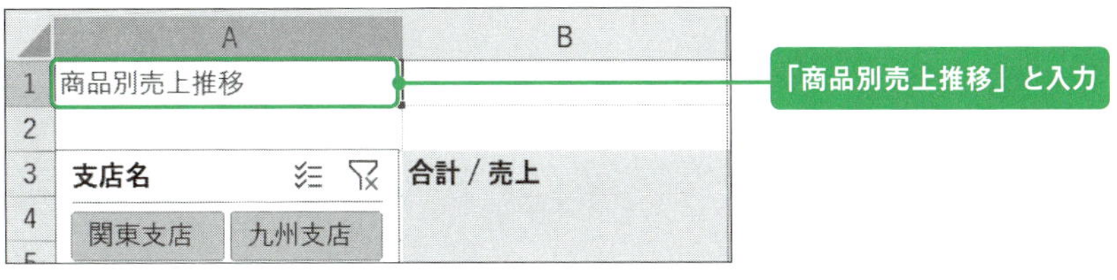

図2-202　A1セルにシートのタイトルを入力

このままだとタイトルが目立たないので、「ホーム」メニューから以下の手順で書式を変えます。

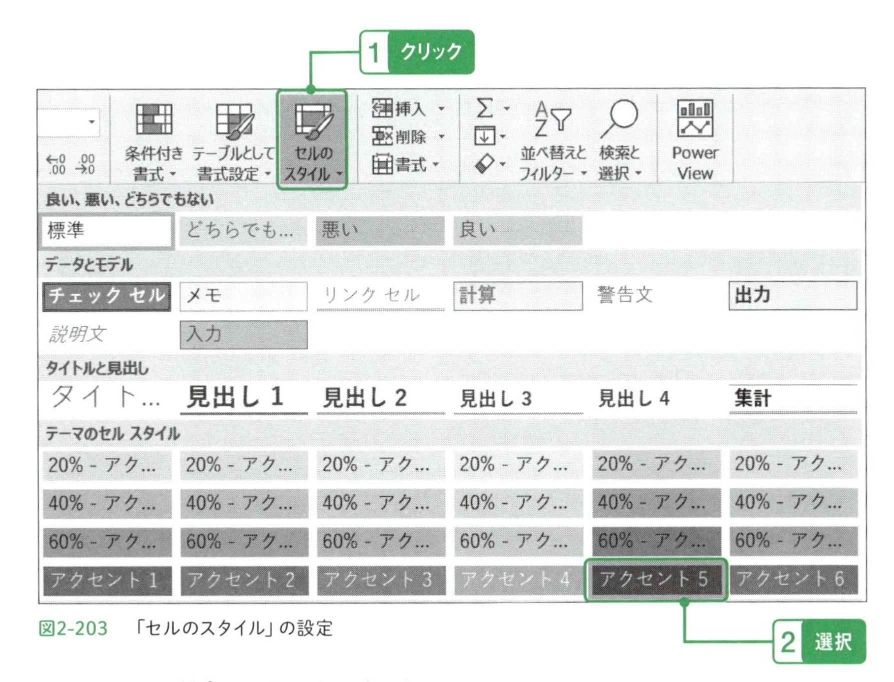

図2-203　「セルのスタイル」の設定

タイトルが目立つようになりました。

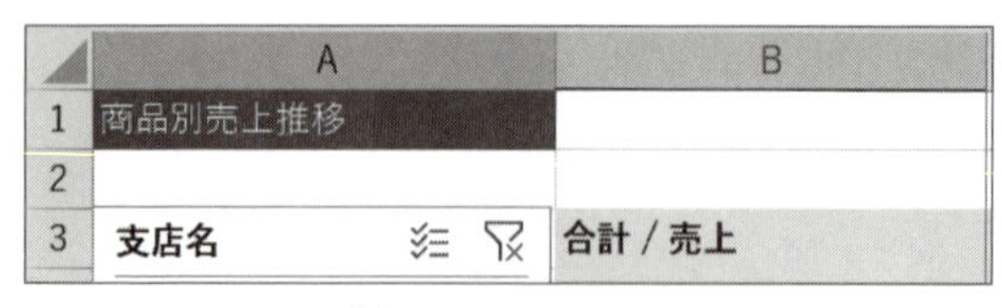

図2-204　スタイルが適用されたセル

◎ピボットテーブルに名前を付ける

テーブルやクエリと同じく、メンテナンス性を高めるためにピボットテーブルには必ず名前を付けます。

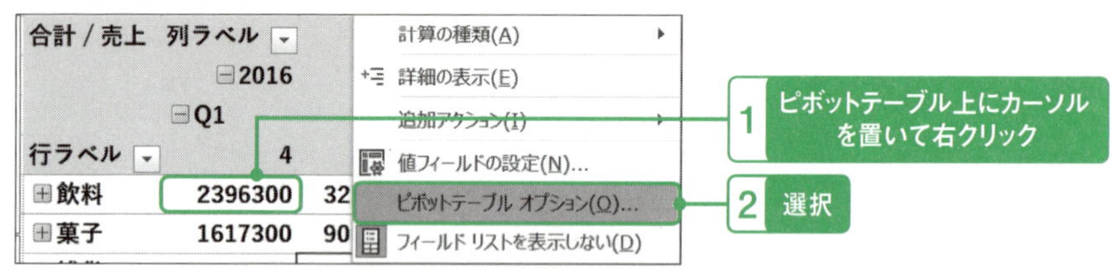

図2-205　「ピボットテーブルオプション」を開く

図2-206　「ピボットテーブル名」の設定

◎ウィンドウ枠を固定する

「ウィンドウ枠の固定」によって、画面がスクロールしても行・列項目、スライサーが表示され続けるように設定します。C7セルにカーソルを移動した後、「表示」メニューからウィンドウ枠の固定を実行してください。

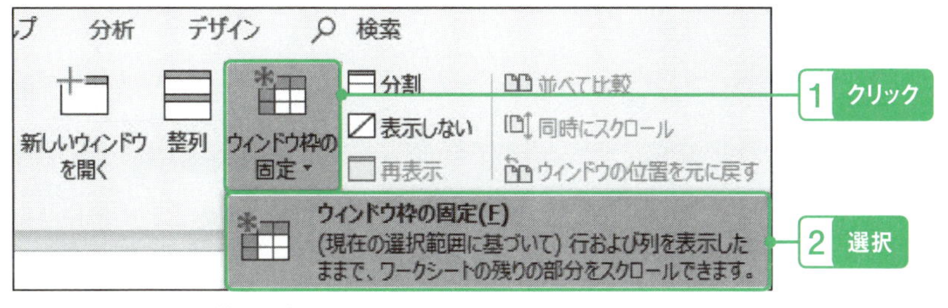

図2-207　ウィンドウ枠の固定

設定が済んだら画面を下や左にスクロールしても項目名とスライサーが表示されたままであることを確認します。

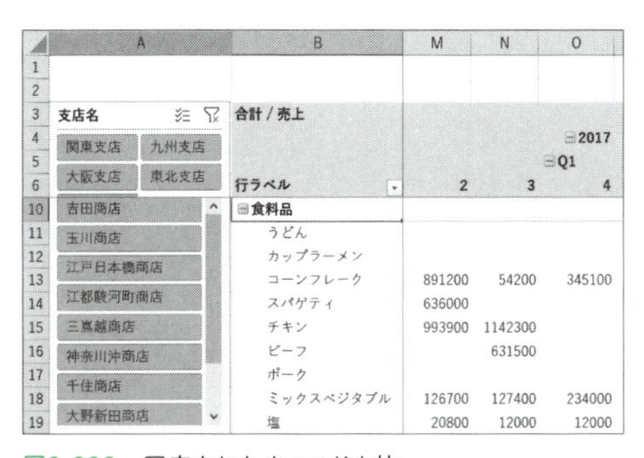

図2-208　固定されたウィンドウ枠

◎更新時に列幅の自動変更を防ぐ（オプション）

これは必須ではありませんが、お好みで設定してください。ピボットテーブルは、行・列の項目の文字の長さや、値セルの桁数に応じて自動で列幅が変化します。これはこれで便利ですが、かえってレポートが見づらくなる場合は、「ピボットテーブルオプション」の以下の設定で列幅を固定します。

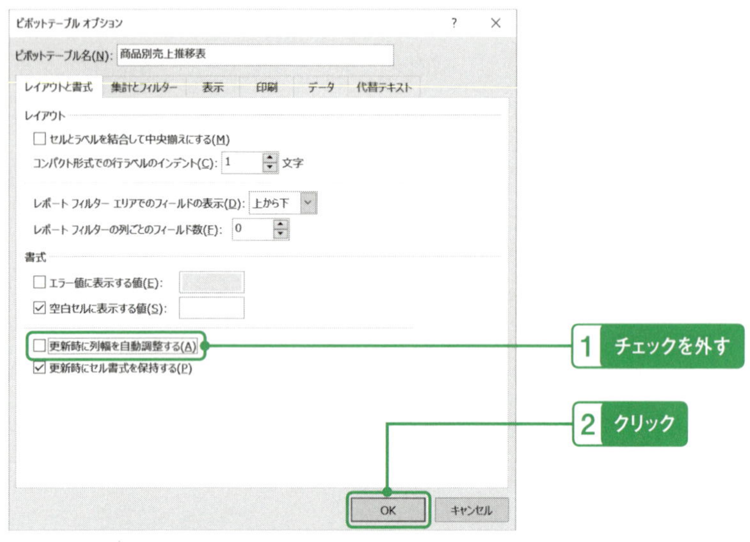

図2-209　「更新時に列幅を自動調整する」のチェックを外す

これで、スライサーの条件が変化してもセルの幅が固定されたままになります。一番大きい幅・桁数に合わせて列幅を固定しておくのがよいでしょう。

◎集計値のない項目でも表示する（オプション）

これも必須ではありませんので、お好みで設定してください。ピボットテーブルでは集計値のない行・列項目は自動的に非表示になります。

例えば、スライサーが選択されていない時は「飲料」以下の「商品名」は9つあります。

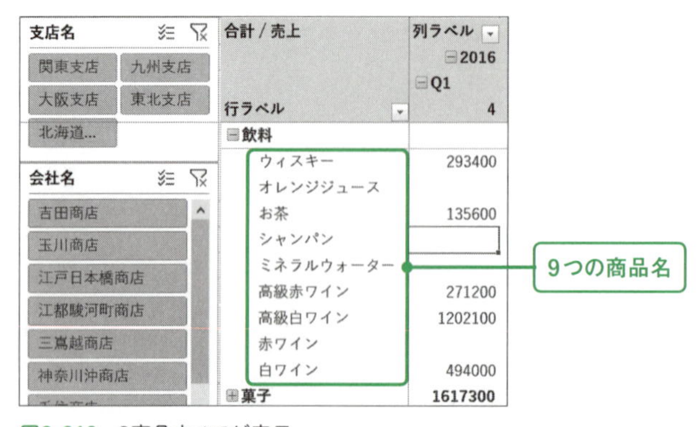

図2-210　9商品すべてが表示

しかし、ここで会社名スライサーで「吉田商店」を選択すると、販売実績のないオレンジジュースと赤ワインは商品名リストから消滅します。

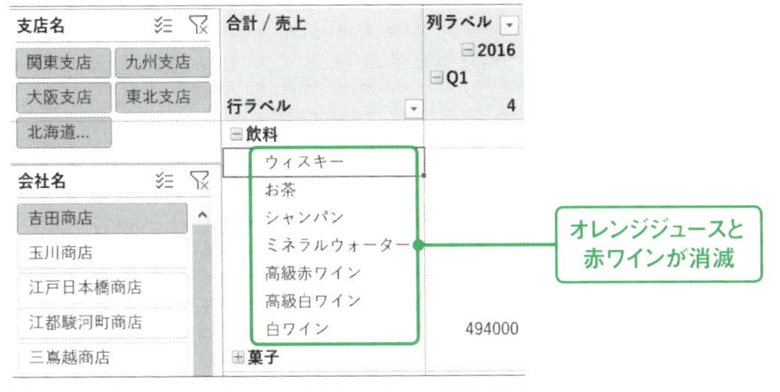

図2-211　「オレンジジュース」と「赤ワイン」が非表示

集計値の結果にかかわらず常にすべての「商品名」を表示するには「ピボットテーブルオプション」で以下の設定を行います。

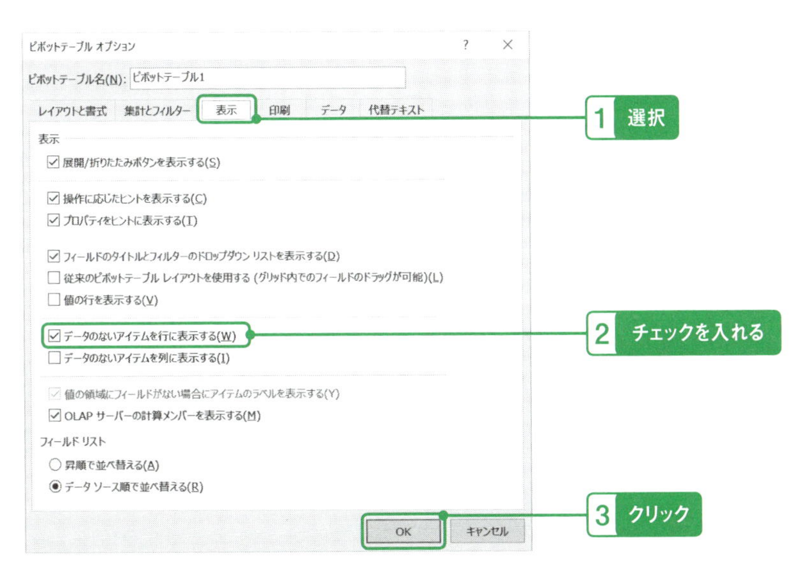

図2-212　「データのないアイテムを行に表示する」にチェックを入れる

「OK」をクリックすると、販売実績のない商品でもすべて行に表示されるようになります。

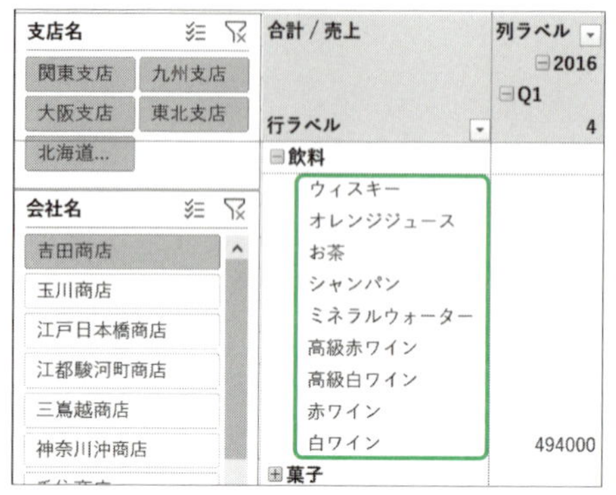

図2-213　値がなくても「オレンジジュース」と「赤ワイン」を表示

まとめテーブルの項目でデータの集め方が決まりました。「かぞえる」ステップではメジャーを使って集めたデータを計算し、表形式レポートを完成させます。また、数字の書式設定もここで行います。

【タスク】

・表形式レポートを完成させる
・「メジャー」を作る
・数値データの書式設定をする

【技術】

・メジャー（DAX）
・条件付き書式

【ポイント】
・メジャーでデータの絞り込み条件をコントロールする
・メジャーを作るときは、必ず「DAX式を確認」を実行する
・条件付き書式はセルではなく、メジャーに対して作る

理論編で説明したとおり、ピボットテーブルの行列に置かれたまとめ項目は「値セル」に渡すデータの絞り込み条件＝フィルターコンテキストになります。**「メジャー」は、この絞り込まれたデータを受け取って様々な集計をします。ただし、ただ受け取るだけでなく、目的に応じて集計の仕方を変えることもします。**

「売上合計」メジャーの追加

最初のメジャーを作ります。フィールドセクションから以下の手順で「メジャー」画面を開きます。

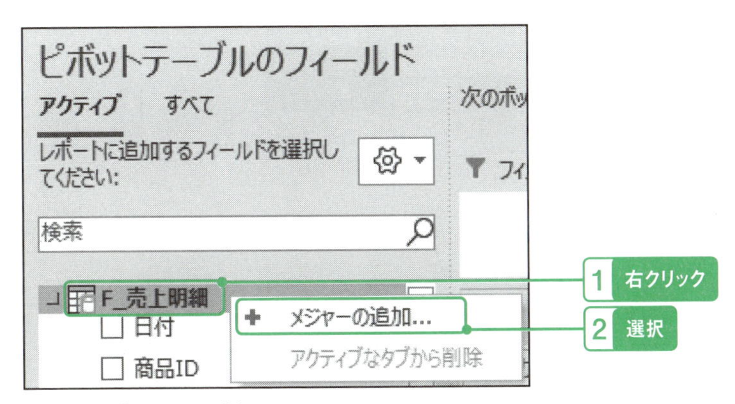

図2-214 「メジャーの追加」

「メジャー」画面が表示されます。

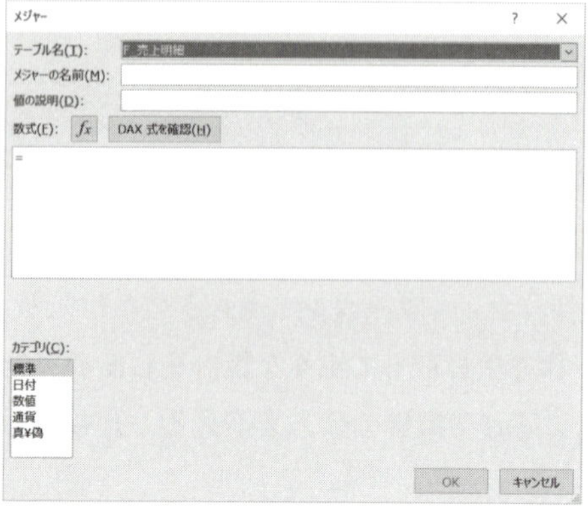

図2-215　「メジャー」の設定画面

まず、メジャーの名前を付けます。

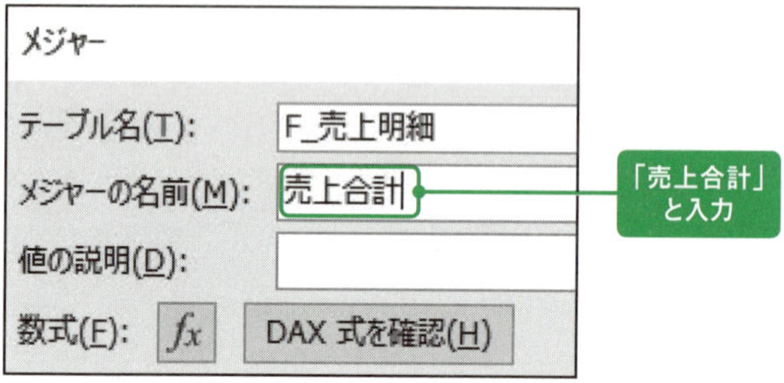

図2-216　メジャーの名前を「売上合計」に

次に、数式を作成します。数式を入力したら必ず「DAX式を確認」をクリックしてエラーがないことを確認してください。

```
売上合計
=SUM('F_売上明細'[売上])
```

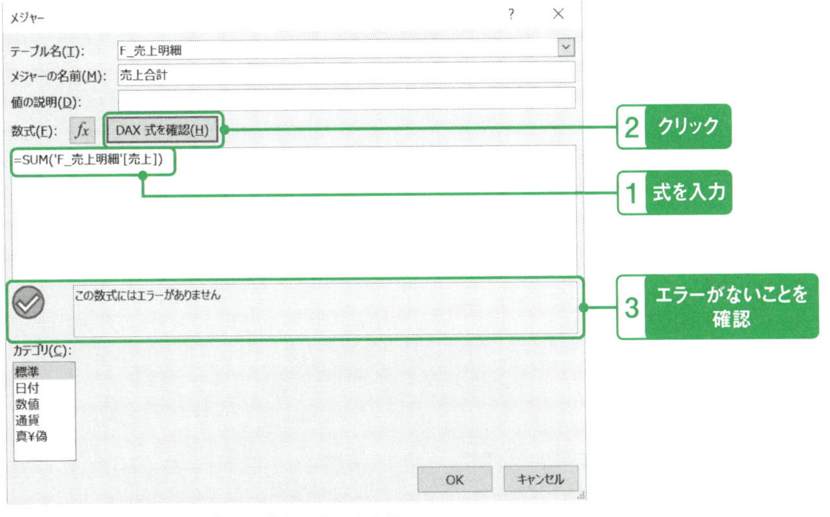

図2-217 数式入力後は「DAX式を確認」を実行

なお、DAXではテーブル名を「'」(シングルクォーテーション)で、項目名およびメジャーを「[ ]」(ブラケット)で囲みます。また、以下のように入力アシスト機能でテーブルと項目の一覧が表示されたときは、項目を選んでダブルクリックしてください。

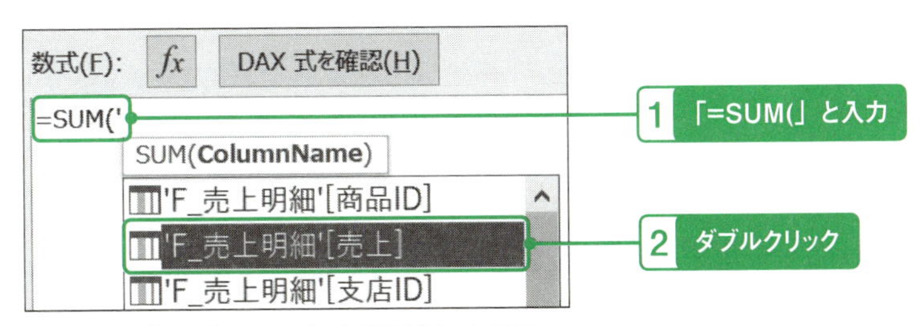

図2-218 「'」入力でテーブルと項目がリスト表示

次に、メジャーの書式設定を行います。

1 選択
2 チェックを入れる
3 クリック
カテゴリ(C):
標準
日付
数値
通貨
真¥偽
書式(o):
10 進数
小数点以下の桁数(e):
0
桁区切り (,) を使う
OK
キャンセル

図2-219　メジャーの書式設定

Excelに画面が戻ったら、フィールドセクションの「F_売上明細」ワークシートで一番下に「fx売上合計」が追加されていることを確認してください。先頭に「fx」が付けいている項目が「メジャー」になります。

図2-220　追加された「売上合計」メジャー

次に「fx売上合計」を値セクションに追加してください。

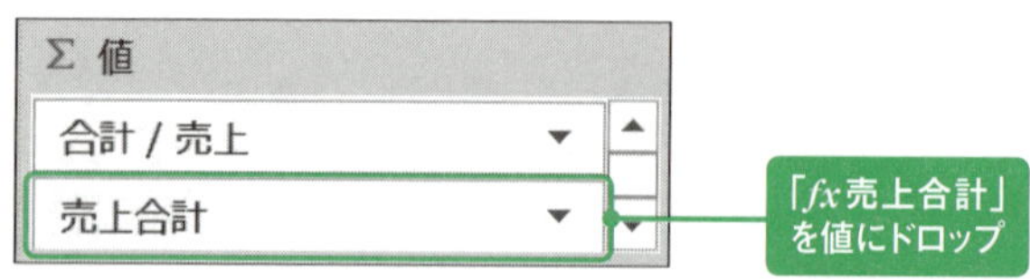

図2-221　「売上合計」メジャーをΣ値セクションに

ピボットテーブルに「売上合計」メジャーが追加されます。3桁ごとに「,」区切りが付いている方が今回作成したメジャーです。

	列ラベル			
	2016			
	Q1			
	4		5	
行ラベル	合計 / 売上	売上合計	合計 / 売上	売上合計
飲料	2396300	2,396,300	327600	327,600
菓子	1617300	1,617,300	906100	906,100
雑貨	993000	993,000	1323900	1,323,900
食料品	2716000	2,716,000	496600	496,600
総計	7722600	7,722,600	3054200	3,054,200

図2-222　テーブルに「売上合計」が追加される

「合計/売上」と「売上合計」の集計項目が列として横に並んでいるので、列セクションの「Σ値」を行セクションに移動します。なお「Σ値」が列の下に隠れているので列セクションを下にスクロールして表示させます。

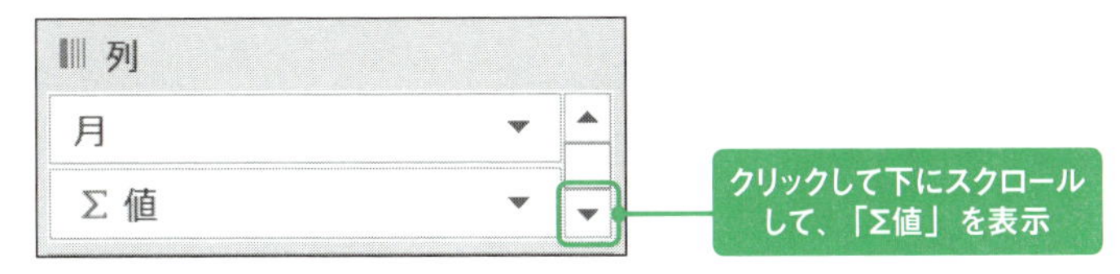

図2-223　スクロールしてΣ値を表示させる

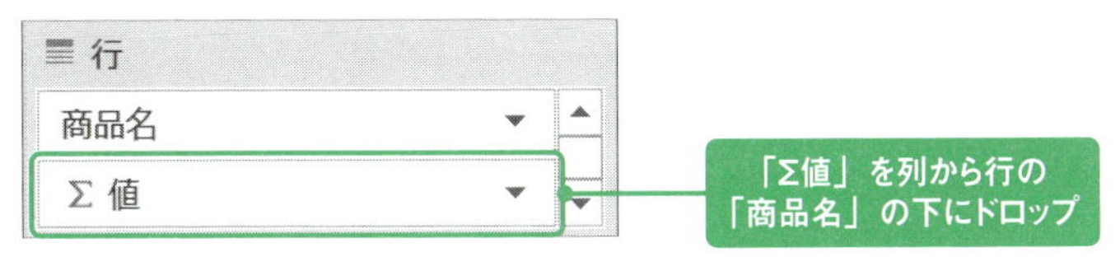

図2-224　「Σ値」を行セクションの「商品名」の下へ移動

これで集計項目が縦に並びました。

		列ラベル		
		2016		
		Q1		
行ラベル		4	5	6
飲料				
	合計 / 売上	2396300	327600	2251900
	売上合計	2,396,300	327,600	2,251,900
菓子				
	合計 / 売上	1617300	906100	2056800
	売上合計	1,617,300	906,100	2,056,800

図2-225　縦に並んだ集計項目

「メジャー」と「値フィールドの設定」の違い

現在、自動で生成された「合計／売上」と、メジャーの「売上合計」の2つが並んでいます。「売上合計」メジャーの方は「桁区切り」の設定を行ったため、3桁ごとに「,」が追加されています。それに対して、自動的に作成された「売上／合計」の方は桁区切りが付いていません。

そこで、値セクションの「売上／合計」にも同じ設定をします。

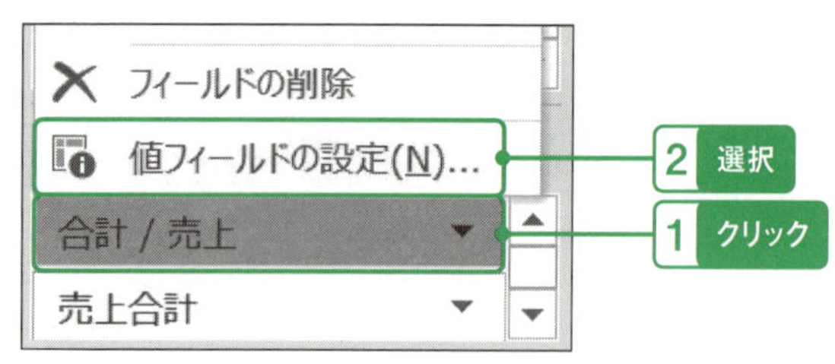

図2-226　「値フィールドの設定」を開く

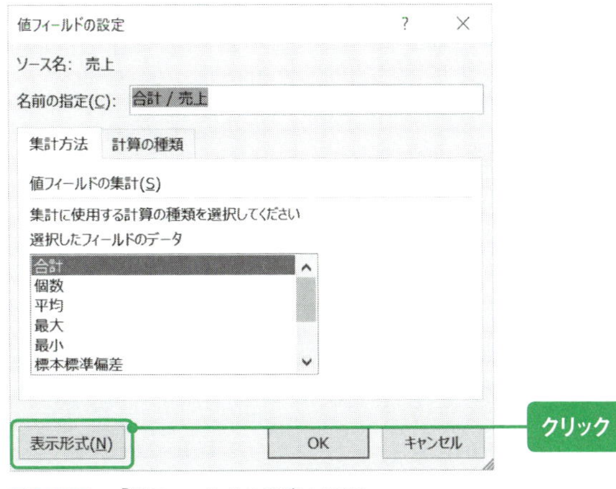

図2-227　「値フィールドの設定」画面

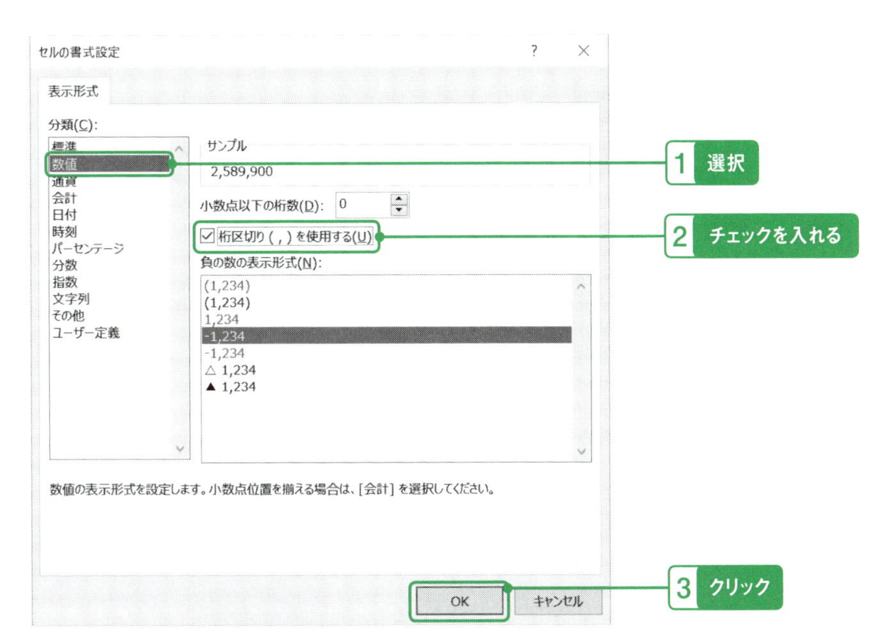

図2-2 28　「セルの書式設定」画面

「値フィールドの設定」画面で「OK」をクリックして、ピボットテーブルに戻ると、「合計／売上」の方にも桁区切りがつきました。

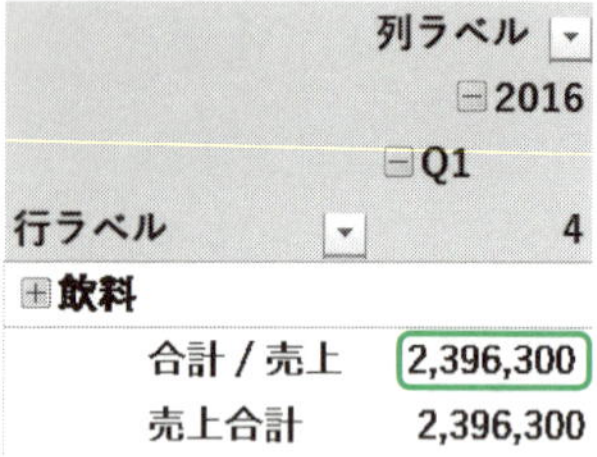

	列ラベル
	2016
	Q1
行ラベル	4
飲料	
合計 / 売上	2,396,300
売上合計	2,396,300

図2-229　桁区切りの付いた「合計／売上」

ここまで見ると、「メジャー」と「値フィールドの設定」に違いはなさそうに見えますが、再利用可能性という点で両者は異なります。いったん、「合計／売上」と「売上合計」を、値セクションから外してから、もう一度、両者を値セクションに追加してください。「合計／売上」の方は桁区切りがなくなっていますが、「売上合計」メジャーは桁区切りが保持されています。

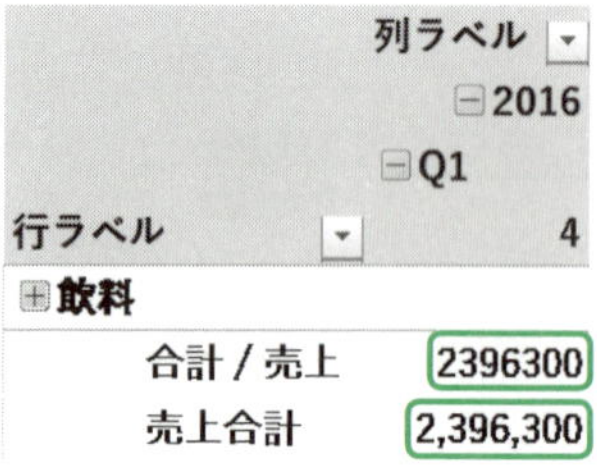

	列ラベル
	2016
	Q1
行ラベル	4
飲料	
合計 / 売上	2396300
売上合計	2,396,300

図2-230　桁区切りの消えた「合計／売上」

メジャーのこの特性はインタラクティブ・レポートとしてピボットテーブルを使うときに効果を発揮します。つまり、**ユーザーが様々な集計値を入れ替えたい場合、メジャーを使えばいちいち書式の再設定をしなくてもよいのです。**

最後にピボットテーブルに戻り、もう使用する必要のない「合計／売上」を値セクションから外してください。

売上合計	列ラベル		
	2016		
	Q1		
行ラベル	4	5	6
⊞飲料	2,396,300	327,600	2,251,900
⊞菓子	1,617,300	906,100	2,056,800
⊞雑貨	993,000	1,323,900	426,400
⊞食料品	2,716,000	496,600	771,500
総計	7,722,600	3,054,200	5,506,600

図2-231　「売上合計」のみが表示されたテーブル

「販売数量合計」メジャーの追加

同じ要領で「販売数量合計」メジャーを追加します。フィールドセクションの「F_売上明細」を右クリックし、「メジャーの追加」を選んで、以下の手順でメジャーを追加します。

```
販売数量合計
=SUM('F_売上明細'[販売数量])
```

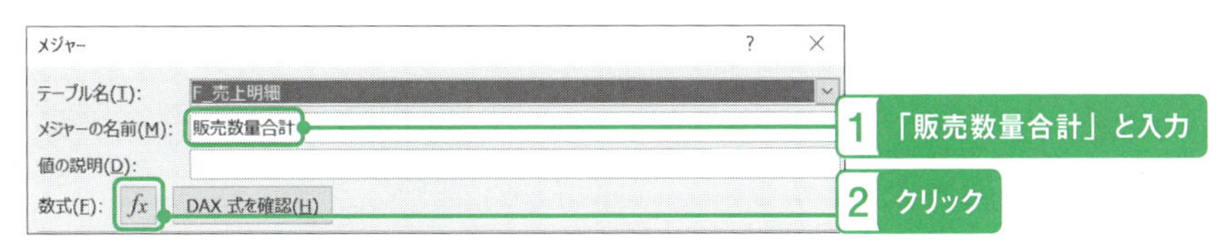

図2-232　数式「fx」ボタン

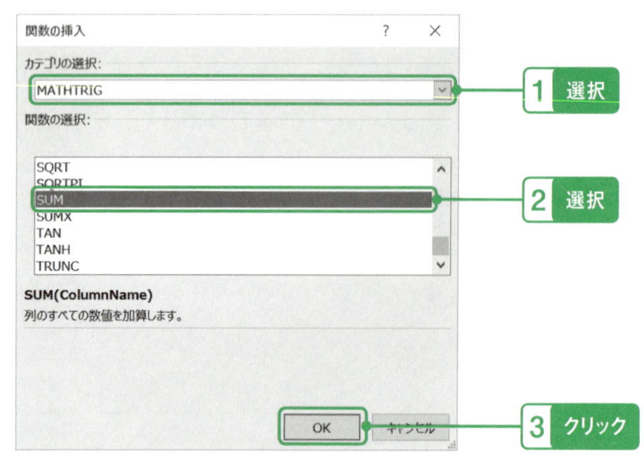

図2-233　「関数の挿入」画面

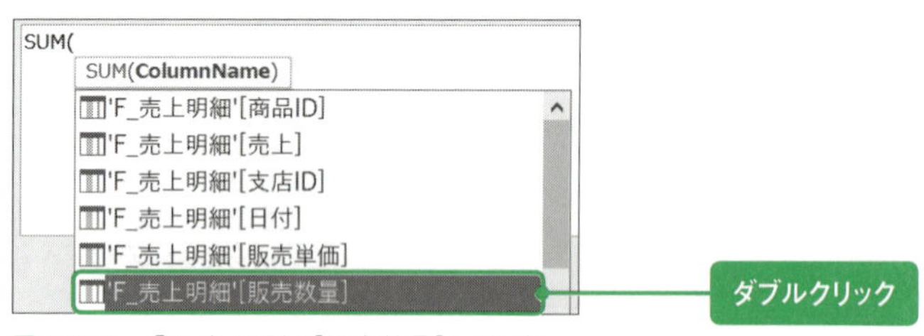

図2-234　「'F_売上明細'[販売数量]」の選択

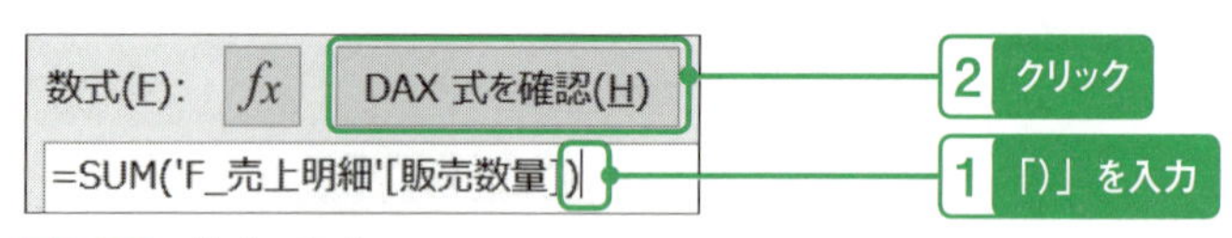

図2-235　数式の完成

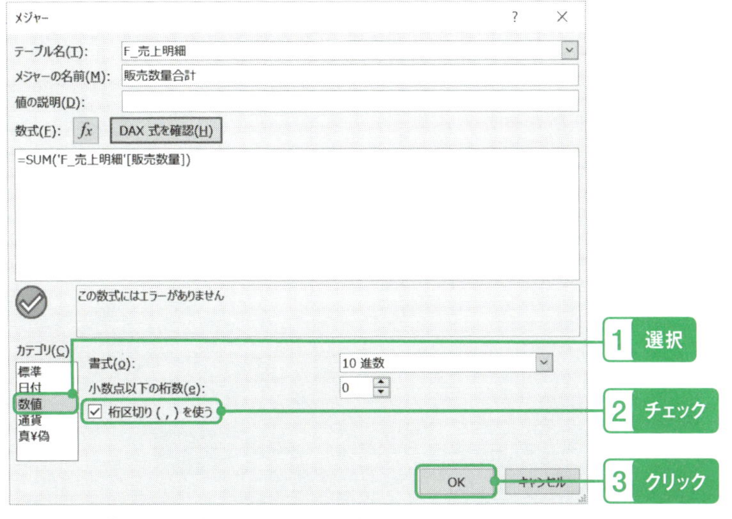

図2-236　「販売数量合計」メジャーの設定

追加された「販売数量合計」メジャーを値セクションに追加してください。

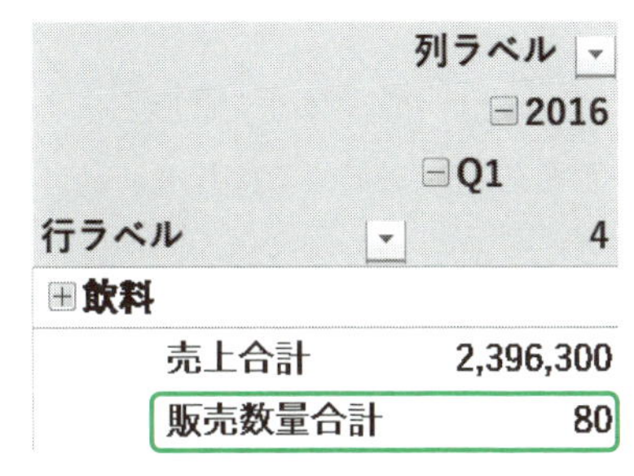

図2-237　追加された「販売数量合計」

「平均単価」メジャーの追加

最後に、「平均単価」メジャーを追加します。今回は、メジャーの中ですでに作成した他のメジャーを呼び出します。フィールドセクションの「F_売上明細」を右クリックし、「メジャーの追加」を選んで以下の数式のメジャーを追加します。

平均単価

```
=DIVIDE([売上合計], [販売数量合計])
```

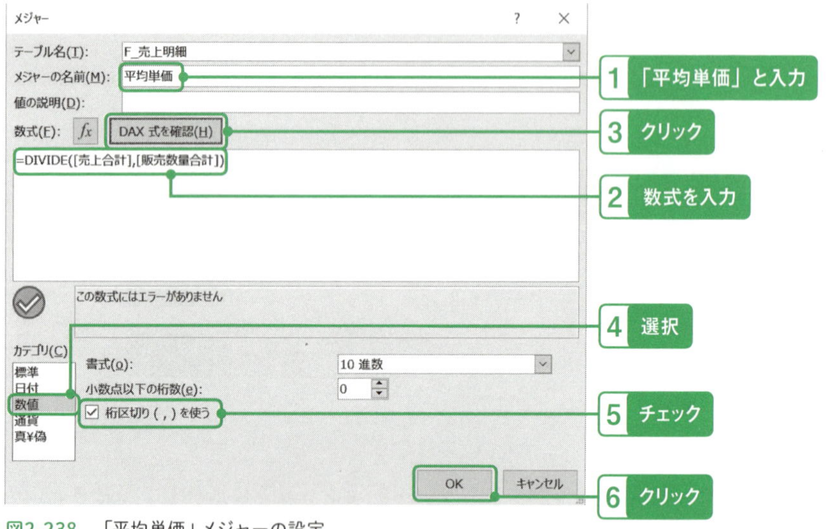

図2-238　「平均単価」メジャーの設定

なお、メジャーで割り算を行うときは「/」ではなく「DIVIDE」を使ってください。0（ゼロ）で除算するエラーが発生した場合、この「DIVIDE」はエラー表示の代わりにブランクに変換してくれます。

メジャーが追加されたら、「平均単価」を値エリアに追加してください。

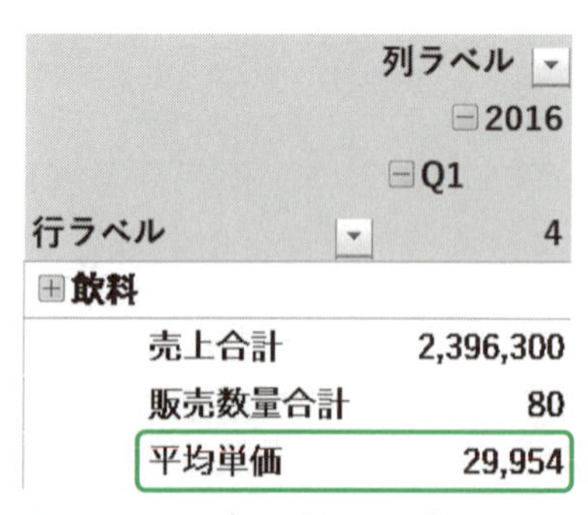

図2-239　テーブルに追加された「平均単価」

メジャーを追加したら、「飲料」左の展開ボタンをクリックして、「商品名」レベルまでドリルダウンしてください。

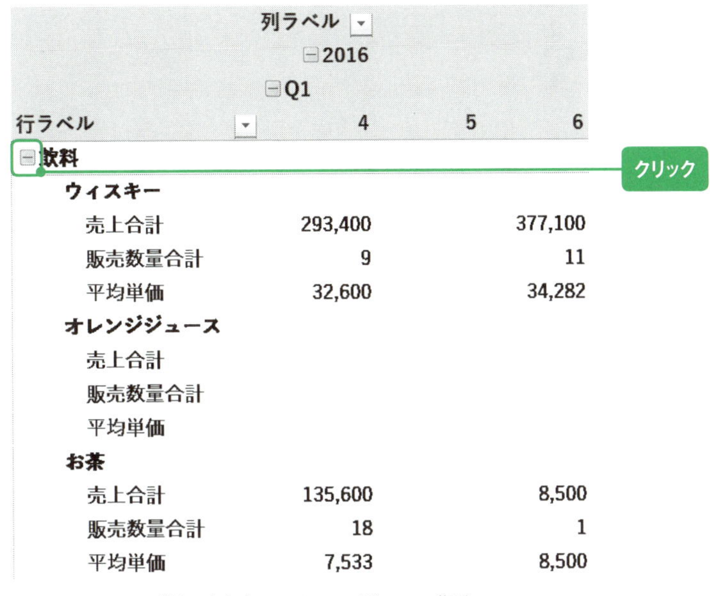

列ラベル			
	2016		
	Q1		
行ラベル	4	5	6
飲料			
ウィスキー			
売上合計	293,400		377,100
販売数量合計	9		11
平均単価	32,600		34,282
オレンジジュース			
売上合計			
販売数量合計			
平均単価			
お茶			
売上合計	135,600		8,500
販売数量合計	18		1
平均単価	7,533		8,500

図2-240　ドリルダウンされたレベルでのメジャーの集計

ドリルダウンしても「平均単価」が正しく計算されていることを確認してください。

同じくスライサーも使って、集計結果が変化することを確認してください。

支店名

関東支店　九州支店
大阪支店　東北支店
北海道...

会社名

玉川商店
江戸日本橋商店
江都駿河町商店
三嶌越商店
神奈川沖商店

列ラベル			
	2016		
	Q1		
行ラベル	4	5	6
飲料			
売上合計	612,200		1,132,100
販売数量合計	22		31
平均単価	27,827		36,519
菓子			
売上合計	89,100	238,000	1,149,500
販売数量合計	3	7	35
平均単価	29,700	34,000	32,843
雑貨			

図2-241　スライサーによる絞り込みを受けたメジャーの集計

これでデータモデルを使用したマルチ・テーブルによる表形式レポートが完成しました。

「えがく」ステップでは、「表現」パートの仕上げとしてグラフを追加します。

【タスク】

・データの視覚的表現としてグラフを作る

【技術】

・ピボットグラフ

・スライサー

【ポイント】

・目的に応じた最適なグラフを選ぶ

・グラフは概要、テーブルはドリルダウン分析用と役割を分ける

・ピボットテーブルとピボットグラフは「スライサー」でつなぐ

グラフを作る際のポイントは、条件付き書式と同じように「**意識しなくても要点が目に飛び込んでくる**」ように作ることです。そもそもグラフ自体、数字とにらめっこしなくても直感的に概要を把握できる点にメリットがあります。つまり、表形式レポートでは単なる「概念」に過ぎない数字を、グラフは図形という視覚的表現で、物理的な大きさや長さとして表現し、人間の認知能力を補ってくれる働きがあります。

また、グラフには様々な種類があり、それぞれ得意・不得意がありますので目的に応じて適切なグラフを選んで下さい。

棒グラフ	異なるものの値を比較する
積み上げ棒グラフ	棒グラフに内訳を追加し、構成要素の割合を見せる
折れ線グラフ	値の推移を見る
組み合わせグラフ	棒グラフと折れ線グラフを1つのグラフで表す
円グラフ	割合を見る
レーダーチャート	割合やKPIのように上限の統一されたものを比較する

表2-8　グラフの種類と用途

グラフは主に「集計値」と「軸」で構成されていますが、他のカテゴリーを並べて比較する時は「凡例」を使います。「凡例」を追加するときはその数を絞ることが重要です。「マジックナンバー7」という言葉がありますが、人間が一度に把握できる項目は7つ前後が限界ですので、凡例は7つ以下に絞るのがよいでしょう。

また、ピボットグラフを作るときは、**「あえて表形式レポートと粒度を合わせない」**ことが1つのポイントです。つまり、**グラフは概要を「眺める」ため、表形式レポートは「詳細」へドリルダウンするためというように、あえてそれらの役割を分ける**のです。そのためには、ピボットテーブルとピボットグラフを別々に作り、共通のスライサーでまとめるテクニックがおすすめです。

ピボットテーブルからピボットグラフを作らない

最初に「悪手」として、既存のピボットテーブルからピボットグラフを作成するケースを紹介します。

まず、「かぞえる」ステップで作成したピボットテーブルを商品カテゴリー×会計年度レベルまでドリルアップした後、ピボットテーブルの上にカーソルを置き、以下の手順でピボットグラフを追加してください。

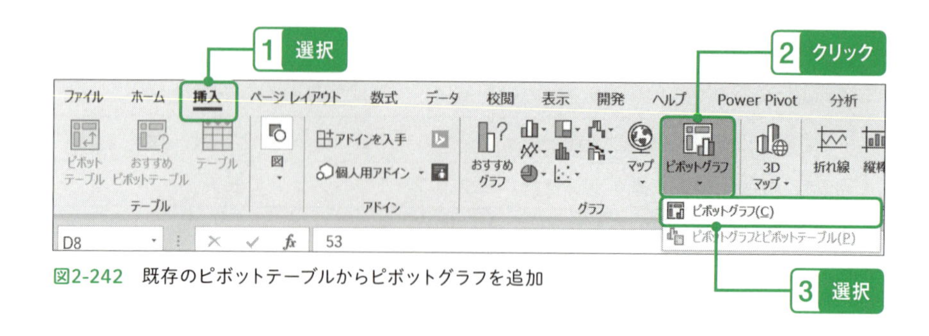

図2-242　既存のピボットテーブルからピボットグラフを追加

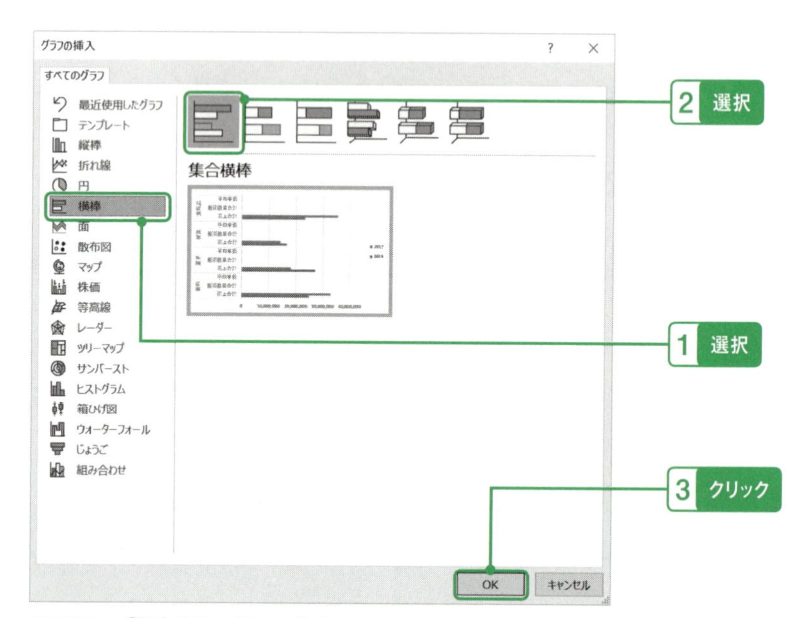

図2-243　「集合横棒」グラフに設定

すると、以下のようなピボットグラフが作成されます。

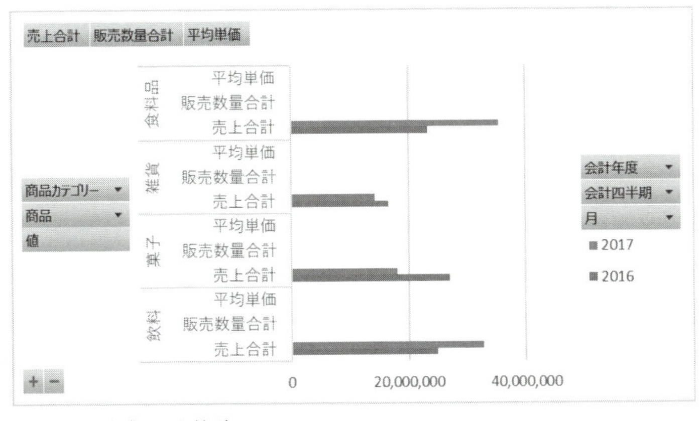

図2-244　作成された棒グラフ

このピボットグラフの何が問題かというと、既存のピボットテーブルをもとにして作られているために、**ピボットグラフとピボットテーブルの項目と集計の粒度が常に連動してしまう**という点です。

まず「項目」に関して、ピボットテーブルでは売上合計、販売数量合計、平均単価を見ることができますが、グラフでは図2-244のように売上合計のみが目立ち、ほかの項目は何も表示されていません。1つの軸を共有するグラフで基準の異なる項目を同時に表示しているからです。

このような場合、1つのグラフは1つの値、例えば「売上合計」のみに絞り、ほかの値は別のグラフを用意すべきです。

そこで、ピボットグラフのフィールドリストの値セクションから「販売数量合計」を外すと、あろうことかピボットテーブルの「販売数量合計」までなくなってしまいます。このように2つのレポートは項目まで連動してしまいます。

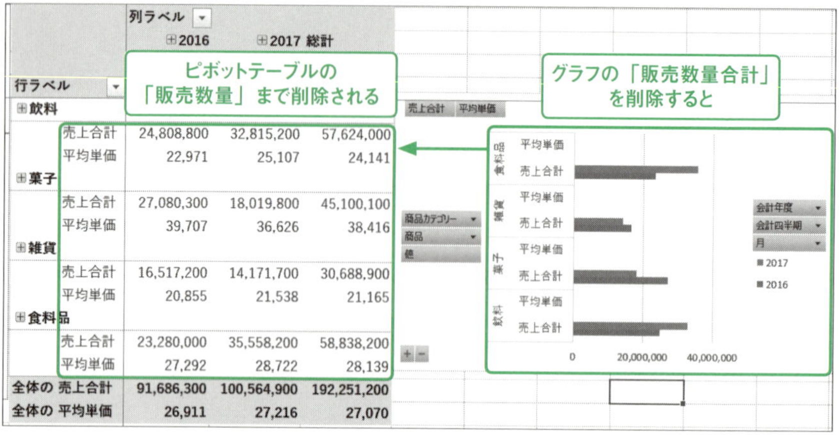

行ラベル	列ラベル 2016	2017	総計
飲料			
売上合計	24,808,800	32,815,200	57,624,000
平均単価	22,971	25,107	24,141
菓子			
売上合計	27,080,300	18,019,800	45,100,100
平均単価	39,707	36,626	38,416
雑貨			
売上合計	16,517,200	14,171,700	30,688,900
平均単価	20,855	21,538	21,165
食料品			
売上合計	23,280,000	35,558,200	58,838,200
平均単価	27,292	28,722	28,139
全体の 売上合計	91,686,300	100,564,900	192,251,200
全体の 平均単価	26,911	27,216	27,070

ピボットテーブルの「販売数量」まで削除される

グラフの「販売数量合計」を削除すると

図2-245　連動して「販売数量合計」が削除がされる

問題が確認できたので、ピボットグラフのフィールドで、「販売数量合計」を値セクションにドロップして復活させてください。

次に、集計の粒度です。ピボットテーブルで商品カテゴリーの「飲料」横の+をクリックして、「商品名」レベルまでドリルダウンしてください。

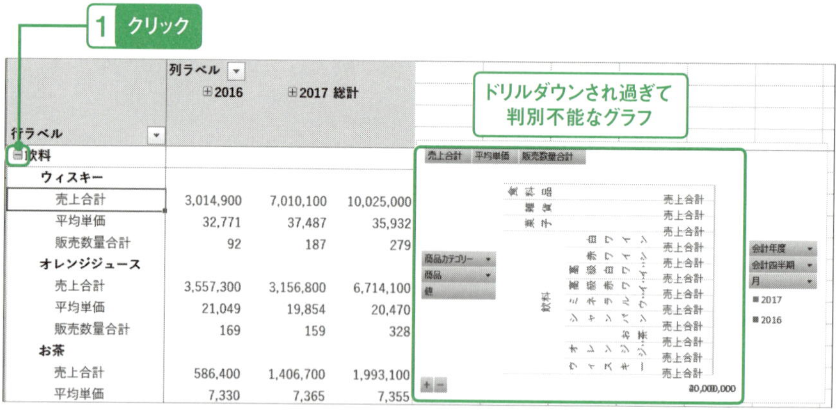

1 クリック

行ラベル	列ラベル 2016	2017	総計
飲料			
ウィスキー			
売上合計	3,014,900	7,010,100	10,025,000
平均単価	32,771	37,487	35,932
販売数量合計	92	187	279
オレンジジュース			
売上合計	3,557,300	3,156,800	6,714,100
平均単価	21,049	19,854	20,470
販売数量合計	169	159	328
お茶			
売上合計	586,400	1,406,700	1,993,100
平均単価	7,330	7,365	7,355

ドリルダウンされ過ぎて判別不能なグラフ

図2-246　詳細化され過ぎたピボットグラフ

それに合わせて、ピボットグラフもドリルダウンされますが、もはや何が書いてあるのか判別不能です。見やすさが取り柄のグラフがこうなってしまっては元も子もありません。問題が確認できたので、このピボットグラフを選択し、Delキーを押して削除してください。

ピボットグラフはゼロから作る

ゼロからピボットグラフを作ります。今度はあえてピボットテーブルのないB1セルにカーソルを移動し、「挿入」メニューから、ピボットグラフを作ります。

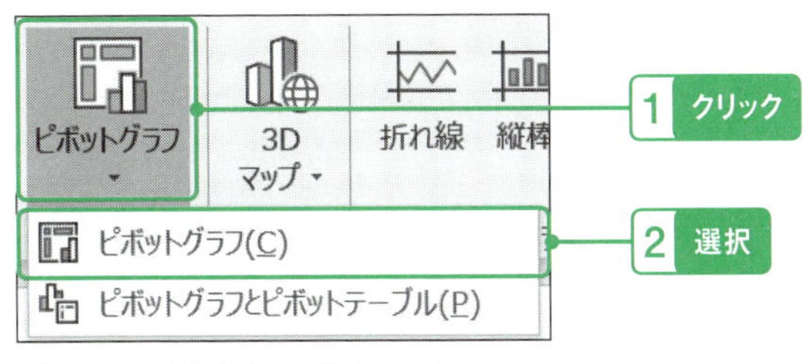

図2-247　新規ピボットグラフの挿入

すると今度は、ピボットテーブルを作成するときによく似た「ピボットグラフの作成」画面が表示されますので以下の設定をして下さい。

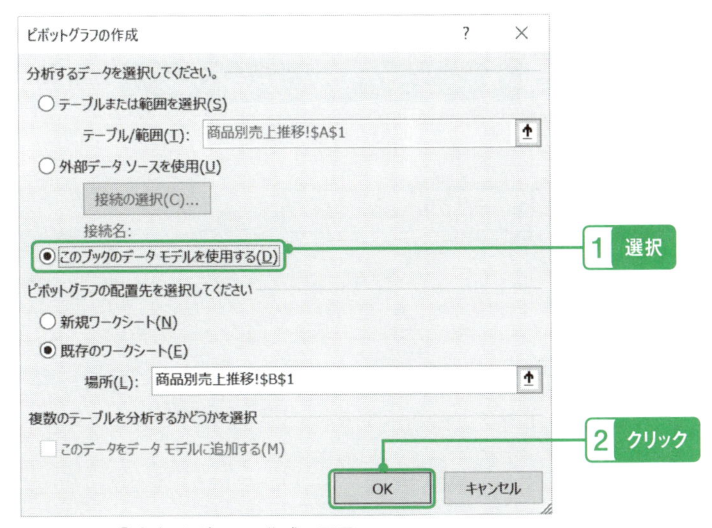

図2-248　「ピボットグラフの作成」画面

何も表示されていない空の独立したピボットグラフが作成されます。

図2-249　空のピボットグラフを呼び出す

まず、ピボットグラフを右クリックして、以下の手順で「商品別売上推移グラフ（積み上げ）」と名前を付けます。

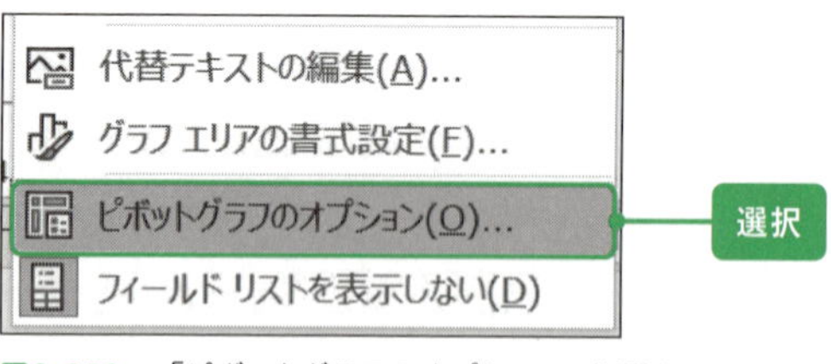

図2-250　「ピボットグラフのオプション」を開く

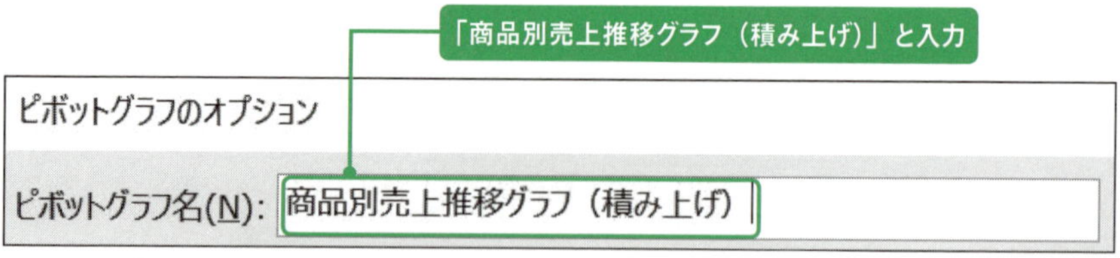

「商品別売上推移グラフ（積み上げ）」と入力

ピボットグラフのオプション

ピボットグラフ名(N): 商品別売上推移グラフ（積み上げ）

図2-251　「ピボットグラフ名」の設定

「OK」ボタンをクリックしたら、次にピボットグラフのフィールドリストに以下の設定をします（フィールドリストが表示されていない場合は、ピボットグラフを右クリックし、「フィールドリストを表示する」を選んでください）。

図2-252　「フィールドリスト」の設定

ピボットグラフを選んだ状態で、「デザイン」メニューからグラフの種類を「積み上げ横棒」に変えます。

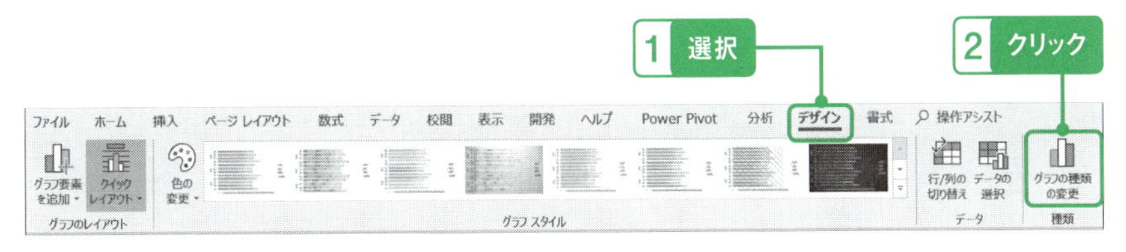

図2-253　「グラフの種類の変更」を開く

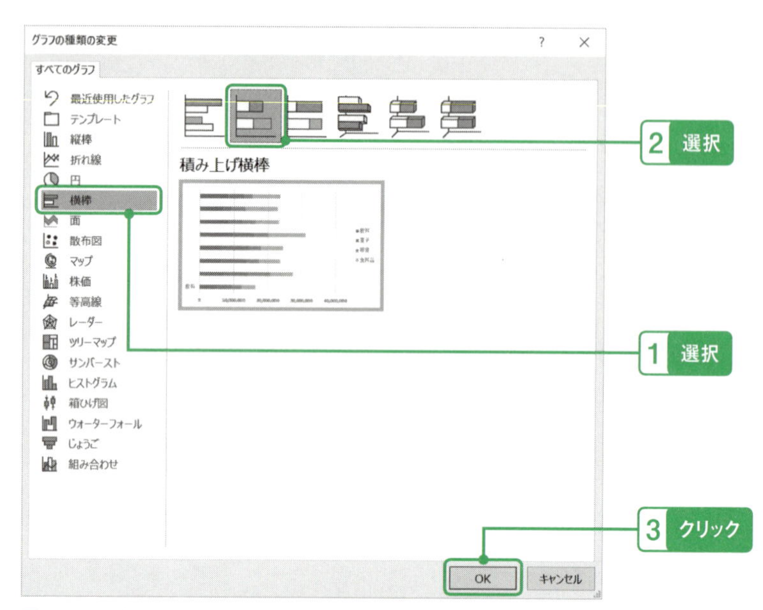

図2-254　グラフの種類を「積み上げ横棒」に設定

以下のグラフが表示されました。

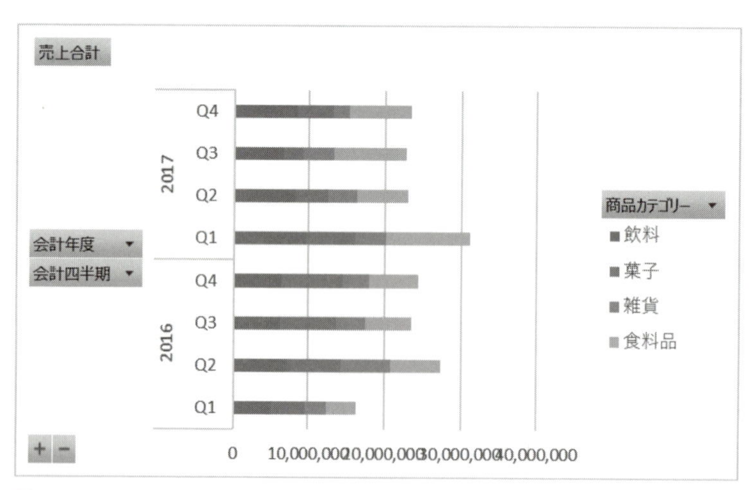

図2-255　作成されたピボットグラフ

ピボットグラフとテーブルはスライサーでつなぐ

今度はこのグラフをスライサーと連携させます。まずは「支店名」スライサーから設定します。「支店名」スライサーを右クリックし、「レポートの接続」を選択します。

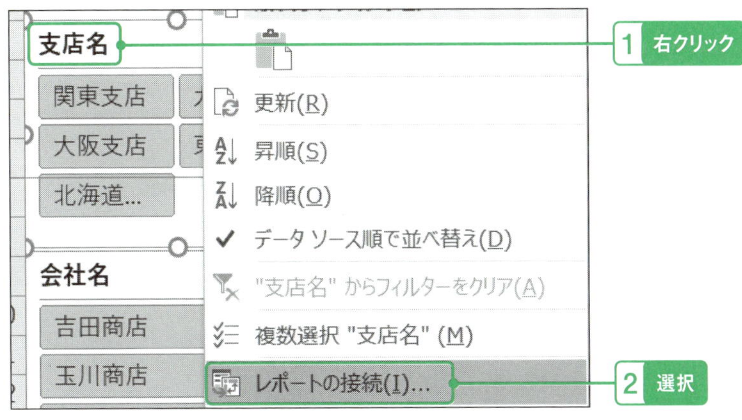

図2-256　「支店名」スライサーから「レポートの接続」を開く

「レポートの接続（支店名）」画面が開きます。すでに「商品別売上推移表」は選択されているので、「商品別売上推移グラフ（積み上げ）」も選択します。

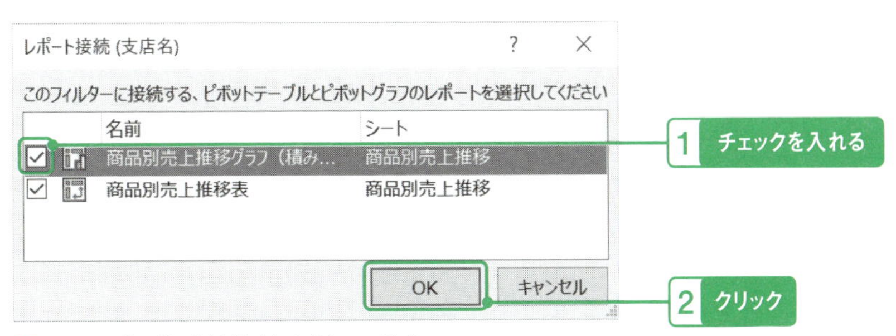

図2-257　「レポート接続（支店名）」の設定

これで、「商品別売上推移表」と「商品別売上推移グラフ（積み上げ）」が共通の「支店名」スライサーで連携されました。試しに「支店名」のスライサーのボタンをクリックして、選択条件が表とグラフの両方に働くことを確認してください。

同じ手順で、「会社名」スライサーにも「商品別売上推移グラフ」を設定してください。

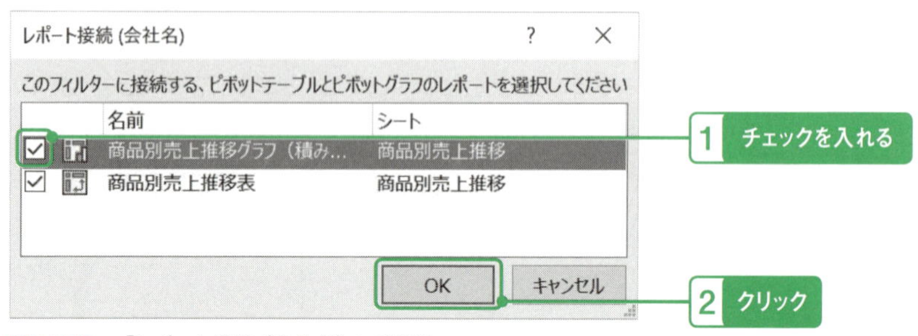

図2-258　「レポート接続（会社名）」の設定

グラフを含めたレイアウト調整

最後に、レイアウトを整えます。レイアウトのコツは「凝り過ぎない」ことです。なるべく変更が最小限で済むように標準機能を使いましょう。今回は、グラフと表を同じシートに配置するため、グラフの方をコンパクトにして画面左側に置きます。

まず、グラフ右側に位置している「商品カテゴリー」の「凡例」を「上」に移動します。

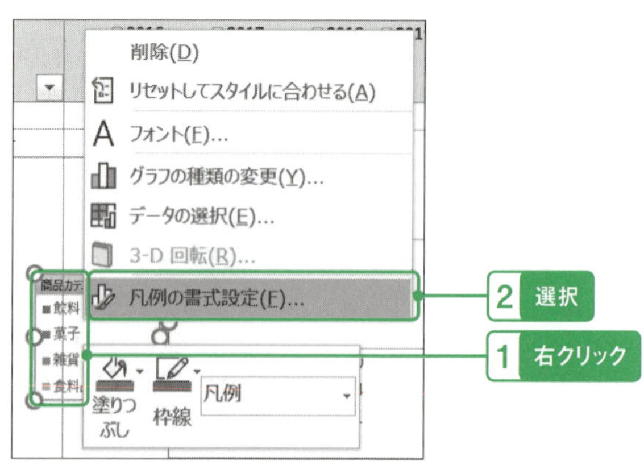

図2-259　「凡例の書式設定」を開く

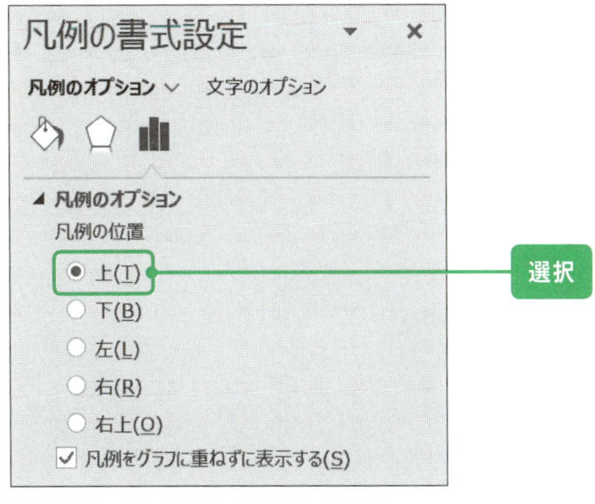

図2-260　「凡例の書式設定」の設定

凡例がグラフの上に移動し、右側がすっきりしました。

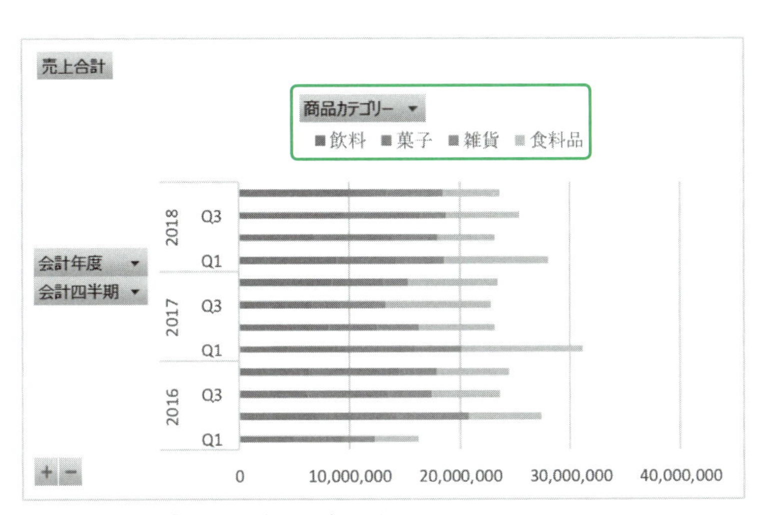

図2-261　凡例の「商品カテゴリー」が上に移動

今度は左上の「売上合計」を右クリックし、「グラフのすべてのフィールドボタンを非表示にする」を選びます。

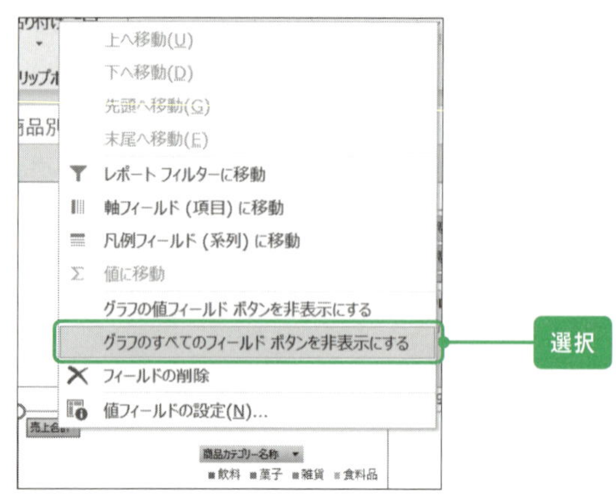

図2-262　グラフのすべてのフィールドボタンを非表示にする

グラフの左側がすっきりしました。

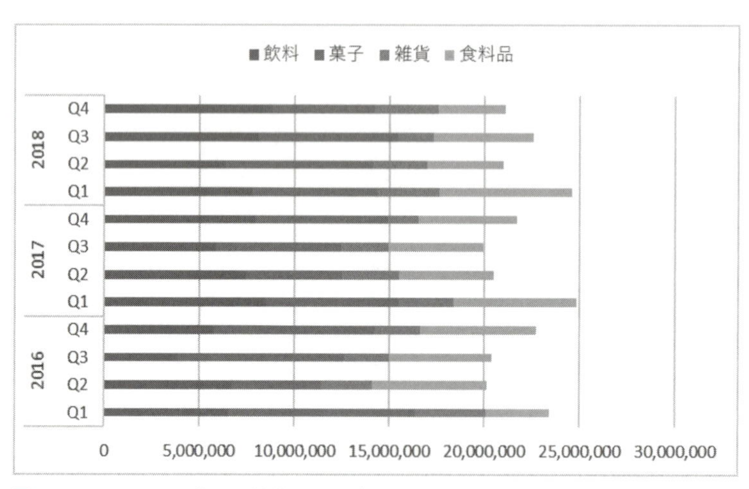

図2-263　フィールドボタンが削除されたグラフ

今度はA列の幅を調整します。A列を右クリックし、「列の幅」を選んで、以下の設定をします。

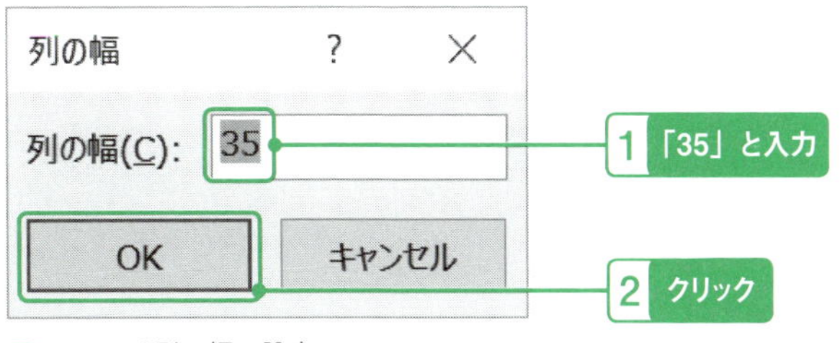

図2-264　A列の幅の設定

グラフの幅をA列に収まるように調整します。そのほかレイアウトに合わせてスライサーの列数と位置を調整します。

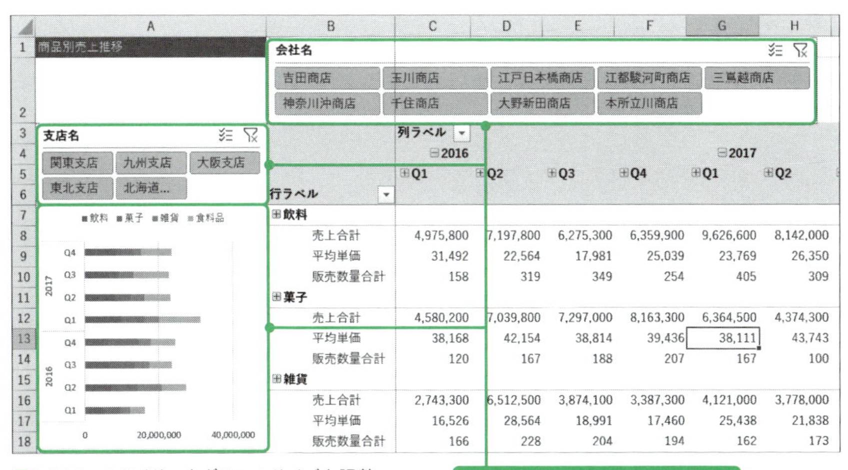

行ラベル	2016 Q1	2016 Q2	2016 Q3	2016 Q4	2017 Q1	2017 Q2
飲料						
売上合計	4,975,800	7,197,800	6,275,300	6,359,900	9,626,600	8,142,000
平均単価	31,492	22,564	17,981	25,039	23,769	26,350
販売数量合計	158	319	349	254	405	309
菓子						
売上合計	4,580,200	7,039,800	7,297,000	8,163,300	6,364,500	4,374,300
平均単価	38,168	42,154	38,814	39,436	38,111	43,743
販売数量合計	120	167	188	207	167	100
雑貨						
売上合計	2,743,300	6,512,500	3,874,100	3,387,300	4,121,000	3,778,000
平均単価	16,526	28,564	18,991	17,460	25,438	21,838
販売数量合計	166	228	204	194	162	173

図2-265　スライサーとグラフのサイズを調整

最後に折れ線グラフを追加します。すでに作成した、「商品別売上推移グラフ(積み上げ)」をコピーして新しいグラフを作り、「グラフの種類の変更」で「折れ線」グラフを選んでください。

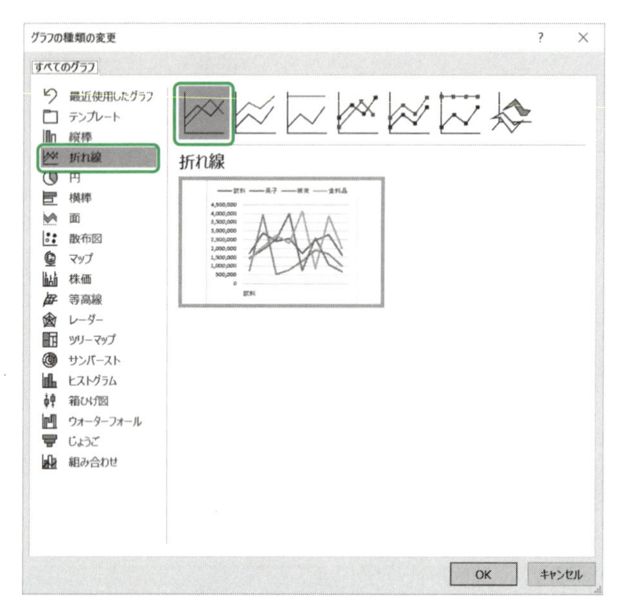

図2-266　グラフの種類の変更で「折れ線」グラフに変更

ピボットグラフのオプションでピボットグラフ名を「商品別売上推移グラフ(折れ線)」にしてください。

なお、このグラフはコピーで作成したので、コピー元のスライサー設定も受け継いでいます。

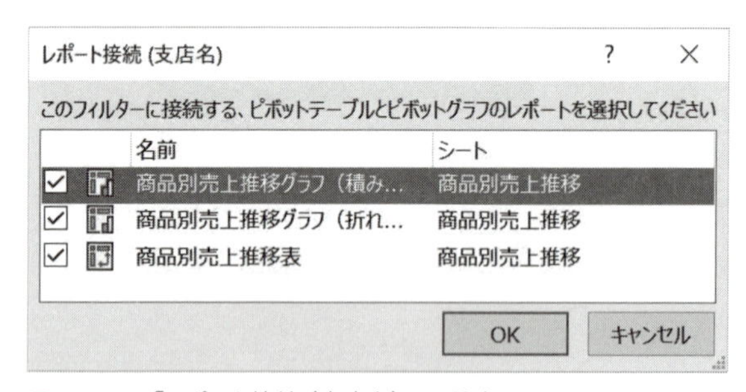

	名前	シート
☑	商品別売上推移グラフ（積み…	商品別売上推移
☑	商品別売上推移グラフ（折れ…	商品別売上推移
☑	商品別売上推移表	商品別売上推移

図2-267　「レポート接続（支店名）」の設定

最後にレイアウトを整えて完成です。

行ラベル	2016 Q1	2016 Q2	2016 Q3	2016 Q4	2017 Q1	2017 Q2	2017 Q3	2017 Q4	総計
飲料									
売上合計	4,975,800	7,197,800	6,275,300	6,359,900	9,626,600	8,142,000	6,657,100	8,389,500	57,624,000
平均単価	31,492	22,564	17,981	25,039	23,769	26,350	24,033	26,549	24,141
販売数量合計	158	319	349	254	405	309	277	316	2,387
菓子									
売上合計	4,580,200	7,039,800	7,297,000	8,163,300	6,364,500	4,374,300	2,584,400	4,696,600	45,100,100
平均単価	38,168	42,154	38,814	39,436	38,111	43,743	31,137	33,075	38,416
販売数量合計	120	167	188	207	167	100	83	142	1,174
雑貨									
売上合計	2,743,300	6,512,500	3,874,100	3,387,300	4,121,000	3,778,000	4,026,000	2,246,700	30,688,900
平均単価	16,526	28,564	18,991	17,460	25,438	21,838	21,880	16,163	21,165
販売数量合計	166	228	204	194	162	173	184	139	1,450
食料品									
売上合計	3,984,100	6,609,600	6,139,100	6,547,200	11,084,400	6,812,500	9,526,500	8,134,800	58,838,200
平均単価	27,477	25,920	26,124	30,033	28,791	25,903	28,956	31,168	28,139
販売数量合計	145	255	235	218	385	263	329	261	2,091
全体の 売上合計	16,283,400	27,359,700	23,585,500	24,457,700	31,196,500	23,106,800	22,794,000	23,467,600	192,251,200
全体の 平均単価	27,646	28,235	24,165	28,016	27,879	27,345	26,110	27,352	27,070
全体の 販売数量合計	589	969	976	873	1,119	845	873	858	7,102

図2-268　表とグラフが一体化したレポートの完成

7 くりかえす

前のステップまででレポートは作成完了です。すなわち、「データ」と「ロジック」を完全分離した「ロジック」の部分が完成したことになります。今度は、繰り返しの運用を想定し、「定点観測」として実際にレポートを更新します。

【タスク】

・レポートの「定点観測」を実現する
・データソースの生データを更新する
・レポートを更新する

【技術】

・ピボットテーブル、またはピボットグラフの「すべて更新」

【ポイント】

・作るときに考えて、繰り返すときは考えない

まず最初にベースとなるデータソースを更新します。データベースに直接接続している場合は何もしなくてもよいですが、CSVファイルなどを定期的に受け取っている場合は、そのファイルを所定のフォルダーに置きます。このとき、例えばファイル名1つをとっても、都度、人が手作業で変更するよりは、システムから出力されたものをそのまま置く方が間違いが少ないです。「**作るときに考えて、繰り返すときは考えない**」が原則です。

次にレポートの更新です。それぞれのテーブルとレポート（ピボットテーブルとピボットグラフ）には更新の設定があります。更新の設定には「手動」「一定時間ごと」「ファイルを開いたタイミング」の3つがありますが、どれを選ぶかは「とりこむ」のにかかるデータ量で考えるのがよいでしょう。つまり、すべてのデータを取り込むのに数分程度かかるなら「手動」で必要なときのみ行い、数秒程度なら「一定時間ごと」や「ファイルを開いたタイミング」に設定します。

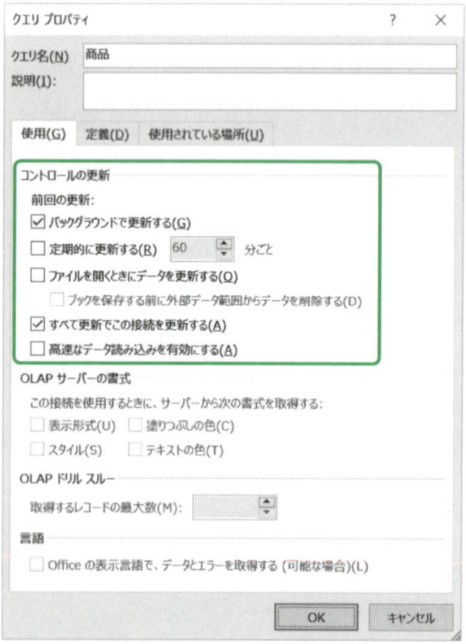

図2-269　「クエリ プロパティ」画面

ただし、個別のテーブルに対してそれぞれ読み込みタイミング設定をするのは大変ですし、設定漏れによるデータ鮮度の不統一を避けるためにも、**末端のピボットテーブルで「すべて更新」をする**方法をおすすめします。ピボットテーブルの「すべて更新する」を実行すると、関連するテーブルがすべて更新されるので、テーブルの更新漏れがありません。また、場合によってはピボットテーブル側での更新を2度行わないとリフレッシュされないこともありますのでご注意ください。

データソースの更新

ステップ2「とりこむ」で作成した、クエリのデータソースの生データを差し替えます。今回は、「C:\データソース」配下の「売上明細.csv」の最新版の3年分の、3月のデータが入手できたと仮定します。「2016から2018_売上明細」フォルダーの中の「売上明細.csv」をデータソースフォルダー直下のものに上書き保存してください。

2016から2018年_売上明細

図2-270　2018年分を含む「売上明細.csv」を上書き

レポートを更新して「定点観測」

データソースが更新されたので、カーソルをピボットテーブル上に置き、以下の手順でレポートを更新します。

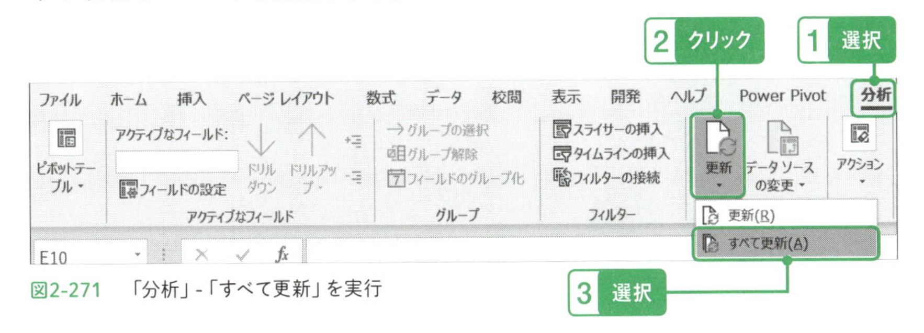

図2-271　「分析」-「すべて更新」を実行

「Microsoft Excelのセキュリティに関する通知」メッセージが表示された場合は「OK」をクリックします。

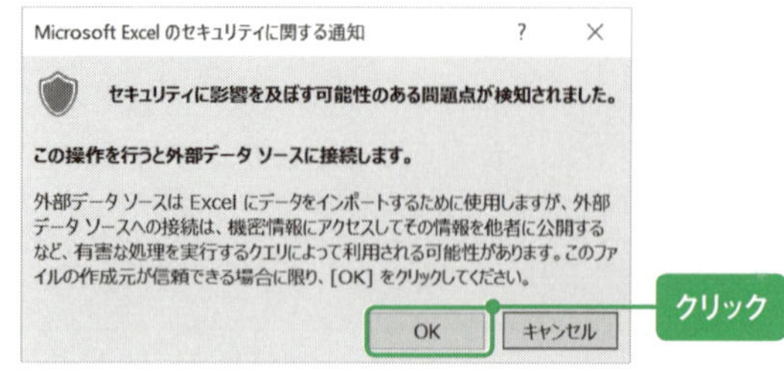

図2-272　Microsoft Excelのセキュリティに関する通知

これだけの手順でこのレポートで使われているすべてのクエリが実行され、最新のデータのレポートに生まれかわりました。レポートに2018年度の売上が追加されていることを確認してください。

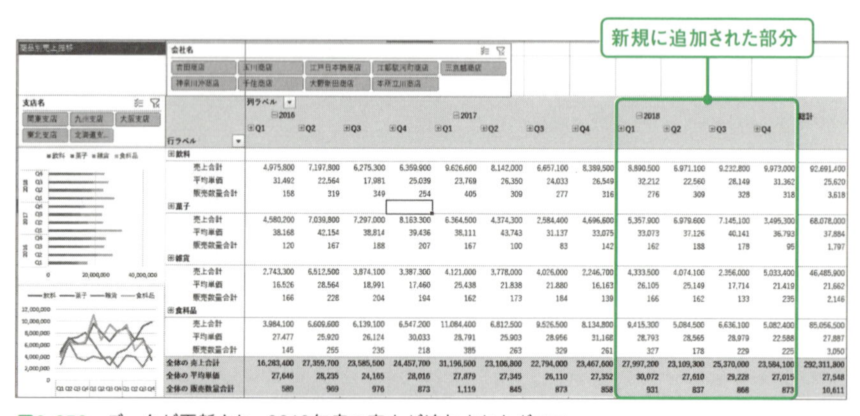

行ラベル	2016 Q1	2016 Q2	2016 Q3	2016 Q4	2017 Q1	2017 Q2	2017 Q3	2017 Q4	2018 Q1	2018 Q2	2018 Q3	2018 Q4	総計
飲料													
売上合計	4,975,800	7,197,800	6,275,300	6,359,900	9,626,600	8,142,000	6,657,100	8,389,500	8,890,500	6,971,100	9,232,800	9,973,000	92,691,400
平均単価	31,492	22,564	17,981	25,039	23,769	26,350	24,033	26,549	32,212	22,560	28,149	31,362	25,620
販売数量合計	158	319	349	254	405	309	277	316	276	309	328	318	3,618
菓子													
売上合計	4,580,200	7,039,800	7,297,000	8,163,300	6,364,500	4,374,300	2,584,400	4,696,600	5,357,900	6,979,600	7,145,100	3,495,300	68,078,000
平均単価	38,168	42,154	38,814	39,436	38,111	43,743	31,137	33,075	33,073	37,126	40,141	36,793	37,884
販売数量合計	120	167	188	207	167	100	83	142	162	188	178	95	1,797
雑貨													
売上合計	2,743,300	6,512,500	3,874,100	3,387,300	4,121,000	3,778,000	4,026,000	2,246,700	4,333,500	4,074,100	2,356,000	5,033,400	46,485,900
平均単価	16,526	28,564	18,991	17,460	25,438	21,838	21,880	16,163	26,105	25,149	17,714	21,419	21,662
販売数量合計	166	228	204	194	162	173	184	139	166	162	133	235	2,146
食料品													
売上合計	3,984,100	6,609,600	6,139,100	6,547,200	11,084,400	6,812,500	9,526,500	8,134,800	9,415,300	5,084,500	6,636,100	5,082,400	85,056,500
平均単価	27,477	25,920	26,124	30,033	28,791	25,903	28,956	31,168	28,793	28,565	28,979	22,588	27,887
販売数量合計	145	255	235	218	385	263	329	261	327	178	229	225	3,050
全体の 売上合計	16,283,400	27,359,700	23,585,500	24,457,700	31,196,500	23,106,800	22,794,000	23,467,600	27,997,200	23,109,300	25,370,000	23,584,100	292,311,800
全体の 平均単価	27,646	28,235	24,165	28,016	27,879	27,345	26,110	27,352	30,072	27,610	29,228	27,015	27,548
全体の 販売数量合計	589	969	976	873	1,119	845	873	858	931	837	868	873	10,611

図2-273　データが更新され、2018年度の売上が追加されたグラフ

参考までに、以下の手順で「クエリと接続」ペインを表示し、それぞれのクエリの「最終更新時刻」を確認してください。

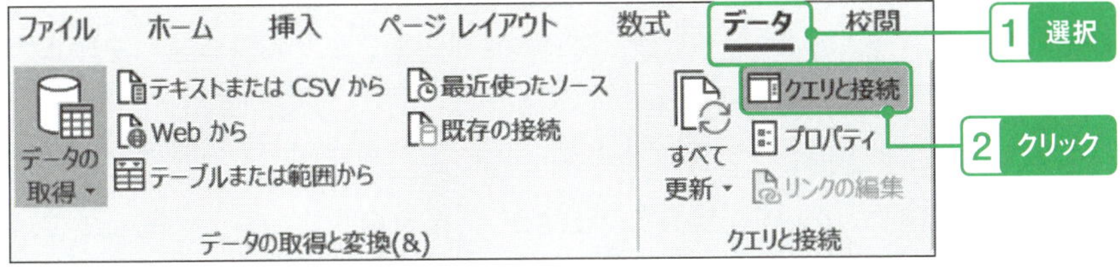

図2-274　「クエリと接続」を開く

※Excel2016では、「データ」メニューの「クエリの表示」で開く、「ブッククエリ」で確認してください。

それぞれのクエリの「最終更新時刻」が「すべて更新」を実行したタイミングになっていることを確認してください。

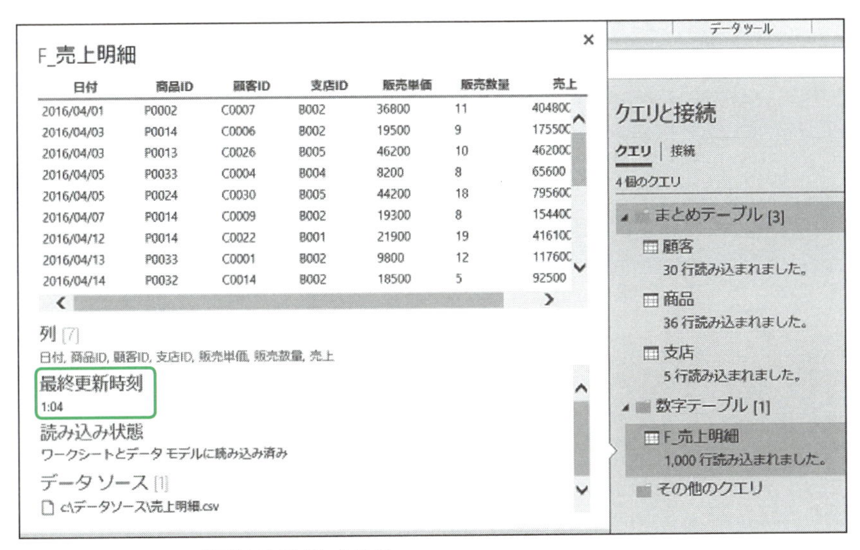

図2-275　サマリーの「最終更新時刻」を確認

これで「データ」と「ロジック」の完全分離による「定点観測」が成功しました！お疲れさまでした！

「数字テーブル」のコンパクト化

ここまでで「定点観測」が実現できました。最後にデータ件数が膨大になりがちな数字テーブル「F_売上明細」のワークシートテーブル読み込みを停止します。「クエリと接続（ブッククエリ）」ペインの「F_売上明細」を右クリックし、「読み込み先」を選択して、以下の手順で「接続の作成のみ」に設定してください（Excel2016では、画面は異なりますが、「接続の作成のみ」を選んで「読み込み」をクリックしてください）。

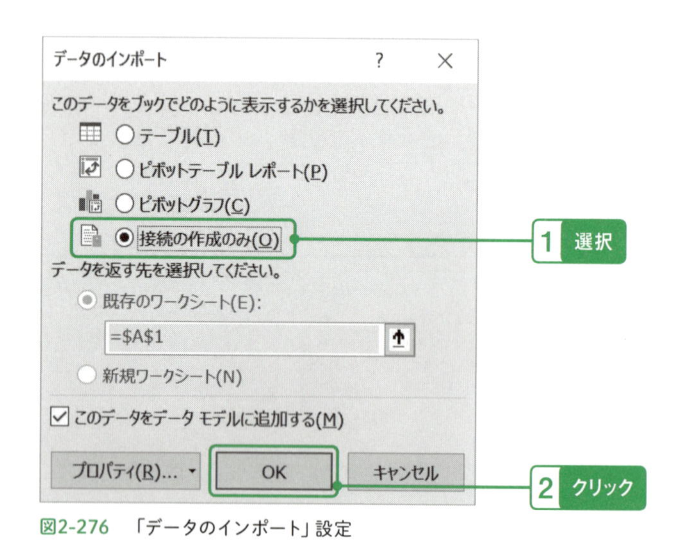

図2-276　「データのインポート」設定

警告画面が表示されますが、そのまま続けます（Excel2016では、画面がやや異なり「続行」をクリックします）。

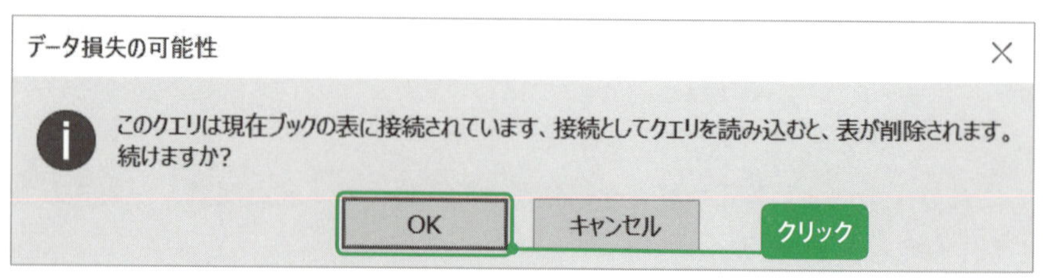

図2-277　「データ損失の可能性」警告メッセージ

「F_売上明細」ワークシートテーブルは削除されますが、データモデル上にはデータは残っており、レポートで使用できるので安心してください。

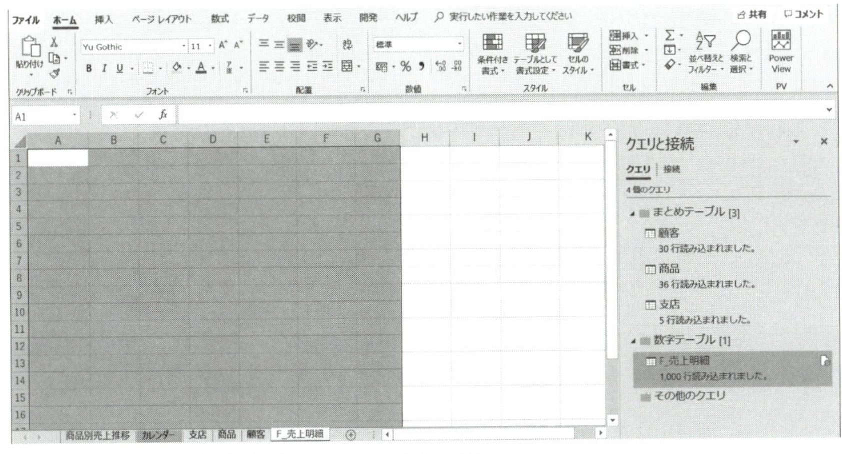

図2-278　削除された「F_売上明細」ワークシートテーブル

テーブルが削除された「F_売上明細」シートを削除します。

商品別売上推移 | カレンダー | 支店 | 商品 | 顧客

図2-279　「F_売上明細」シートを削除

この状態で、ピボットテーブルから「すべて更新」を行い、レポートが正常に表示されることを確認してください。

商品別売上推移

会社名: 吉田商店 / 玉川商店 / 江戸日本橋商店 / 江都駿河町商店 / 三嶌越商店 / 神奈川沖商店 / 千住商店 / 大野新田商店 / 本所立川商店

支店名: 関東支店 / 九州支店 / 大阪支店 / 東北支店 / 北海道支...

行ラベル	2016 Q1	2016 Q2	2016 Q3	2016 Q4	2017 Q1	2017 Q2	2017 Q3	2017 Q4	2018 Q1	2018 Q2
販売数量合計	23	21			18	17	11	33	13	9
⊞菓子										
売上合計	668.100	692,800		567,600	471,200	363,800	841,600	285,600		
平均単価	39,300	34,640		31,533	22,438	40,422	30,057	40,800		
販売数量合計	17	20		18	21	9	28	7		
⊞雑貨										
売上合計	126,900			112,500	297,000		915,600		930,600	
平均単価	14,100			7,500	9,800		22.332		51,700	
販売数量合計	9			15	15		41		18	
⊞食料品										
売上合計	1,363,700		1,026,700	648,000	1,211,600	1,715,000	774,500		954,000	11,400
平均単価	35,887		29,334	18,514	23,300	29,569	35,205		19,080	600
販売数量合計	38		35	35	52	58	22		50	19
全体の 売上合計	2,769,900	774,700	1,026,700	1,328,100	2,683,200	2,653,400	2,915,400	1,195,200	2,303,200	329,100
全体の 平均単価	31,838	18,895	29,334	19,531	25,313	31,588	28,582	29,880	28,435	11,754
全体の 販売数量合計	87	41	35	68	106	84	102	40	81	28

図2-280　更新されたレポート

なお、本来、レポートが完成したらこのまま読み込み先を「データモデル」のみにしておくのですが、今回はまだデモが続きますので、説明のため再び「F_売上明細」をワークシートに読み込む設定をします。

「クエリと接続（ブッククエリ）」ペインの「F_売上明細」を右クリックし、「読み込み先」を選んで以下の設定をします（Excel2016でも、「テーブル」を選びます）。

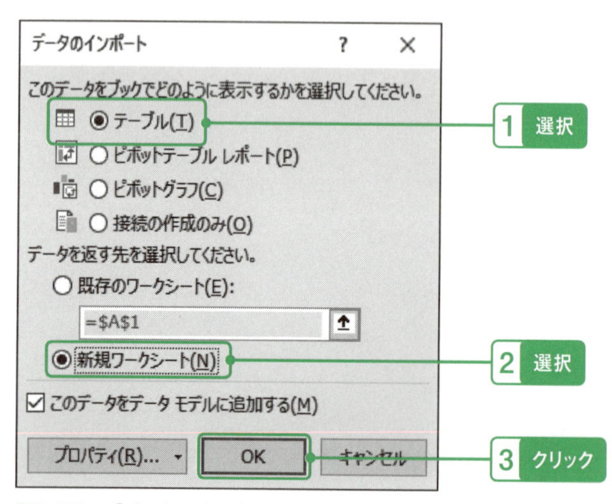

図2-281　「データのインポート」の設定

新しいワークシートに「F_売上明細」が追加されます。

	A	B	C	D	E	F	G
1	日付	商品ID	顧客ID	支店ID	販売単価	販売数量	売上
2	2016/4/15	P0006	C0018	B003	32600	9	293400
3	2016/4/16	P0013	C0014	B003	49300	20	986000
4	2016/4/21	P0022	C0021	B003	29700	3	89100

図2-282　再度ワークシートに読み込まれた「F_売上明細」テーブル

同様の手順でシート名を「F_売上明細」に、シートの色を緑に変更しておきます。

［第3章］

商品別収益性分析

このシナリオでは、商品ごとの利益を集計します。
星型データモデルを作成したときに
商品ごとの売上は把握できたものの、
「F_売上明細テーブル」には原価情報がないため、
利益を計算できません。
そこで、「商品」テーブルの原価と売上を組み合わせて
商品ごとの利益を計算します。
ここで登場する「クエリのマージ」は、
Excelでもっとも有名な関数VLOOKUPに
代わる機能なので、
ぜひマスターしてください。

アクセスキー **0**（数字のゼロ）

1 「クエリのマージ」で2つのテーブルを結合

本章では商品ごとの利益を集計します。「定価」と「原価」は「商品」テーブルに存在しますので、これら2つの項目を「F_売上明細」に結合して、「利益」を計算します。このとき、すでに読み込んであるワークシートテーブルの「商品」テーブルではなく、新規に読み捨て用の「F_商品」クエリを作成し、これを「F_売上明細」クエリに結合（マージ）します。

接続用「F_商品」クエリの用意

まず、「接続専用」の「F_商品」クエリを新規に作成します。「データ」メニューから「テキストまたはCSVから」をクリックし、「商品.csv」を指定して、「インポート」を実行します。

※Excel 2016では、「データ」メニューの「新しいクエリ」から「ファイルから」の「CSVから」を選びます。

次に「データの変換」をクリックし、Power Queryエディターが開いたら、クエリの名前を「F_商品」に変更します。

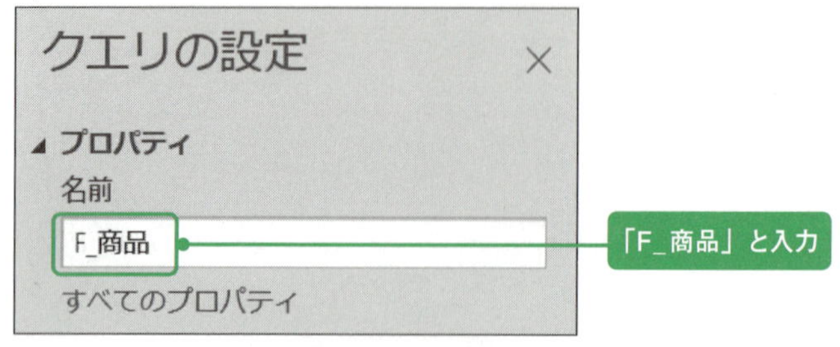

図3-1　クエリの名前を「F_商品」に変更

このクエリを、「接続専用」として読み込みます。

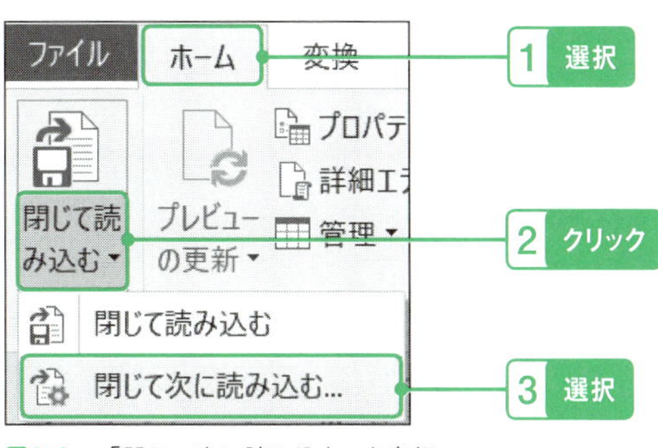

図3-2　「閉じて次に読み込む」を実行

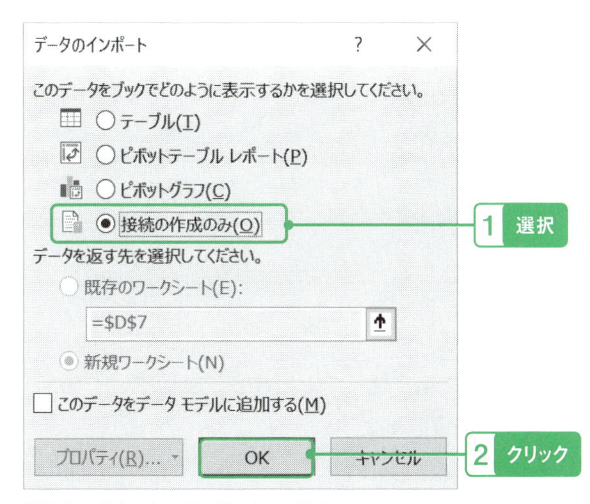

図3-3　「データのインポート」の設定

※Excel 2016では、「接続の作成のみ」を選んで、「読み込み」をクリックします。

「クエリと接続（ブッククエリ）」ペインに、「F_商品」が「接続専用。」として追加されます。

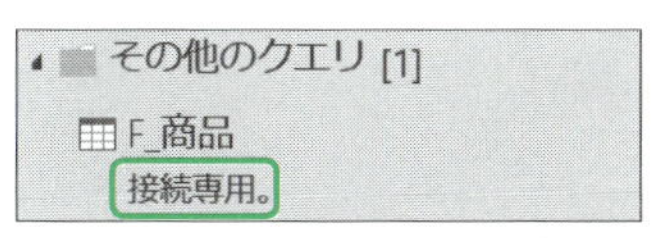

図3-4　作成された接続専用の「F_商品」クエリ

読み込み先がテーブルやデータモデルの場合、「○○○行読み込まれました。」と表示されますが、接続専用クエリはデータを保存しないので読み込み件数は表示されません。

次に、「F_商品」クエリを「数字テーブル」グループに追加します。「クエリと接続（ブッククエリ）」ペインの「F_商品」クエリを右クリックし、「グループへ移動」、「数字テーブル」を選びます。

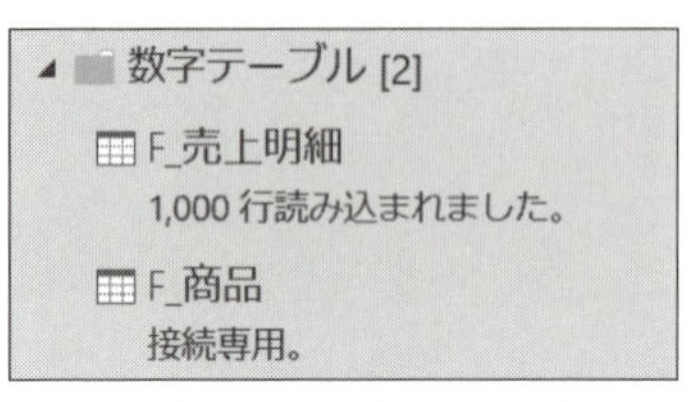

図3-5 「F_商品」を「数字テーブル」グループへ移動

これで読み捨て用のクエリが作成されました。

「F_商品」を「F_売上明細」にマージ

次に、テーブルの「マージ」という機能を使って、先ほど作成した「F_商品」クエリを「F_売上明細」テーブルに結合します。

まずは、「F_売上明細」クエリのPower Queryエディターを開きます。「F_売上明細」クエリを右クリックし、「編集」を選びます。

Power Queryエディターが開いたら、「ホーム」メニューから以下の手順で「F_商品」クエリとマージします。

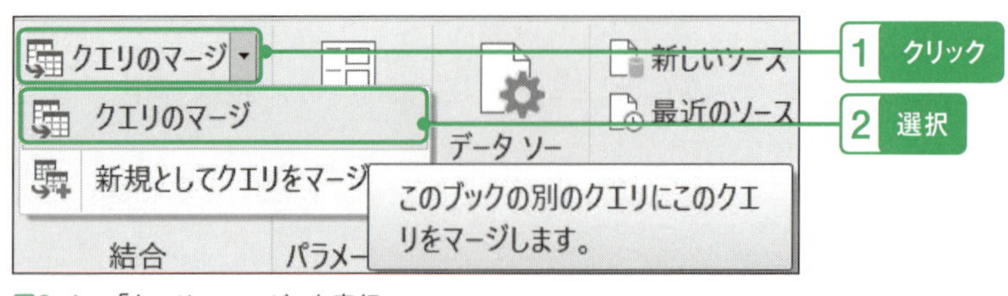

図3-6 「クエリのマージ」を実行

※「新規としてクエリをマージ」を選ぶと「F_売上明細」クエリではなく、新しい別のクエリが作成されるので注意してください。

すると、「マージ」画面が表示されるので、以下の設定でOKをクリックしてください。なお、マージするテーブルは「商品」ではなく、「F_商品」であることに注意してください。

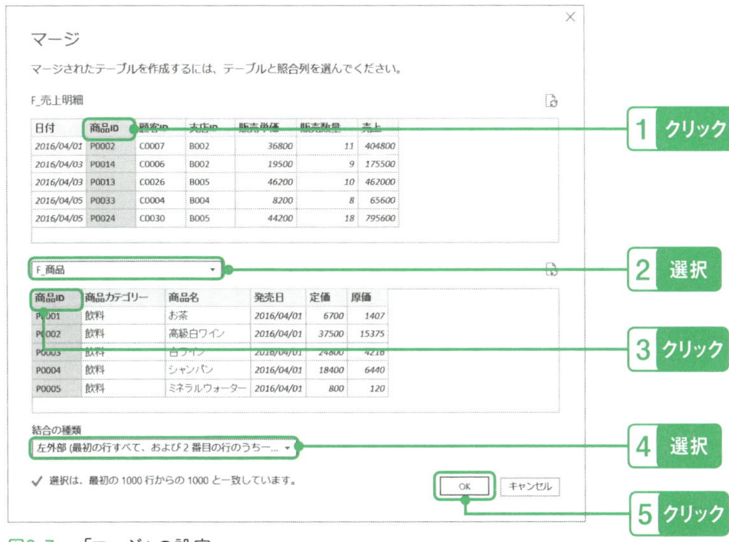

図3-7　「マージ」の設定

2つのクエリが「商品ID」をキーとしてマージされ、一番右端に「F_商品」という項目が追加されました。

	日付	商品ID	顧客ID	支店ID	販売単...	販売数...	売上	F_商品
1	2016/04/01	P0002	C0007	B002	36800	11	404800	Table
2	2016/04/03	P0014	C0006	B002	19500	9	175500	Table
3	2016/04/03	P0013	C0026	B005	46200	10	462000	Table

図3-8　追加された「F_商品」Table項目

この項目のデータは「Table」となっていますので、これからこの「Table」の中身を展開し、必要なデータを取得します。

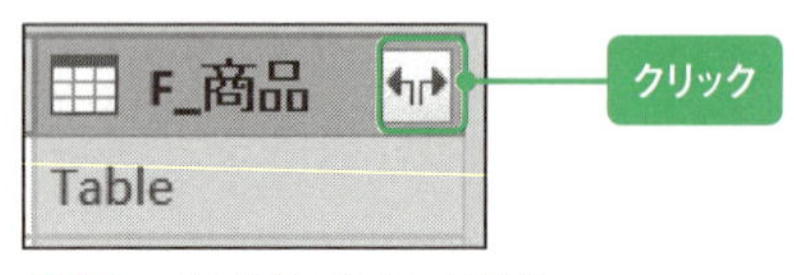

図3-9　「F_商品」Tableを展開

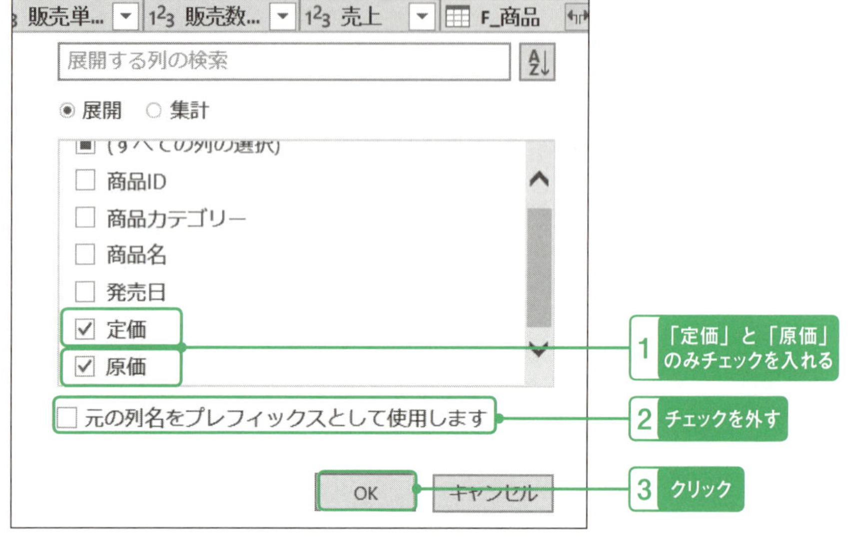

図3-10　「F_商品」Tableの展開設定

「F_商品」クエリの中の「定価」と「原価」が項目として追加されます。

1.2 定価	1.2 原価
37500	15375
37500	15375
6700	1407

図3-11　「F_商品」から追加された「定価」と「原価」

※「元の列名をプレフィックスとして使用します」のチェックがある場合、以下のようにクエリ名が項目名の先頭に追加されます。

1.2 F_商品.定価	1.2 F_商品.原価
37500	15375
37500	15375
6700	1407

図3-12　「元の列名をプレフィックスとして使用します」を実行した場合

次に、「割増引金額」項目を追加します。「列の追加」メニューの「カスタム列」をクリックし、以下の計算式のカスタム列を追加します。

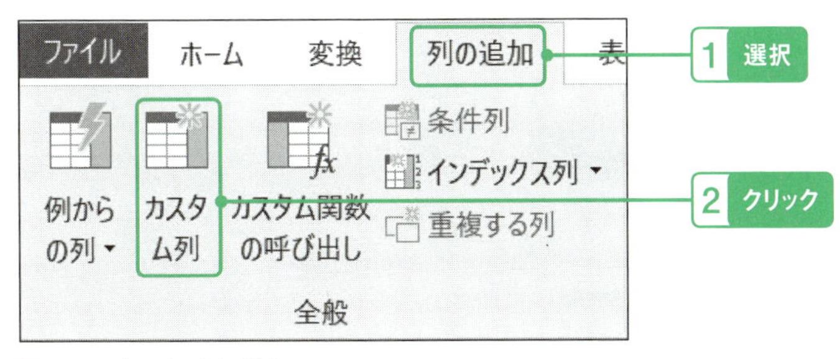

図3-13　カスタム列の追加

割増引金額
＝([販売単価]-[定価])*[販売数量]

図3-14　「割増引金額」カスタム列の設定

「割増引金額」が追加されます。

図3-15　追加された「割増引金額」

データ型が「すべて」型になっているので、「整数」に型変換します。

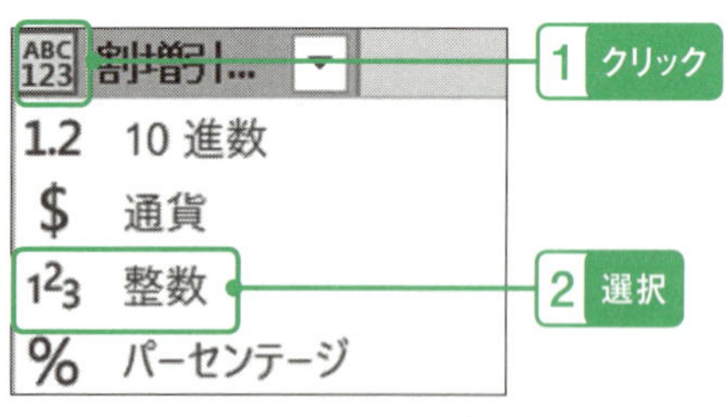

図3-16　「割増引金額」の型を「整数」に変更

図3-17　「整数」型に変換された「割増引金額」

続いて同じ手順でカスタム列の「利益」を追加します。計算式は以下のようになります。

利益
=([販売単価]-[原価])*[販売数量]

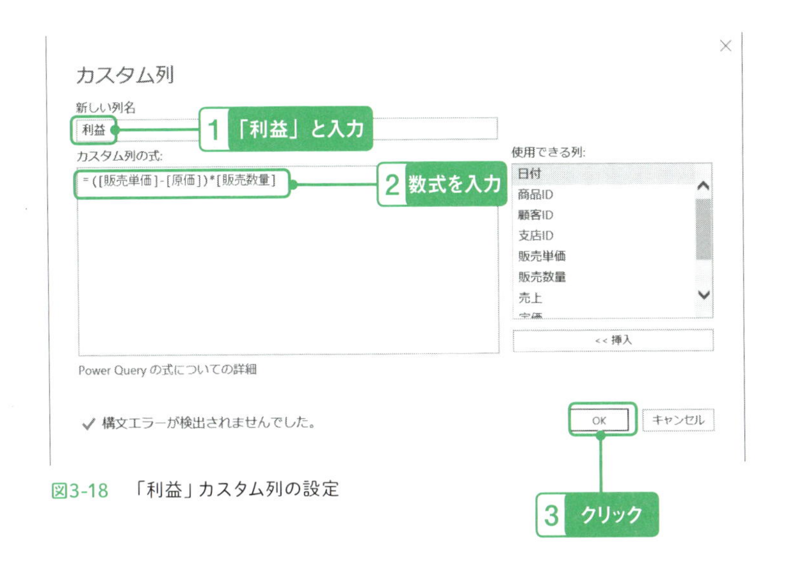

図3-18　「利益」カスタム列の設定

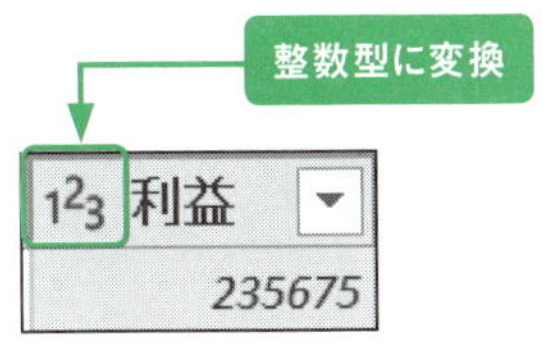

図3-19　「整数」型に変換された「利益」

これで、必要な項目が追加されました。
しかし、ここであえてもう1つ「利益率（明細）」という項目を追加してみます。

利益率(明細)
=[利益]/[売上]

カスタム列

新しい列名

利益率（明細）

1 「利益率（明細）」と入力

カスタム列の式:

= [利益]/[売上]

2 数式を入力

使用できる列:

日付
商品ID
顧客ID
支店ID
販売単価
販売数量
売上

<< 挿入

Power Query の式についての詳細

✓ 構文エラーが検出されませんでした。

OK　キャンセル

3 クリック

図3-20　「利益率（明細）」カスタム列の設定

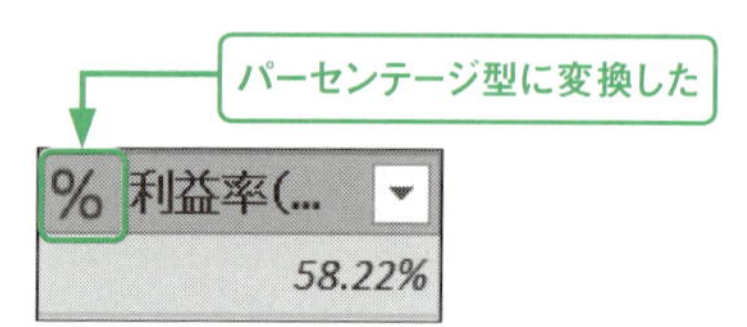

図3-21　「パーセンテージ」型に変換された「利益率（明細）」

これで、必要な自動加工ステップはすべて追加されました。適用したステップをリネームしておいてください。

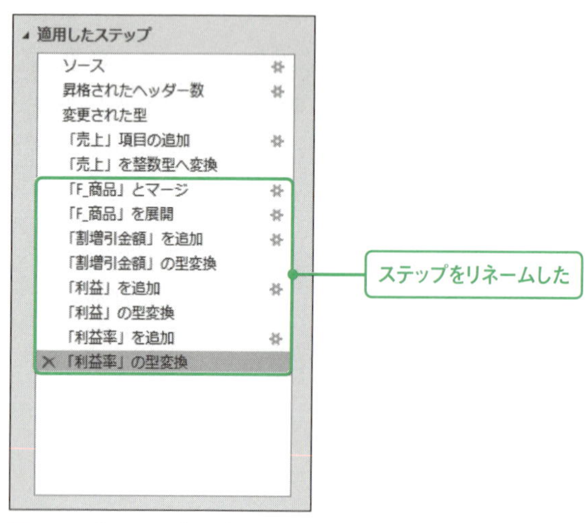

図3-22　各ステップのリネーム

データを取り込む前に「クエリの依存関係」を確認します。

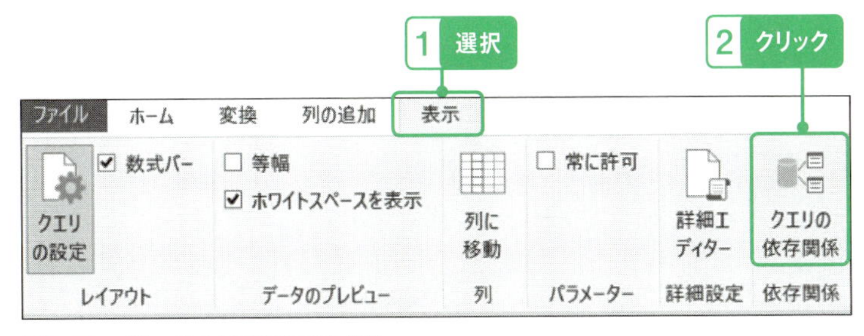

図3-23 「クエリの依存関係」を開く

クエリの依存関係がチャートで表示されますが、このままでは少し見にくいのでレイアウトを「左から右へのレイアウト」に変更します。

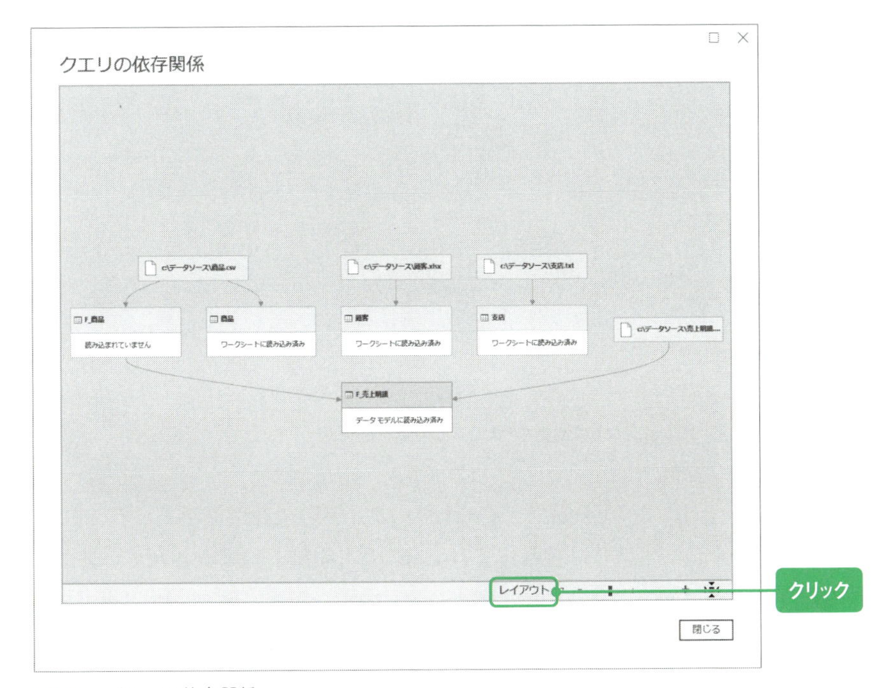

図3-24 クエリの依存関係

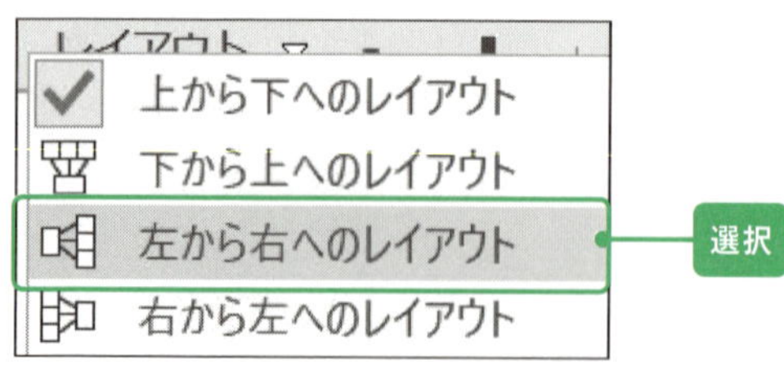

図3-25　「左から右へのレイアウト」を選択

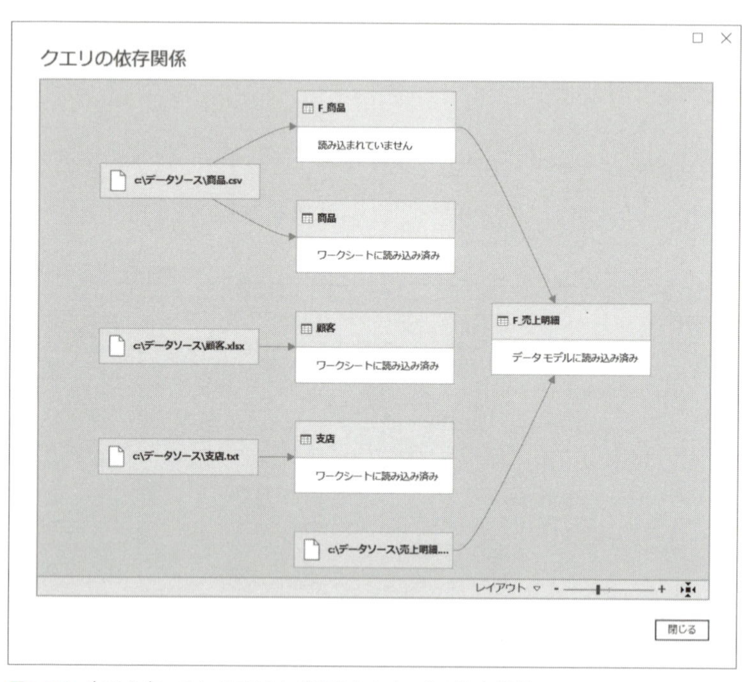

図3-26　左から右へのレイアウトに変更されたクエリの依存関係

このチャートは、このExcelファイル全体のクエリの依存関係を表しています。「商品.csv」が「F_商品」に読み込まれ、「F_売上明細」に結合されていることを確認してください。ここまで確認したら「閉じる」をクリックして「クエリの依存関係」画面を閉じます。

最後に「ホーム」メニューの「閉じて読み込む」を実行して「F_売上明細」データを取り込み直します。

「F_売上明細」テーブルに項目が追加されたことを確認してください。

定価	原価	割増引金額	利益	利益率（明細）
6700	1407	700	37751	0.793088235
37900	31836	228000	349280	0.354239351
32600	28688	0	35208	0.12

図3-27　「F_売上明細」に追加された項目

「商品」まとめテーブルの簡素化

次に、「商品」テーブルから「定価」と「原価」を削除します。「クエリ接続(ブッククエリ)」ペインで「商品」クエリ（「F_商品」ではありません）を右クリックし、「編集」を選びます。Power Queryエディターが開いたら、以下の手順で「定価」と「原価」を削除します。

Ctrlキーを押しながら選択

	ABC 商品ID	ABC 商品カテ...	ABC 商品名	発売日	1.2 定価	1.2 原価
1	P0001	飲料	お茶	2016/04/01	6700	1407
2	P0002	飲料	高級白ワイン	2016/04/01	37500	15375
3	P0003	飲料	白ワイン	2016/04/01	24800	4216

図3-28　「定価」と「原価」項目を選択

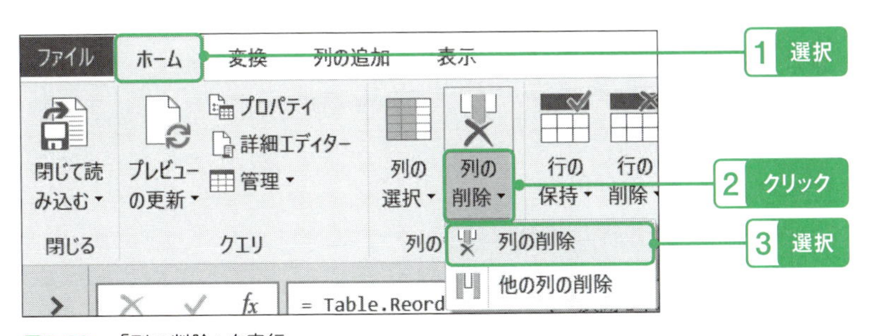

図3-29　「列の削除」を実行

「定価」と「原価」が削除されました。

	ABC 商品ID	ABC 商品カテ...	ABC 商品名	発売日
1	P0001	飲料	お茶	2016/04/01
2	P0002	飲料	高級白ワイン	2016/04/01
3	P0003	飲料	白ワイン	2016/04/01

図3-30　「定価」と「原価」項目が削除されたデータ

「閉じて読み込む」を実行します。

商品ID	商品カテゴリー	商品名	発売日
P0001	飲料	お茶	2016/4/1
P0002	飲料	高級白ワイン	2016/4/1
P0003	飲料	白ワイン	2016/4/1

図3-31　新しい「商品」テーブル

これで「商品」テーブルから数値項目がなくなり、まとめテーブルとして、よりシンプルになりました。

追加項目の確認

これで「とりこむ」ステップは終わりです。最後に「商品別売上推移」シートに移動し、追加項目を確認します。「商品別売上推移表」ピボットテーブルにカーソルを置き、「分析」メニューの「更新」から「すべて更新」を実行して、フィールドリストの追加項目を確認してください。

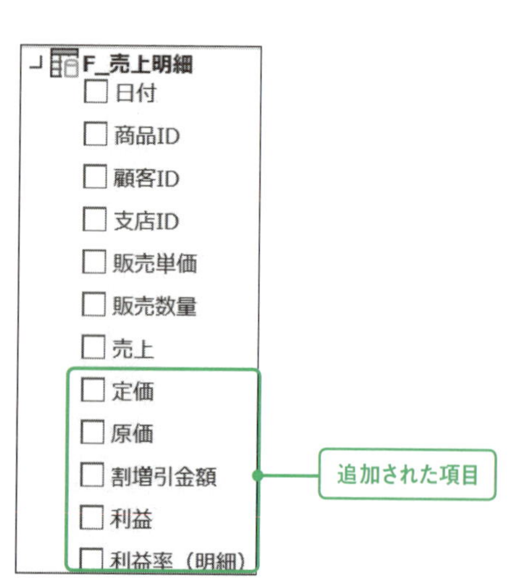

図3-32　「F_売上明細」テーブルに追加された項目

2 利益率のドリルアップ・ダウン

前節では、F_商品クエリとマージして、F_売上明細テーブルに新しい項目を追加しました。本節では、そこで追加された利益を元に、商品カテゴリーや商品名など異なるレベルにドリルアップ・ダウンしても正しく計算できる「利益率」メジャーを作ります。あわせて、比率を計算するときにありがちな間違いの例も紹介します。

「商品別収益性分析」ピボットテーブルの用意

今回は、商品の収益性を分析するピボットテーブルを新たに作成するのではなく、レイアウトが似ている「商品別売上推移」シートを以下の手順でコピーして作ります。

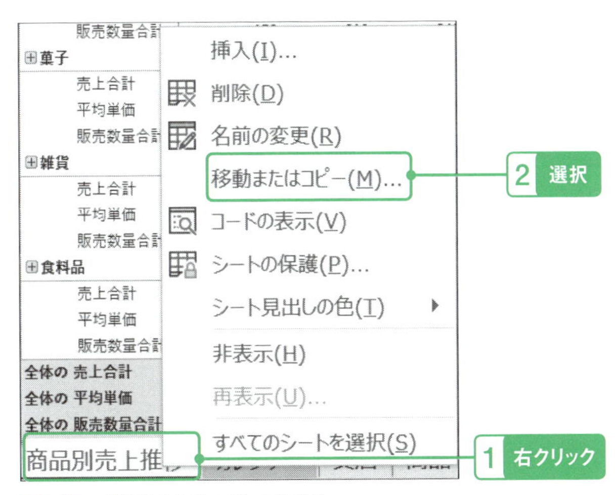

図3-33　「移動またはコピー」を開く

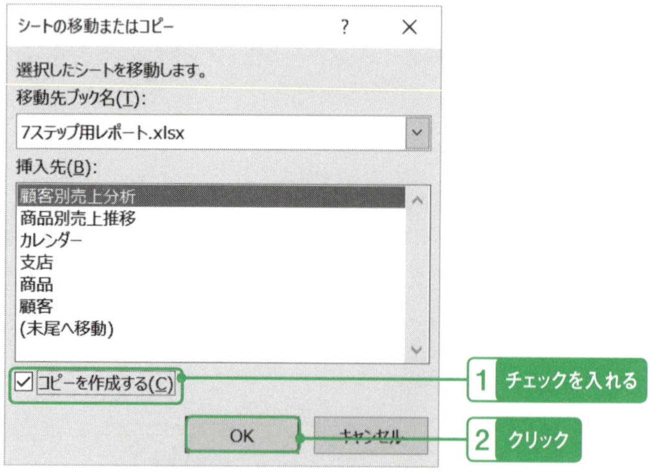

図3-34　「シートの移動またはコピー」の設定

「商品別売上推移（2）」シートが追加されますので、シート名を「商品別収益性分析」に変更します。

図3-35　「商品別収益性分析」にリネーム

次に、シートのタイトル、ピボットテーブルの名前を変更します。A1セルに移動し、「商品別収益性分析」と入力します。また、ピボットテーブル上で右クリックし、「ピボットテーブルオプション」を開いて、ピボットテーブル名を「商品別収益性分析表」に変更します。

ピボットグラフは2つとも使用しないので削除します。

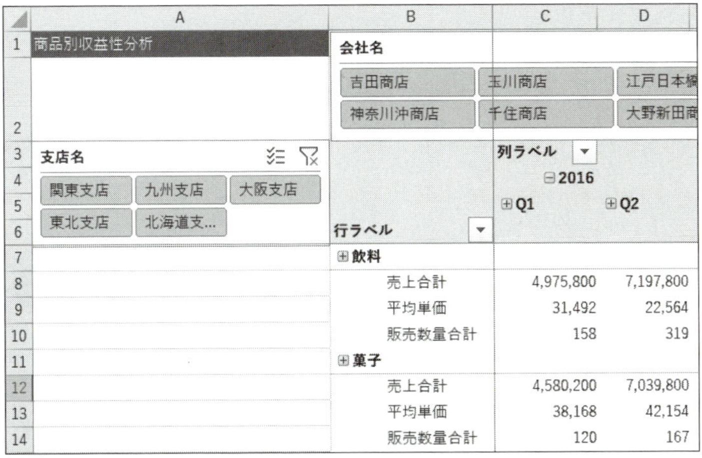

	A	B	C	D
1	商品別収益性分析	会社名		
2		吉田商店 / 玉川商店 / 江戸日本橋 / 神奈川沖商店 / 千住商店 / 大野新田商		
3	支店名		列ラベル	
4	関東支店 / 九州支店 / 大阪支店		⊟2016	
5			⊞Q1	⊞Q2
6	東北支店 / 北海道支...	行ラベル		
7		⊞飲料		
8		売上合計	4,975,800	7,197,800
9		平均単価	31,492	22,564
10		販売数量合計	158	319
11		⊞菓子		
12		売上合計	4,580,200	7,039,800
13		平均単価	38,168	42,154
14		販売数量合計	120	167

図3-36　タイトルを「商品別収益性分析」にしてピボットグラフを消す

「割増引合計」「利益合計」「利益率」メジャーの追加

次に、追加した項目のメジャーを作成します。なお、メジャーとテーブルの項目は同じ名前を使えないので、違う名前を付けます。

まず、「販売数量合計」、「平均単価」をピボットテーブルの値セクションから削除してください。

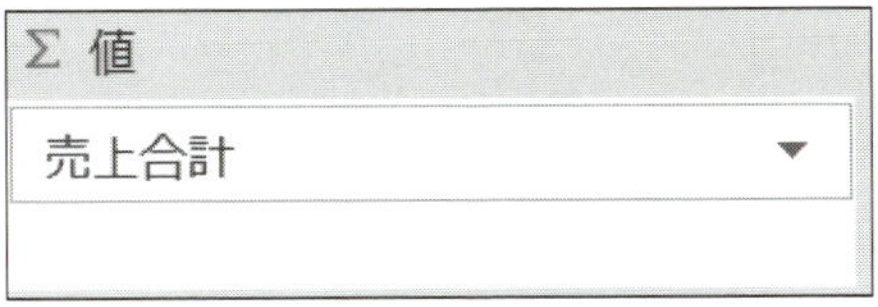

Σ 値

売上合計

図3-37　Σ値には「売上合計」のみを残す

次に、「割増引合計」、「利益合計」、「利益率」のメジャーを追加します。それぞれフィールドセクションの「F_売上明細」テーブルを右クリックし、「メジャーの追加」で作成してください。

割増引合計
=SUM('F_売上明細'[割増引金額])

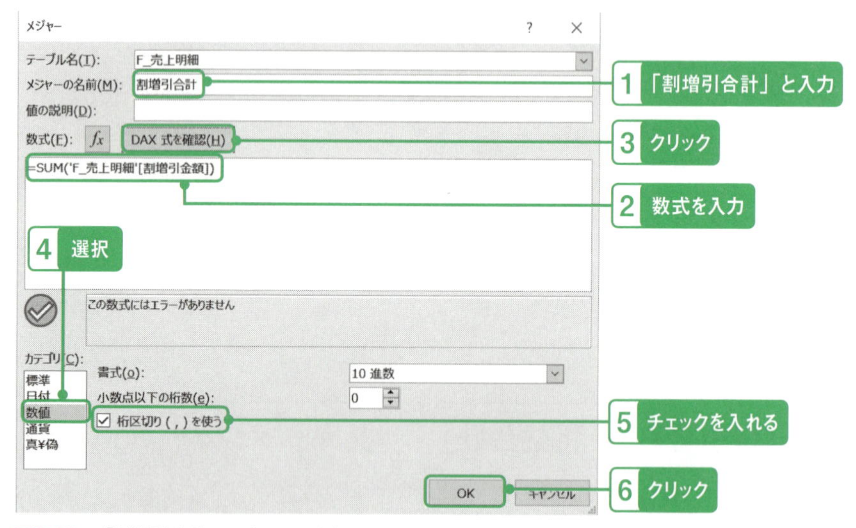

図3-38　「割増引合計」メジャーの設定

利益合計
=SUM('F_売上明細'[利益])

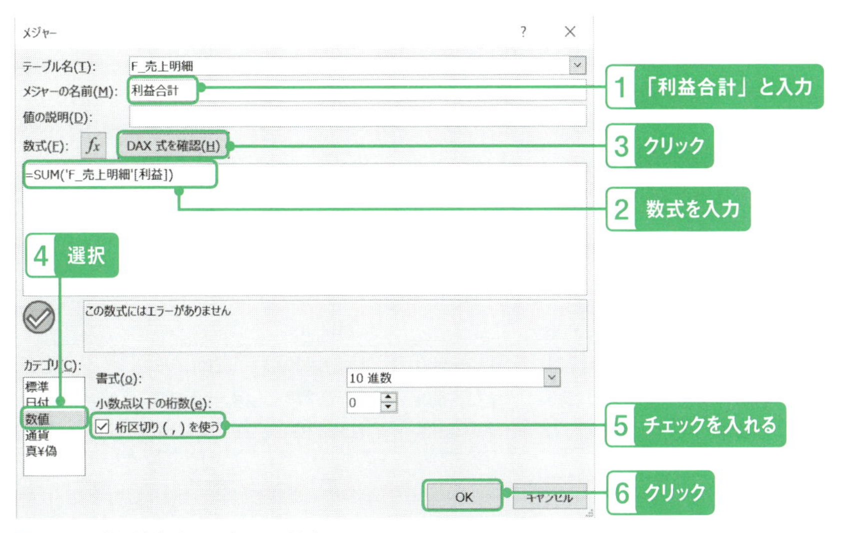

図3-39　「利益合計」メジャーの設定

利益率

=SUM('F_売上明細'[利益率(明細)])

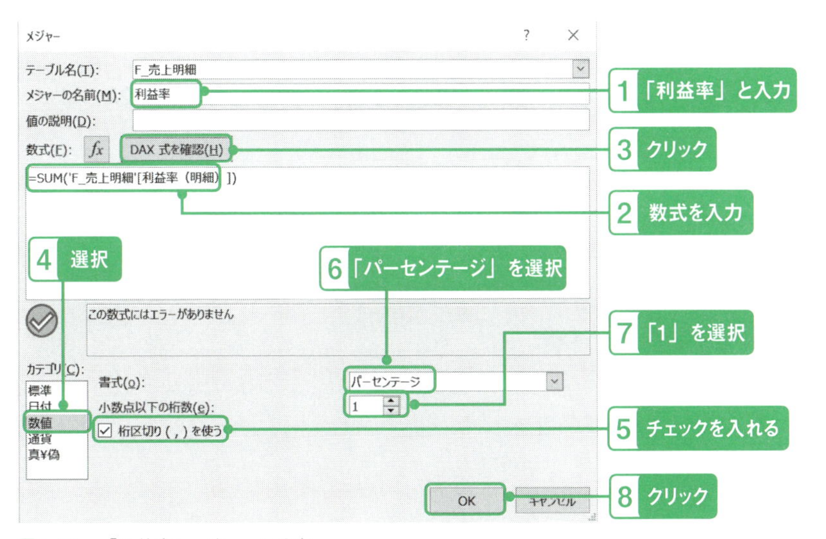

図3-40　「利益率」メジャーの設定

3つのメジャーが作成できたら、ピボットテーブルの値セクションに追加します。

列ラベル				
	⊞2016	⊞2017	⊞2018	総計
行ラベル				
⊞飲料				
売上合計	24,808,800	32,815,200	35,067,400	92,691,400
割増引合計	2,015,300	3,176,500	4,077,900	9,269,700
利益合計	14,057,529	18,113,889	19,789,278	51,960,696
利益率	6,043.6%	7,124.8%	6,195.8%	19,364.2%

図3-41　「商品別収益性分析」テーブル

「会計年度」と「商品カテゴリー」レベルの集計結果を見ると、「割増引合計」、「利益合計」は問題ありませんが、「利益率」が100%を超えてしまっています！例えば、2016年の「飲料」の利益率は14,057,529 / 24,808,800 = 56.7%であるはずですが、6,043.6%となっています。これは1行1行の利益率を単純に合計しているためです。

「利益率」メジャーをドリルアップ・ダウンに対応

正しいアプローチは以下のようになります。

① 行（商品カテゴリー）と列（会計年度）の利益合計を求め、
② 行（商品カテゴリー）と列（会計年度）の売上合計を求め、
③ ① / ②を実行する

①はメジャーの「利益合計」、②は「売上合計」になりますので、「利益率」メジャーの数式を以下の手順で修正します。

図3-42　「利益率」メジャーの編集を開く

メジャーの数式を以下のものに書きかえます。

```
利益率
=DIVIDE([利益合計], [売上合計])
```

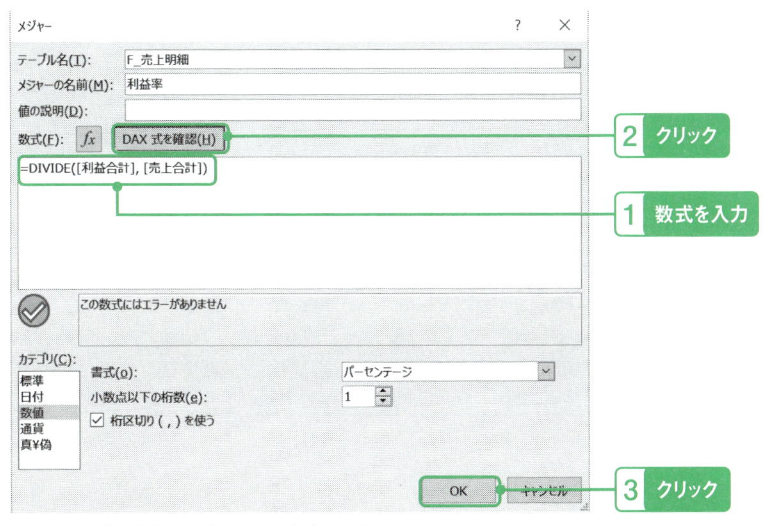

図3-43　「利益率」メジャーの設定（訂正後）

今度は、「商品カテゴリー」のレベルでも「商品名」のレベルでも正しく利益率が計算されました。

行ラベル	列ラベル 2016	2017	2018	総計
飲料				
売上合計	24,808,800	32,815,200	35,067,400	92,691,400
割増引合計	2,015,300	3,176,500	4,077,900	9,269,700
利益合計	14,057,529	18,113,889	19,789,278	51,960,696
利益率	56.7%	55.2%	56.4%	56.1%

図3-44 「商品カテゴリー」レベルの「利益率」

飲料				
ウィスキー				
売上合計	3,014,900	7,010,100	6,524,800	16,549,800
割増引合計	15,700	913,900	722,000	1,651,600
利益合計	375,604	1,645,444	1,418,336	3,439,384
利益率	12.5%	23.5%	21.7%	20.8%
オレンジジュース				
売上合計	3,557,300	3,156,800	3,060,700	9,774,800
割増引合計	312,500	104,000	180,700	597,200
利益合計	929,012	684,032	727,900	2,340,944
利益率	26.1%	21.7%	23.8%	23.9%
お茶				
売上合計	586,400	1,406,700	765,500	2,758,600
割増引合計	50,400	127,000	75,400	252,800
利益合計	473,840	1,137,963	620,579	2,232,382
利益率	80.8%	80.9%	81.1%	80.9%

図3-45 商品名レベルの「利益率」

メジャーは、ピボットテーブルやピボットグラフのように変化する文脈の中で集計を行う仕組みです。ですから今回は、絞り込みを受けた「利益」を、同じ絞り込みを受けた「売上合計」で割る計算が正解でした。それによって、ドリルダウン・ドリルアップされても、1つの数式で常に正しい「利益率」を計算することができます。

最後に、「F_売上明細」テーブルの「利益率（明細）」は不要なので、Power Queryエディターでテーブルから削除します。「クエリと接続（ブッククエリ）」ペインの「F_売上明細」を右クリックし、「編集」を選びます。

Power Queryエディターが開いたら適用したステップから『「利益率」の型変換』と『「利益率」の追加』を削除します。

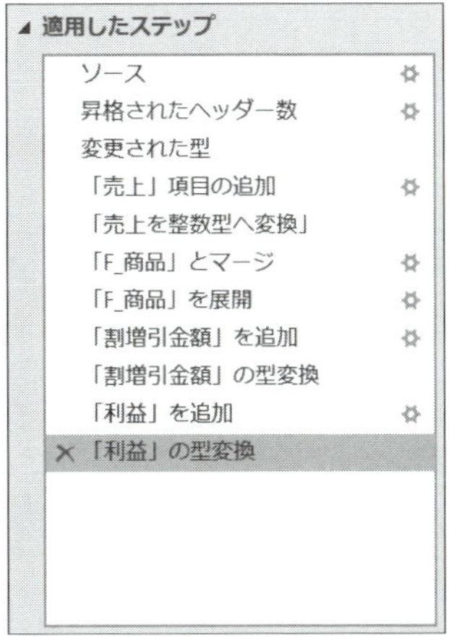

図3-46　「利益率」の追加、「利益率」の型変換を削除したステップ

これでステップの変更は終わりました。「閉じて読み込む」を実行してデータを読み込み直します。

ピボットテーブルを更新して、フィールドセクションから「利益率（明細）」が削除されていることを確認してください。

図3-47　「利益率（明細）」が削除されたフィールドセクション

3 条件付き書式はメジャーに設定

次に、「条件付き書式」を使って利益率に応じてセルの色をハイライトさせます。「条件付き書式」とは、セルの書式をその値によって自動的に設定する機能です。

「条件付き書式」を使用するときは、セルや範囲に適用するのではなく、メジャーに適用する点がポイントです。 ピボットテーブルは「生きた」レポートですから、同じ場所に同じ情報があり続けるとは限りません。もし、セルや範囲に書式を適用してしまうと、検索条件が変わるたびにセルの配置が変わるので、その都度、書式を再設定しなくてはなりません。代わりに、メジャーに書式を設定することで、セルの場所が変わっても正しく書式を適用できます。

まずは、ピボットテーブルの「利益率」にカーソルを置いてください。

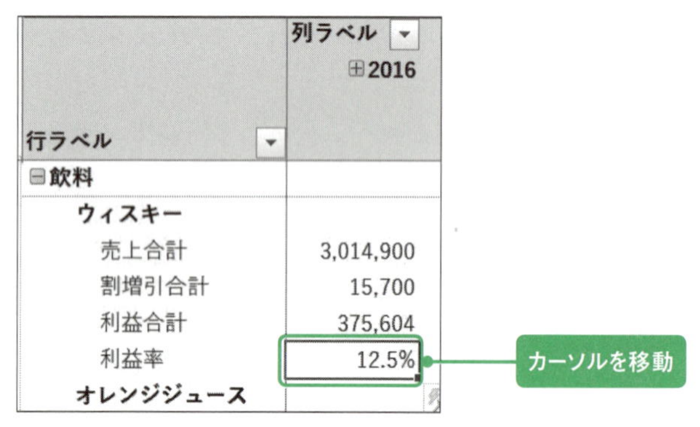

図3-48　ピボットテーブルの「利益率」を選択

次に、「ホーム」メニューから以下の手順で「ルールの管理」画面を開きます。

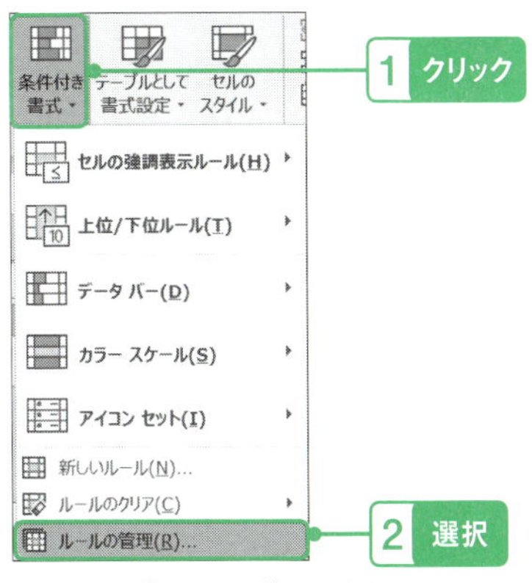

図3-49　「ルールの管理」を開く

「条件付き書式ルールの管理」画面が開きます。「書式ルールの表示」が「このピボットテーブル」になっていることを確認して「新規ルール」ボタンをクリックしてください。

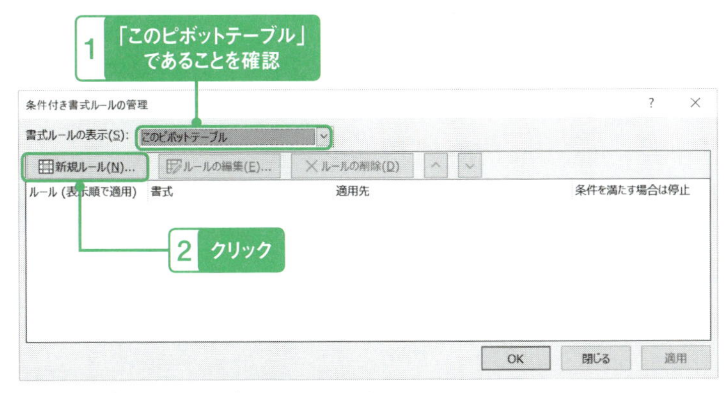

図3-50　「新規ルール」ボタンをクリックする

「新しい書式ルール」画面が開くので、以下の設定にしてください。

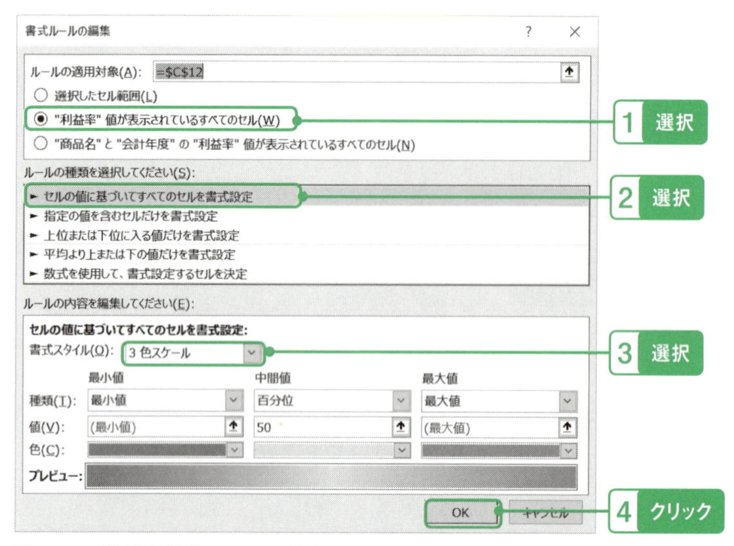

図3-51 「新しい書式ルール」の設定

「条件付き書式ルールの管理」に新しいルールが追加されましたので、「OK」をクリックしてこの画面を閉じてください。

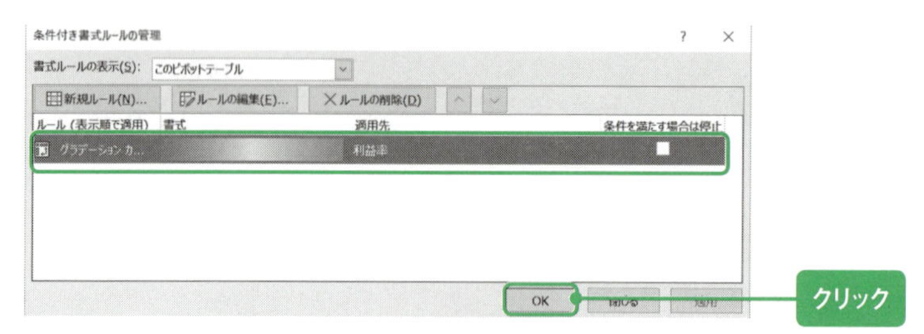

図3-52 ルールが追加された「ルールの管理」画面

「利益率」のセルがその値の大きさによってハイライトされました。

	列ラベル			
	2016	2017	2018	総計
行ラベル				
飲料				
ウィスキー				
売上合計	3,014,900	7,010,100	6,524,800	16,549,800
割増引合計	15,700	913,900	722,000	1,651,600
利益合計	375,604	1,645,444	1,418,336	3,439,384
利益率	12.5%	23.5%	21.7%	20.8%
オレンジジュース				
売上合計	3,557,300	3,156,800	3,060,700	9,774,800
割増引合計	312,500	104,000	180,700	597,200
利益合計	929,012	684,032	727,900	2,340,944
利益率	26.1%	21.7%	23.8%	23.9%
お茶				
売上合計	586,400	1,406,700	765,500	2,758,600
割増引合計	50,400	127,000	75,400	252,800
利益合計	473,840	1,137,963	620,579	2,232,382
利益率	80.8%	80.9%	81.1%	80.9%

図3-53　書式ルールが適用された「利益率」

スライサーの選択条件により「利益率」の色が変わることを確認してください。手作業で書式を設定するのは「ワンタイム・レポート」の誤りです。そうならないためにも「条件付き書式」を使って、「生きた」レポートをさらに便利なものにしてください。

4 割合の比較にはレーダーチャート

最後に「商品カテゴリー」、「会計年度」ごとの「利益率」を比較するためのグラフを追加します。上限の決まった「割合」の比較には「レーダーチャート」が適しています。

まず、ピボットテーブルのないA7セルにカーソルを置き、「挿入」メニューから「ピボットグラフ」を追加します。

「ピボットグラフの作成」画面は、以下のように設定します。

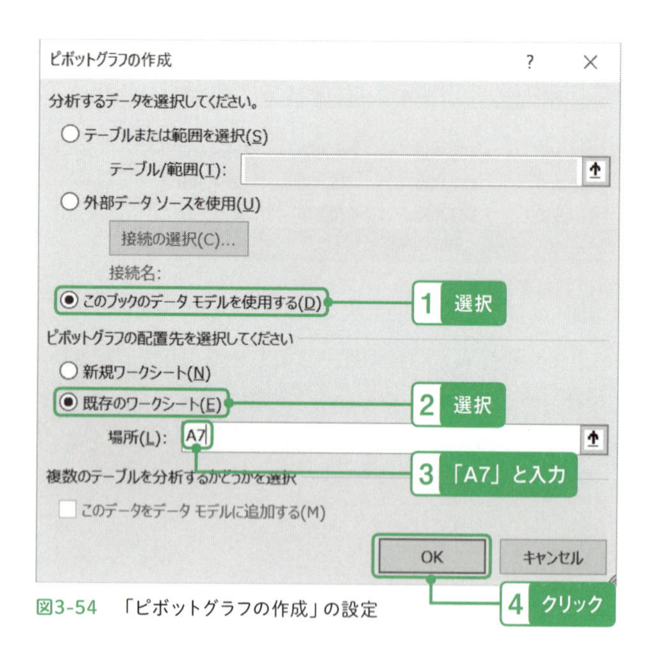

図3-54　「ピボットグラフの作成」の設定

空のピボットグラフが作られたら、右クリックで「ピボットグラフのオプション」を開き、ピボットグラフ名を入力します。

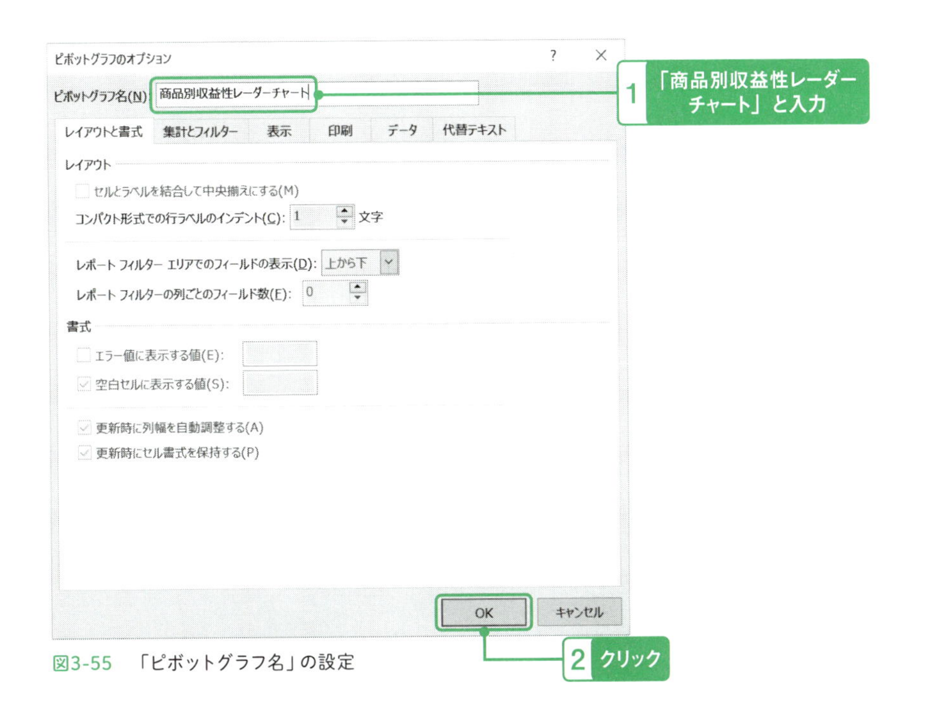

図3-55 「ピボットグラフ名」の設定

次に、「デザイン」メニューの「グラフの種類の変更」をクリックし、「レーダー」に設定します。

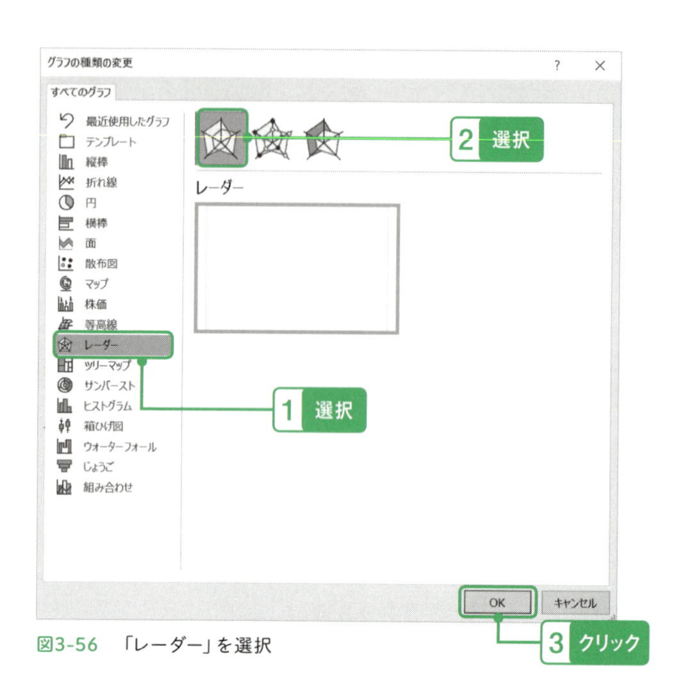

図3-56　「レーダー」を選択

次にピボットグラフを右クリックし、「フィールドリストを表示する」を選び、以下のように設定します。

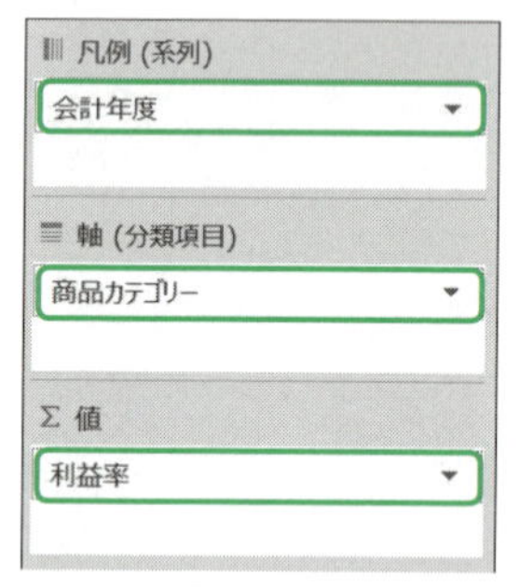

図3-57　「フィールドリスト」の設定

これで、レーダーチャートができました。

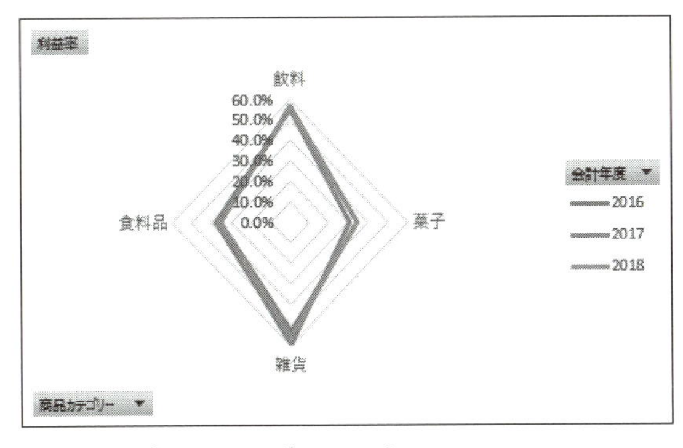

図3-58　作成されたレーダーチャート

次に、「支店名」スライサーを右クリックして、「レポートの接続」を開き、このレーダーチャートをスライサーに結び付けます。

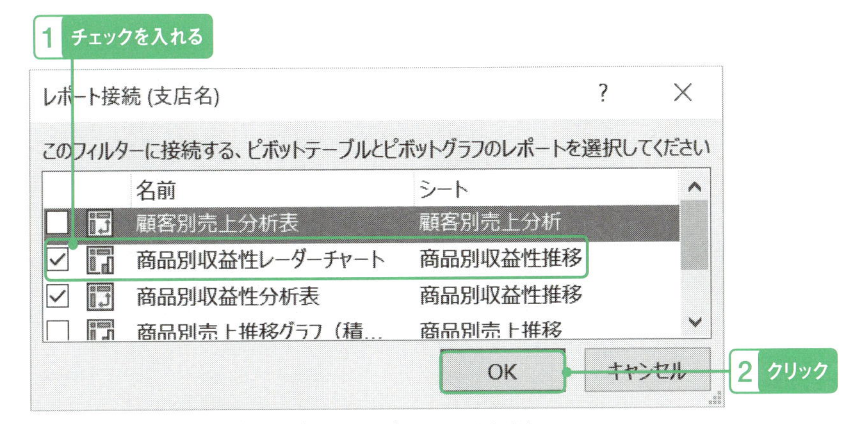

図3-59　「レポート接続（支店名）」にレーダーチャートを追加

同じように、「会社名」スライサーにも追加します。

1 チェックを入れる

レポート接続 (会社名)

このフィルターに接続する、ピボットテーブルとピボットグラフのレポートを選択してください

	名前	シート
☐	顧客別売上分析表	顧客別売上分析
☑	商品別収益性レーダーチャート	商品別収益性推移
☑	商品別収益性分析表	商品別収益性推移
☐	商品別売上推移グラフ（積...	商品別売上推移

OK　キャンセル

2 クリック

図3-60　「レポート接続（会社名）」にレーダーチャートを追加

最後に、A列に収まるようにレーダーチャートの幅を調整します。

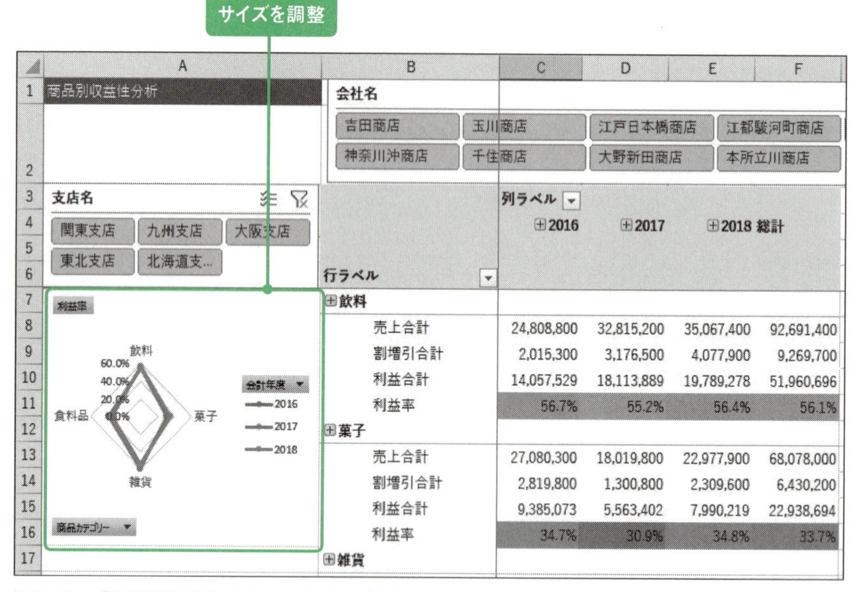

行ラベル	2016	2017	2018	総計
⊞飲料				
売上合計	24,808,800	32,815,200	35,067,400	92,691,400
割増引合計	2,015,300	3,176,500	4,077,900	9,269,700
利益合計	14,057,529	18,113,889	19,789,278	51,960,696
利益率	56.7%	55.2%	56.4%	56.1%
⊞菓子				
売上合計	27,080,300	18,019,800	22,977,900	68,078,000
割増引合計	2,819,800	1,300,800	2,309,600	6,430,200
利益合計	9,385,073	5,563,402	7,990,219	22,938,694
利益率	34.7%	30.9%	34.8%	33.7%
⊞雑貨				

図3-61　「商品別収益性分析」レポートの完成

これでレポートは完成です。スライサーを選択し、ピボットグラフとピボットテーブルが連動して変化することを確認してください。

［第4章］

商品カテゴリー・商品別の売上割合

本章からは、「かぞえる」ステップの「メジャー」と
「DAX」が主役のシナリオです。
DAXは、Excel関数のように固定したセルを
インプット情報として使わず、インタラクティブ・レポートの
変化する行や列の項目の組み合わせを受け取って、
その場その場で柔軟に計算の仕方を変えるのが特徴です。

アクセスキー **p**（小文字のピー）

1 総計に対する割合

まずは、売上の「総計に対する、各商品カテゴリーの割合」の計算について考えます。この売上の計算は、以下の式で求められます。

①商品カテゴリーの売上小計 ／ ②商品カテゴリーの売上総計

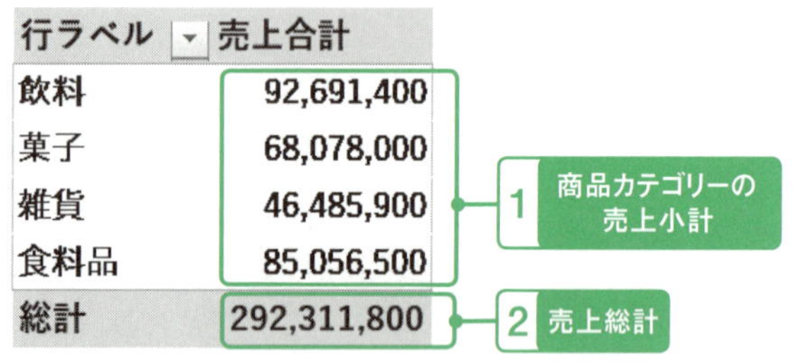

行ラベル	売上合計
飲料	92,691,400
菓子	68,078,000
雑貨	46,485,900
食料品	85,056,500
総計	292,311,800

図4-1　商品カテゴリーごとの売上小計と売上総計

したがって、1つの値セルで①、②の情報があれば計算ができます。①については、すでに各行で取得できており、②については、行末に「総計」として表示されています。

課題として、『この①、②の値を、1つの「メジャー」で同時に参照できるか？』という点をクリアすれば計算できます。①については問題ありませんが、②については、「商品カテゴリー」の選択条件（フィルターコンテキスト）を解除する必要があります。今回は、このように**ピボットテーブルの値セルの選択条件＝「フィルターコンテキスト」を解除する**テクニックがテーマです。

「商品カテゴリー別売上割合」ピボットテーブルの用意

まずはピボットテーブルを用意します。

◎ピボットテーブルの作成

「商品カテゴリー別売上割合」という、新しいシートを追加します。

商品カテゴリー別売上割合

図4-2 「商品カテゴリー別売上割合」シートの追加

まず、「商品カテゴリー」ごとの売上合計を出します。B3セルにカーソルを移動し「挿入」メニューの「ピボットテーブル」をクリックし、新しいピボットテーブルを作ります。

「分析するデータを選択してください」には「このブックのデータモデルを使用する」を選び、「OK」をクリックします。また、「ピボットテーブルオプション」でピボットテーブル名を「商品カテゴリー別売上割合表」にしてください。

フィールドセクションではF_売上明細テーブルの「売上合計」メジャーを値セクションに、商品テーブルの「商品カテゴリー」を行セクションにドロップします。

行ラベル	売上合計
飲料	92,691,400
菓子	68,078,000
雑貨	46,485,900
食料品	85,056,500
総計	292,311,800

図4-3 「商品カテゴリー別売上割合」ピボットテーブルの作成

「連鎖選択」の流れ

まずは、実際にメジャーを作る前に「それぞれの値セルで、どのように集計が行われているのか？」について、一歩一歩明らかにしていきます。

◎連鎖選択について

現在のピボットテーブルの集計結果は、以下のとおりです。

行ラベル	売上合計
飲料	92,691,400
菓子	68,078,000
雑貨	46,485,900
食料品	85,056,500
総計	292,311,800

図4-4　オリジナルのピボットテーブル

こちらに関して、実際にそれぞれのテーブルの項目がどのような順番で選択されているのか＝「連鎖選択」について、Excelのフィルター機能を使って説明していきます。

まず、ピボットテーブルの1行目左側に「商品カテゴリー」の「飲料」が表示されています。「商品カテゴリー」は商品テーブルの1項目ですので、商品シートに移動し、商品テーブルの「商品カテゴリー」のフィルターで「飲料」を選択してください。

クリック

商品ID	商品カテゴリー	商品名	発売日
P0001	飲料	お茶	2016/4/1

図4-5　「商品」テーブルのフィルター

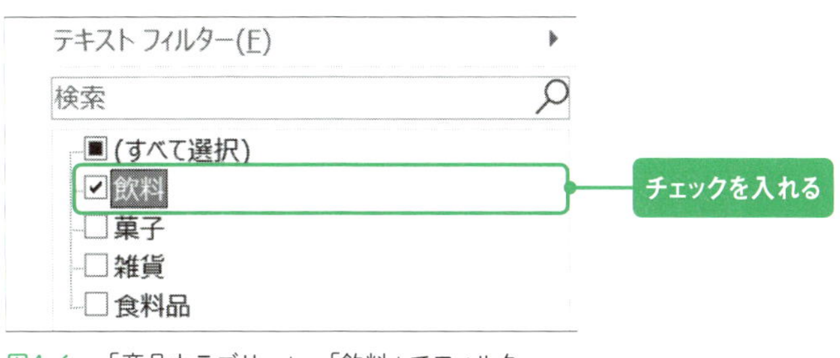

図4-6　「商品カテゴリー」=「飲料」でフィルター

商品ID	商品カテゴリー	商品名	発売日
P0001	飲料	お茶	2016/4/1
P0002	飲料	高級白ワイン	2016/4/1
P0003	飲料	白ワイン	2016/4/1
P0004	飲料	シャンパン	2016/4/1
P0005	飲料	ミネラルウォーター	2016/4/1
P0006	飲料	ウィスキー	2016/4/1
P0007	飲料	高級赤ワイン	2016/4/1
P0008	飲料	赤ワイン	2016/7/23
P0009	飲料	オレンジジュース	2016/10/1

図4-7　「飲料」でフィルターした商品テーブル

これで「商品カテゴリー」＝「飲料」のデータに絞り込まれました。このとき、商品テーブルとF_売上明細テーブルをリレーションシップで結びつける、「商品ID」に目を向けます。「商品ID」の値を見ると、P0001～P0009の値が存在することが分かります。

これで、「商品ID」が特定できましたので、今度はF_売上明細テーブルを確認します。「F_売上明細」シートを開き、同様にF_売上明細テーブルの「商品ID」でP0001～P0009のフィルターをかけます。

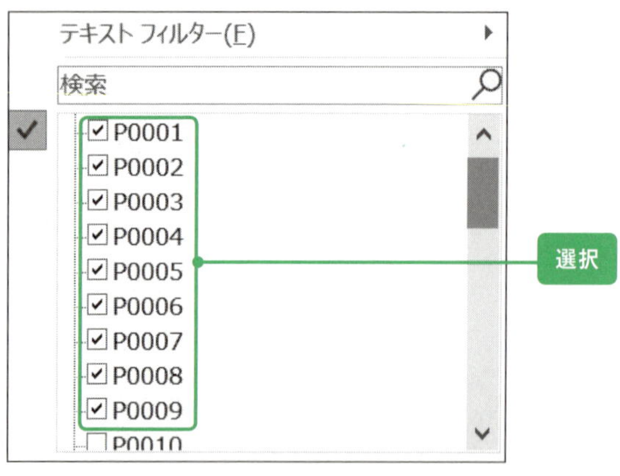

図4-8　商品ID＝P0001～P0009でフィルター

日付	商品ID	顧客ID	支店ID	販売単価	販売数量	売上	定価	原価	割増引金額	利益
2016/4/25	P0001	C0005	B003	6800	7	47600	6700	1407	700	37751
2016/4/15	P0006	C0018	B003	32600	9	293400	32600	28688	0	35208
2016/4/26	P0007	C0003	B003	45200	6	271200	49700	20874	-27000	145956

図4-9　商品ID＝P0001～P0009でフィルターされた「F_売上明細」

これで数字テーブルである「F_売上明細」が絞り込まれました。メジャーの「売上合計」は「売上」項目の合計なので、「売上」の合計を確認します。「売上」のあるG列を選択し、Excel画面右下の「ステータスバー」の「合計」を確認してください。

クリック

F	G	H	I	J	K
販売数量	売上	定価	原価	割増引金額	利益
7	47600	6700	1407	700	37751
9	293400	32600	28688	0	35208
6	271200	49700	20874	-27000	145956

図4-10　「売上」項目のあるG列全体を選択

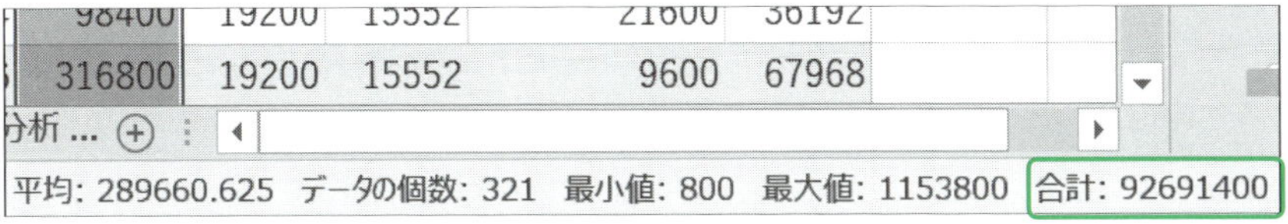

98400	19200	15552	21600	36192
316800	19200	15552	9600	67968

分析 ...

平均: 289660.625　データの個数: 321　最小値: 800　最大値: 1153800　合計: 92691400

図4-11　ステータスバーで「合計」を確認

合計が「92691400」となっており、ピボットテーブルの商品カテゴリー＝「飲料」の売上合計「92,691,400」と値が一致しています。

行ラベル	売上合計
飲料	92,691,400
菓子	68,078,000
雑貨	46,485,900
食料品	85,056,500
総計	292,311,800

図4-12　「商品カテゴリー別売上割合」ピボットテーブル

ここまでの流れを整理すると、ピボットテーブルでは以下のような選択が連鎖的に働いて、最終的な数字項目の集計がされていることが分かりました。

「売上合計」までの連鎖選択の流れ

① ピボットテーブル行：まとめテーブル項目の選択（商品カテゴリー）
② まとめテーブルのリレーションシップ項目の選択（商品ID）
③ 数字テーブルのリレーションシップ項目の選択（商品ID）
④ 数字テーブルの数字項目の選択（売上）
⑤ 数字テーブルの数字項目の集計（売上合計）

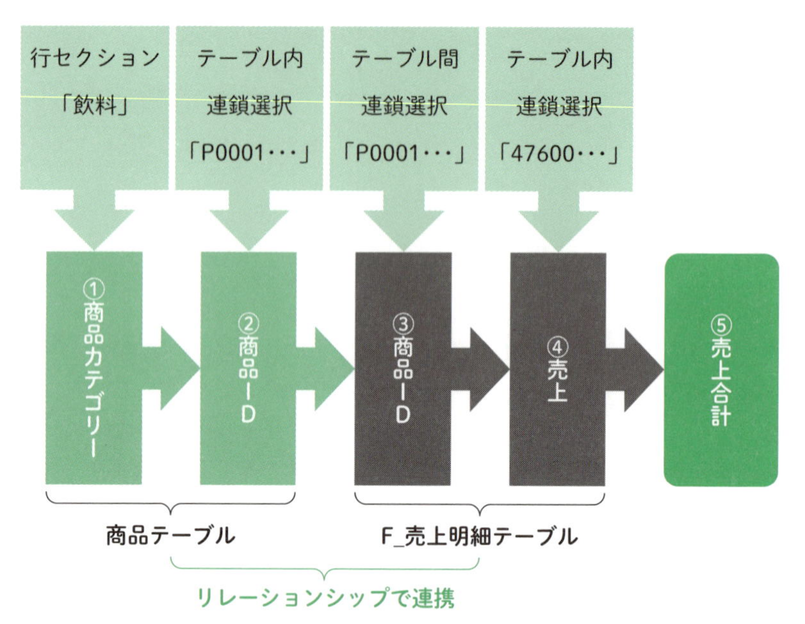

図4-13　「商品カテゴリー＝飲料」から「売上合計」までの連鎖選択の流れ

このように、「ピボットテーブルで選択された、まとめテーブルの項目から、数字テーブルの数字項目まで、データが順に選択されていく過程」のことを**連鎖選択**（フィルタープロパゲーション）といい、この選択条件のことを**フィルターコンテキスト**といいます。さらに次のステップで、このフィルターコンテキストを加工しますが、加工する前の最初の選択条件のことを**オリジナル・フィルターコンテキスト**といいます。今回の商品カテゴリーごとの売上合計は、このオリジナル・フィルターコンテキストに沿った通常の集計となります。

「商品」テーブルの選択条件を解除して「総計」を出す

ここまで通常の連鎖選択について説明してきました。ここからは、売上の総計を得るために、「商品」テーブルの選択条件（フィルターコンテキスト）を解除した売上合計を計算します。手順として、①「商品」テーブルの選択条件を解除して、②解除された「商品テーブル」を「売上合計」メジャーに当てはめるという2つのプロセスになります。

まず、①「商品」テーブルの選択条件（フィルターコンテキスト）を解除します。これには、「ALL」というDAX関数を使います。

書式

ALL(<テーブル>)または、ALL(<テーブルの項目名>)

アウトプット

テーブル

関数のインプットである引数として「テーブル」または「テーブルの項目名」を渡すと、「フィルターコンテキストの選択条件をすべて解除したテーブル」を出力します。

今回のレポートでは、「商品」テーブルの選択をすべて解除するので、以下の式になります。

```
ALL('商品')
```

これで、値セルがどこにあろうと**「商品」テーブルにかけられたフィルターをすべて解除したテーブル**を得ることができます。

次に、②解除された商品テーブルを「売上合計」メジャーに当てはめます（フィルターコンテキストの上書き）。これには、「CALCULATE」を使います。

書式

CALCULATE (<式>, <フィルター1>, <フィルター2>…)

アウトプット

<フィルター1>, <フィルター2>の絞り込みを受けた<式>の計算結果

<式>には集計をするための計算式を渡します。今回の例では「売上合計」メジャーを渡します。<フィルター1>、<フィルター2>については、絞り込みを行う条件、またはテーブルを渡します。今回は①で用意したALL('商品')を渡します。

```
CALCULATE([売上合計], ALL('商品'))
```

これで式ができました。今回の連鎖選択の流れを図示すると、以下のようになります。

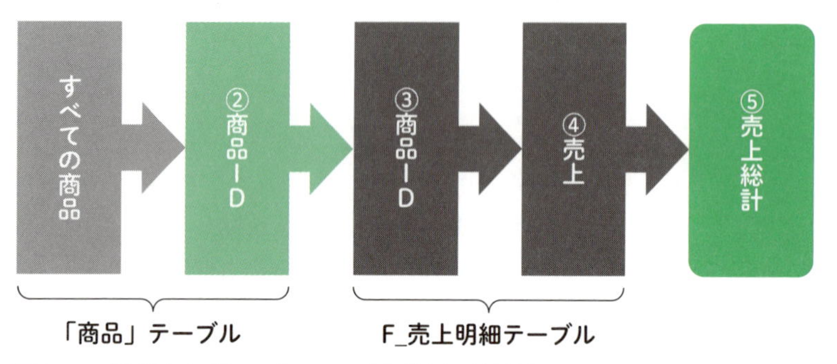

図4-14 「商品カテゴリー=すべて」に差し替えた連鎖選択

これをメジャーとして定義し、値セクションに追加します。フィールドセクションの「F_売上明細」を右クリックし、「メジャーの追加」を選んで、以下のメジャーを作ります。

```
商品売上総計
= CALCULATE([売上合計], ALL('商品'))
```

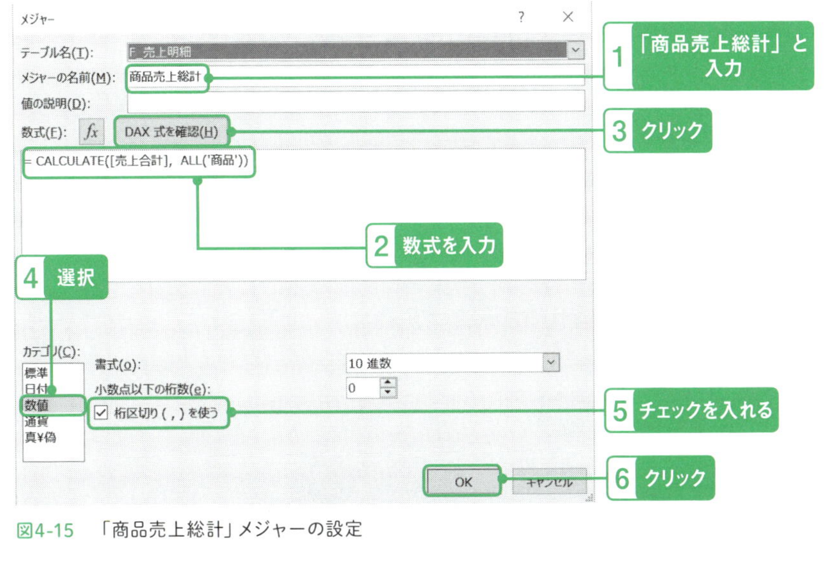

図4-15　「商品売上総計」メジャーの設定

☐ *fx* 利益率
☐ *fx* 商品売上総計

図4-16　「商品売上総計」が追加

作成した「商品売上総計」メジャーをピボットテーブルの「値セクション」に追加してください。

行ラベル	売上合計	商品売上総計
飲料	92,691,400	292,311,800
菓子	68,078,000	292,311,800
雑貨	46,485,900	292,311,800
食料品	85,056,500	292,311,800
総計	292,311,800	292,311,800

一致

図4-17　「売上」の合計と「商品売上総計」が一致

各行の「商品売上総計」と「売上合計」の総計が一致していることを確認してください。これで商品売上総計の値を各行で取得することができました。

「総計」に対する「商品カテゴリー」の割合を出す

次に、割合を出すために「売上合計」を「商品売上総計」で割ります。

フィールドセクションの「F_売上明細」を右クリックし、「メジャーの追加」を選んで以下のメジャーを追加します。

```
商品カテゴリー割合
= DIVIDE([売上合計], [商品売上総計])
```

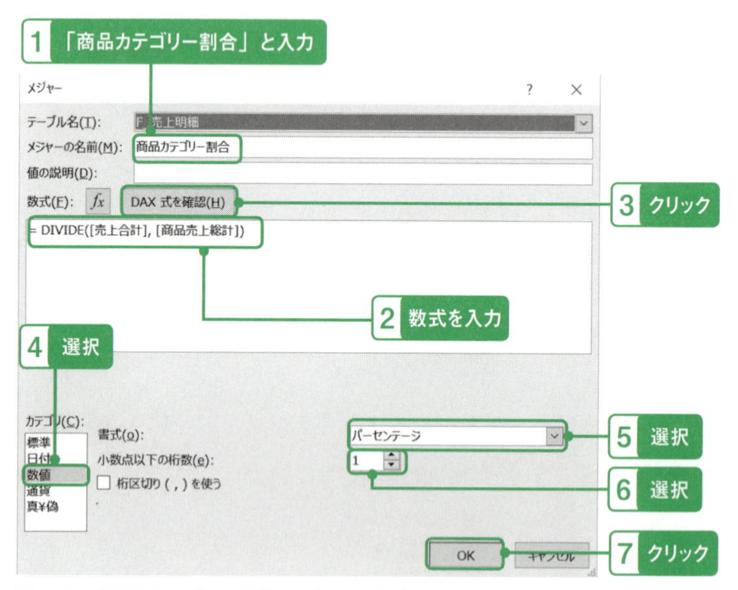

図4-18　「商品カテゴリー割合」メジャーの設定

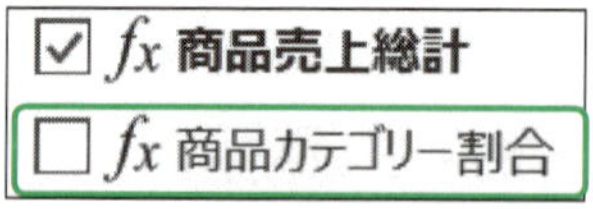

☑ *fx* **商品売上総計**
☐ *fx* 商品カテゴリー割合

図4-19　「商品カテゴリー割合」が追加

作成した「商品カテゴリー割合」メジャーをピボットテーブルの「値セクション」に追加します。

行ラベル	売上合計	商品売上総計	商品カテゴリー割合
飲料	92,691,400	292,311,800	31.7%
菓子	68,078,000	292,311,800	23.3%
雑貨	46,485,900	292,311,800	15.9%
食料品	85,056,500	292,311,800	29.1%
総計	292,311,800	292,311,800	100.0%

図4-20　行ごとに「商品カテゴリー割合」が集計

これで、晴れて「商品カテゴリー」ごとの売上割合が計算できました。商品カテゴリー割合の総計がきちんと100.0%になっていることを確認してください。

スライサーと選択条件の解除

今回、ALLにより「商品」の選択条件をすべて解除しました。この状態ではほかのテーブルの絞り込みを追加するとどうなるでしょうか？

まず、フィールドセクションのカレンダーテーブルの「会計年度」と商品テーブルの「商品カテゴリー」を右クリックし、「スライサーとして追加」を選んで、2つのスライサーを追加します。

会計年度: 2016 / 2017 / 2018 / 2019

商品カテゴ...: 飲料 / 菓子 / 雑貨 / 食料品

行ラベル	売上合計	商品売上総計	商品カテゴリー割合
飲料	92,691,400	292,311,800	31.7%
菓子	68,078,000	292,311,800	23.3%
雑貨	46,485,900	292,311,800	15.9%
食料品	85,056,500	292,311,800	29.1%
総計	292,311,800	292,311,800	100.0%

図4-21　「会計年度」「商品カテゴリー」スライサーを追加

スライサーが追加されたら、試しに「会計年度」スライサーの「2016」ボタンをクリックしてみてください。

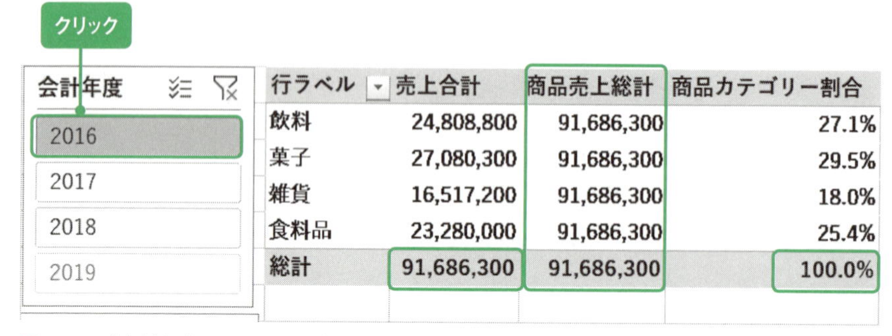

行ラベル	売上合計	商品売上総計	商品カテゴリー割合
飲料	24,808,800	91,686,300	27.1%
菓子	27,080,300	91,686,300	29.5%
雑貨	16,517,200	91,686,300	18.0%
食料品	23,280,000	91,686,300	25.4%
総計	91,686,300	91,686,300	100.0%

図4-22　「会計年度」スライサーの絞り込みを受けた結果

「総計」の値が変化し、その総計に対する商品カテゴリー割合が正しく計算されました。ここで「商品売上総計」メジャーの数式をもう一度、確認してみます。

```
商品売上総計
= CALCULATE([売上合計], ALL('商品'))
```

こちらを見ると、**「商品」テーブルはALLで囲まれていますが、「カレンダー」テーブルは登場していません。つまり、「商品」テーブル以外の絞り込みは引き続き有効なのです。**それが確認できたので「会計年度」のスライサーはいったん解除してください。

※ちなみに「売上合計」に関するすべての選択条件を解除するにはALL('F_売上明細')を使います。連鎖選択の終端の数字テーブルのフィルターコンテキストを解除することで、すべての連鎖選択を無効にできます。

それでは、次に「商品カテゴリー」による絞り込みを確認しましょう。試しに「商品カテゴリー」スライサーの中から「飲料」と「菓子」を選択してみてください。

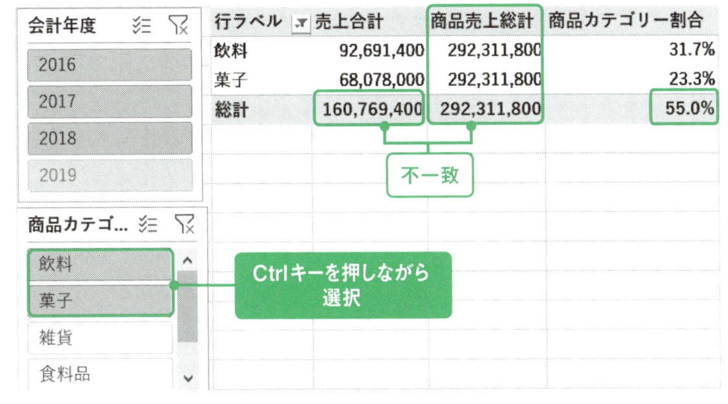

図4-23　「商品カテゴリー」スライサーの絞り込みを受けた結果

すると、行には「飲料」と「菓子」のみが表示されますが、「商品売上総計」の値は相変わらず「292,311,800」のままで、スライサーの影響を受けていません。これは**ALL('商品')により、「商品」テーブルにかかったフィルターコンテキストがすべて解除されているため**です。さらに「商品カテゴリー割合」の総計を見ると55.0%となり100.0%でありません。

「商品カテゴリー」で絞り込まれた商品のみの割合を見るには「ALL」の代わりに「ALLSELECTED」を使います。フィールドセクション「F_売上明細」の「商品売上総計」メジャーを右クリックし、「メジャーの編集」を選んで、数式を以下のように変更してください。

```
商品売上総計
= CALCULATE([売上合計], ALLSELECTED('商品'))
```

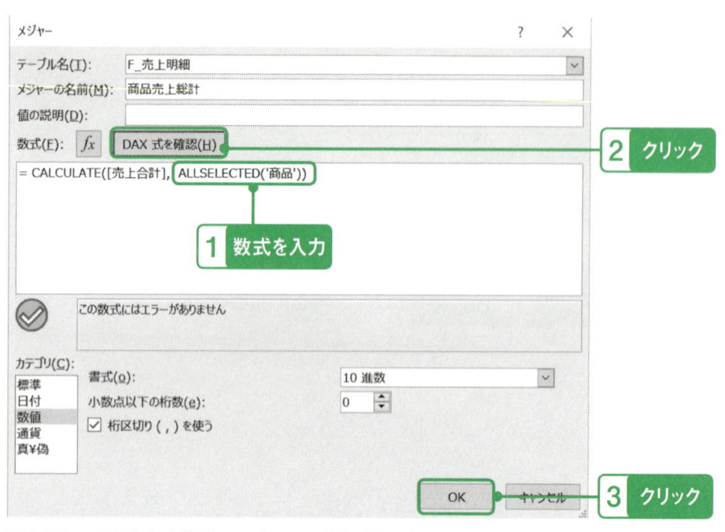

図4-24　「商品売上総計」メジャーの設定（訂正）

今度は、「商品売上総計」の値がスライサーで選択されている「飲料」と「菓子」の合計となり、「商品カテゴリー割合」の合計が100.0%になりました。

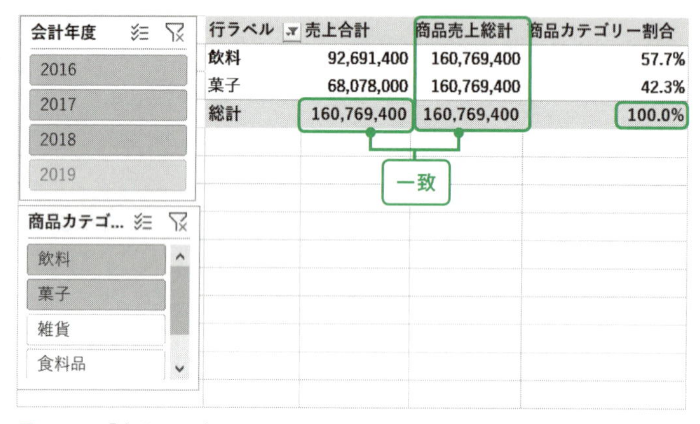

行ラベル	売上合計	商品売上総計	商品カテゴリー割合
飲料	92,691,400	160,769,400	57.7%
菓子	68,078,000	160,769,400	42.3%
総計	160,769,400	160,769,400	100.0%

図4-25　「商品カテゴリー」スライサーの絞り込みを受けた結果

これでスライサーの選択条件を受けた集計が実現できました。

2 小計に対する割合

次に、「商品カテゴリー」の下のレベルに「商品名」項目を追加し、2レベルの割合を集計します。今回は、「商品カテゴリー」の絞り込みを残したまま、「商品名」の絞り込みのみを解除することで、「商品カテゴリー」小計に対する「商品名」の割合を計算します。

ピボットテーブルに「商品名」を追加

まず、行セクションの「商品カテゴリー」の下に「商品名」を追加します。

行ラベル	売上合計	商品売上総計	商品カテゴリー割合
⊟飲料			
ウィスキー	16,549,800	292,311,800	5.7%
オレンジジュース	9,774,800	292,311,800	3.3%
お茶	2,758,600	292,311,800	0.9%
シャンパン	8,204,000	292,311,800	2.8%
ミネラルウォーター	395,200	292,311,800	0.1%
高級赤ワイン	18,292,700	292,311,800	6.3%
高級白ワイン	15,317,200	292,311,800	5.2%
赤ワイン	5,340,800	292,311,800	1.8%
白ワイン	16,058,300	292,311,800	5.5%
⊟菓子			

小計がブランクに

図4-26 「商品カテゴリー」の下に「商品名」を追加

「商品カテゴリー」から「商品名」にドリルダウンすると、「商品カテゴリー」小計がブランクになるので、ピボットテーブルの上にカーソルを置き、「デザイン」メニューを開いて、以下の手順で小計を表示させます。

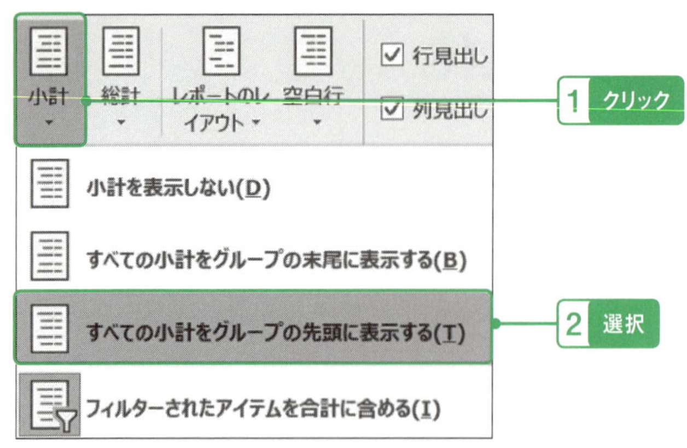

図4-27 「すべての小計をグループの先頭に表示する」を選択

これで「商品カテゴリー」レベルの小計が表示されました。

行ラベル	売上合計	商品売上総計	商品カテゴリー割合
⊟飲料	**92,691,400**	**292,311,800**	**31.7%**
ウィスキー	16,549,800	292,311,800	5.7%
オレンジジュース	9,774,800	292,311,800	3.3%
お茶	2,758,600	292,311,800	0.9%
シャンパン	8,204,000	292,311,800	2.8%
ミネラルウォーター	395,200	292,311,800	0.1%
高級赤ワイン	18,292,700	292,311,800	6.3%
高級白ワイン	15,317,200	292,311,800	5.2%
赤ワイン	5,340,800	292,311,800	1.8%
白ワイン	16,058,300	292,311,800	5.5%
⊟菓子	**68,078,000**	**292,311,800**	**23.3%**

図4-28 小計が表示されたテーブル

「商品名」項目の選択条件を解除して小計を出す

今回は「商品カテゴリー」小計を100%として、それに対する「商品」の割合を計算します。例えば、「飲料」に属する「ウィスキー」の割合は、以下の計算式で計算します。

行ラベル	売上合計
⊟飲料	92,691,400
ウィスキー	16,549,800
オレンジジュース	9,774,800
お茶	2,758,600

図4-29　「飲料」の中の「ウィスキー」

ウィスキーの売上 / 飲料の売上小計 = ウィスキーの割合

```
16,549,800 / 92,691,400 = 17.9%
```

前回は「商品」テーブルのフィルターをすべて解除することで、「総計」を取得しました。今回は、①「商品カテゴリー」のフィルターは残しつつ、かつ、②「商品名」のフィルターは解除することで「商品カテゴリー小計」を計算します。

まずは「商品カテゴリー」、「商品名」という2レベルの連鎖選択の流れについて整理します。

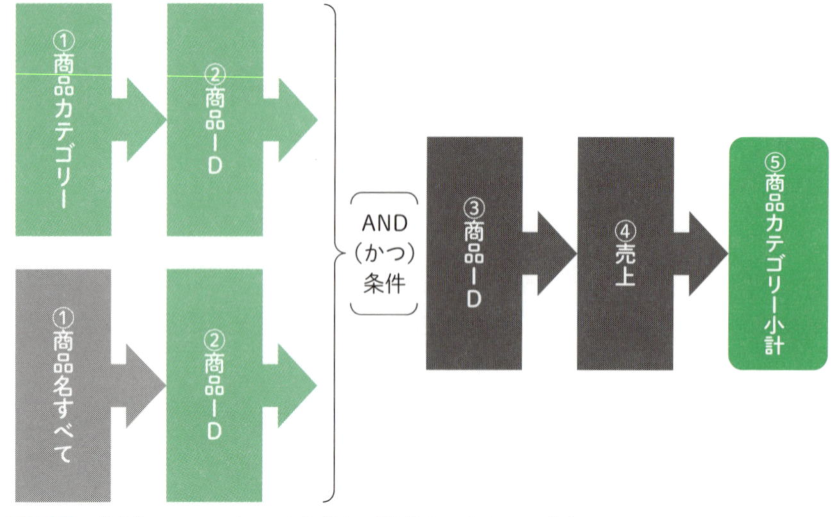

図4-30　「商品」のフィルターのみ無視して「商品カテゴリー」は残す

ピボットテーブルに複数の項目が並んでいる場合、「AND条件（商品カテゴリー＝Xかつ商品名＝Y）」のフィルターが追加されます。

「商品カテゴリー」はピボットテーブルの元の条件＝オリジナル・フィルターコンテキストで絞り込まれているので、「商品名」のフィルターだけ解除すれば、「商品カテゴリー小計」を取得できます。ALL関数およびALLSELECTED関数はテーブルだけでなく、テーブルの1項目も受け取れますので、以下の式で「商品名」のみフィルターを解除します。

```
ALLSELECTED('商品'[商品名])
```

フィールドセクションの「F_売上明細」を右クリックし、「メジャーの追加」を選んで、以下のメジャーを作成し、ピボットテーブルに追加します。

```
商品カテゴリー売上小計
=CALCULATE([売上合計], ALLSELECTED('商品'[商品名]))
```

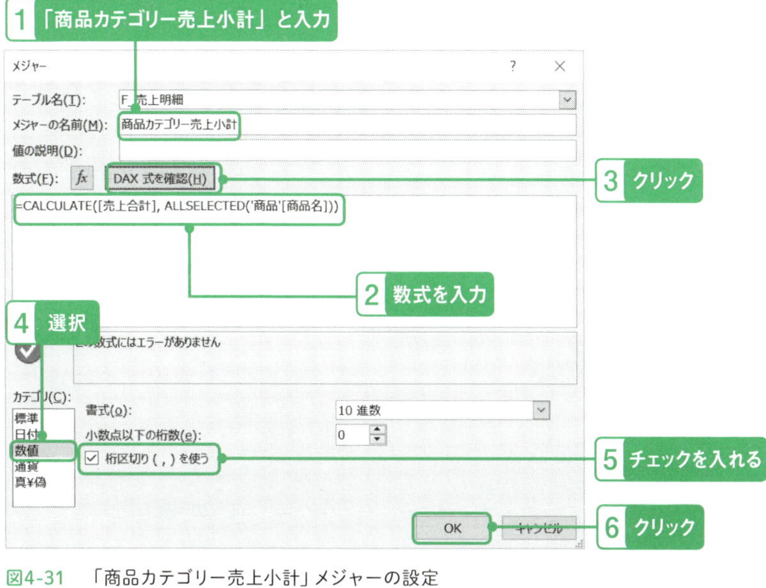

図4-31　「商品カテゴリー売上小計」メジャーの設定

ピボットテーブルの各行で、「商品カテゴリー売上小計」が取得できていることを確認します。

同一の値になっている

行ラベル	売上合計	商品売上総計	商品カテゴリー割合	商品カテゴリー売上小計
⊟飲料	**92,691,400**	**292,311,800**	**31.7%**	**92,691,400**
ウィスキー	16,549,800	292,311,800	5.7%	92,691,400
オレンジジュース	9,774,800	292,311,800	3.3%	92,691,400
お茶	2,758,600	292,311,800	0.9%	92,691,400
シャンパン	8,204,000	292,311,800	2.8%	92,691,400
ミネラルウォーター	395,200	292,311,800	0.1%	92,691,400
高級赤ワイン	18,292,700	292,311,800	6.3%	92,691,400
高級白ワイン	15,317,200	292,311,800	5.2%	92,691,400
赤ワイン	5,340,800	292,311,800	1.8%	92,691,400
白ワイン	16,058,300	292,311,800	5.5%	92,691,400
⊞菓子	**68,078,000**	**292,311,800**	**23.3%**	**68,078,000**
⊞雑貨	**46,485,900**	**292,311,800**	**15.9%**	**46,485,900**
⊞食料品	**85,056,500**	**292,311,800**	**29.1%**	**85,056,500**
総計	**292,311,800**	**292,311,800**	**100.0%**	**292,311,800**

図4-32　「商品売上小計」を各行に表示

「小計」に対する「商品」の割合

次に、フィールドセクションの「F_売上明細」を右クリックし、「メジャーの追加」を選んで以下のメジャーを作成し、ピボットテーブルに追加します。

```
商品売上小計割合
=DIVIDE([売上合計], [商品カテゴリー売上小計])
```

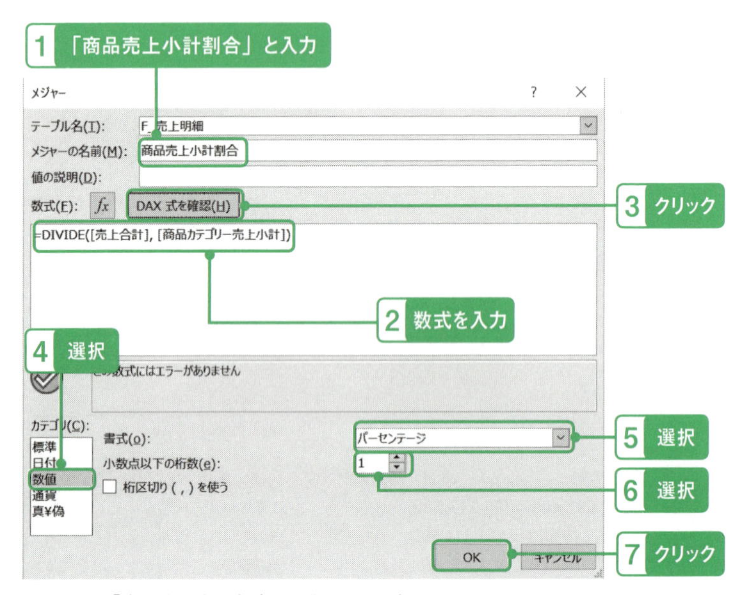

図4-33　「商品売上小計割合」メジャーの設定

これで商品カテゴリー売上小計に対する「商品名」の割合が計算できました。「飲料」に属する商品の割合の合計が100.0%になっていることを確認してください。

行ラベル	売上合計	商品売上総計	商品カテゴリー割合	商品カテゴリー売上小計	商品売上小計割合
⊟飲料	**92,691,400**	**292,311,800**	**31.7%**	**92,691,400**	**100.0%**
ウィスキー	16,549,800	292,311,800	5.7%	92,691,400	17.9%
オレンジジュース	9,774,800	292,311,800	3.3%	92,691,400	10.5%
お茶	2,758,600	292,311,800	0.9%	92,691,400	3.0%
シャンパン	8,204,000	292,311,800	2.8%	92,691,400	8.9%
ミネラルウォーター	395,200	292,311,800	0.1%	92,691,400	0.4%
高級赤ワイン	18,292,700	292,311,800	6.3%	92,691,400	19.7%
高級白ワイン	15,317,200	292,311,800	5.2%	92,691,400	16.5%
赤ワイン	5,340,800	292,311,800	1.8%	92,691,400	5.8%
白ワイン	16,058,300	292,311,800	5.5%	92,691,400	17.3%
⊞菓子	**68,078,000**	**292,311,800**	**23.3%**	**68,078,000**	**100.0%**
⊞雑貨	**46,485,900**	**292,311,800**	**15.9%**	**46,485,900**	**100.0%**
⊞食料品	**85,056,500**	**292,311,800**	**29.1%**	**85,056,500**	**100.0%**
総計	**292,311,800**	**292,311,800**	**100.0%**	**292,311,800**	**100.0%**

図4-34　「商品売上小計割合」が追加されたテーブル

3 階層ごとの条件判断

ここまでの手順で、「商品カテゴリー」と「商品名」レベルでそれぞれの割合を出しました。しかし、今のままでは2つのメジャーが隣に並んでいます。ここでもう1つ欲張って、2つのメジャーを1つにします。つまり、①「商品カテゴリー」レベルでは総計に対する割合、②「商品名」レベルにドリルダウンすると「商品カテゴリー」小計に対する割合というように、別々の計算結果を1つのメジャーで表示します。

ポイントとしては、①「今の行では何についてのフィルターが有効なのか」を知り、②その条件に合わせて計算式を変えるという2点です。

なお、フィルターの検出にあたっては階層の順番が大きな意味を持ちます。つまり、**下位のレベルでは上位のレベルの条件をすべて含んだフィルターがかかっている**点を利用します。条件に合わせて計算を変える場合、この階層構造の特性を考慮に入れ、下位の項目から順に条件を判定していきます。

有効なフィルターを知る

まず、今の値セルにどのような絞り込み＝フィルターがかかっているのかを知る必要があります。そのためには「ISFILTERED」という関数を使います。

書式

ISFILTERED(<テーブルの項目名>)

アウトプット

TRUEまたはFALSE

この関数は、引数の項目名のフィルターが有効だとTRUE、有効でないとFALSEを出力します。さっそく以下2つのメジャーを作ってピボットテーブルに追加してください。

フィールドセクションの「F_売上明細」を右クリックし、「メジャーの追加」を選んで、以下のメジャーを作ります。

```
商品カテゴリー選択
=ISFILTERED('商品'[商品カテゴリー])
```

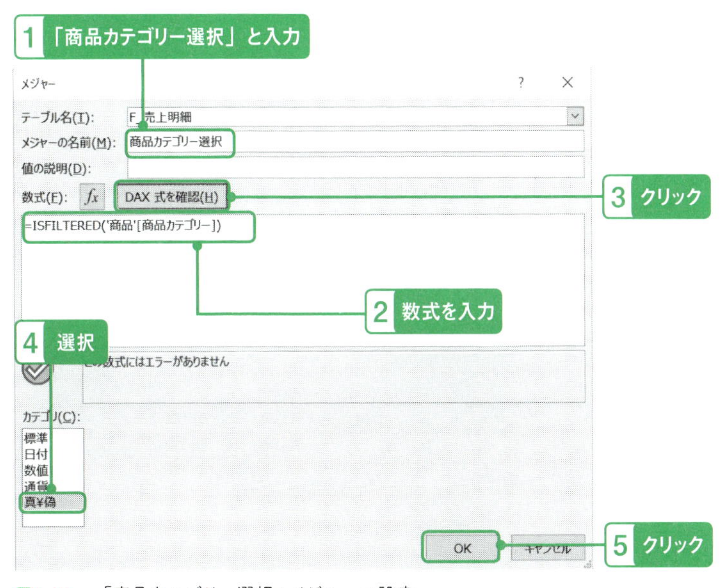

図4-35 「商品カテゴリー選択」メジャーの設定

次にフィールドセクションの「F_売上明細」を右クリックし、「メジャーの追加」を選んで、以下のメジャーを作ります。

```
商品名選択
=ISFILTERED('商品'[商品名])
```

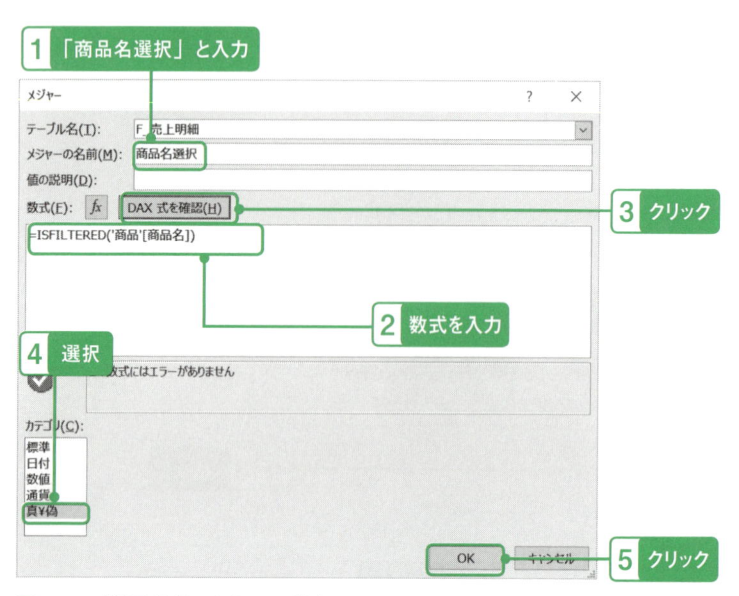

図4-36　「商品選択」メジャーの設定

行ラベル	売上合計	商品カテゴリー割合	商品売上小計割合	商品カテゴリー選択	商品名選択
⊟飲料	**92,691,400**	**31.7%**	**100❶%**	**TRUE**	**FALSE**
ウィスキー	16,549,800	5.7%	17.9%	TRUE	TRUE
オレンジジュース	9,774,800	3.3%	10.5%	TRUE	TRUE
お茶	2,758,600	0.9%	3.0%	TRUE	TRUE
シャンパン	8,204,000	2.8%	8.9%	TRUE	TRUE
ミネラルウォーター	395,200	0.1%	0❷%	TRUE	TRUE
高級赤ワイン	18,292,700	6.3%	19.7%	TRUE	TRUE
高級白ワイン	15,317,200	5.2%	16.5%	TRUE	TRUE
赤ワイン	5,340,800	1.8%	5.8%	TRUE	TRUE
白ワイン	16,058,300	5.5%	17.3%	TRUE	TRUE
⊞菓子	**68,078,000**	**23.3%**	**100.0%**	**TRUE**	**FALSE**
⊞雑貨	**46,485,900**	**15.9%**	**100❶**	**TRUE**	**FALSE**
⊞食料品	**85,056,500**	**29.1%**	**100.0%**	**TRUE**	**FALSE**
総計	**292,311,800**	**100.0%**	**100❸%**	**FALSE**	**FALSE**

図4-37　各行の「商品カテゴリー」、「商品」のフィルター状況

結果を見てみると、①「商品カテゴリー」行では「商品カテゴリー」のみがフィルターされており、②「商品名」行では「商品カテゴリー」と「商品名」の両方がフィルターされていることが分かります。そして、③総計行ではどちらもフィルターされていません。

条件に応じて処理を分ける

各値セルで有効になっているフィルターを確認できました。今度は、フィルター条件に応じて、表示するメジャーを切り替えます。条件ごとに処理を分けるためには、「IF」という関数を使います。

書式

IF(<条件判定>,<条件判定がTRUEの場合の計算式>, <条件判定がFALSEの場合の計算式>)

アウトプット

条件判定で選ばれた計算式

今回は、「商品名」のフィルターがTRUEになるのは「商品名」行のみなので以下の条件となります。

- 「商品名」のフィルターが有効→「商品売上小計割合」
- それ以外――――――――――→「商品カテゴリー割合」

この条件でメジャーを作成します。フィールドセクションの「F_売上明細」を右クリックし、「メジャーの追加」を選んで、以下のメジャーを追加します。

```
商品割合
=IF(ISFILTERED('商品'[商品名])=TRUE, [商品売上小計割合], [商品カテゴリー割合])
```

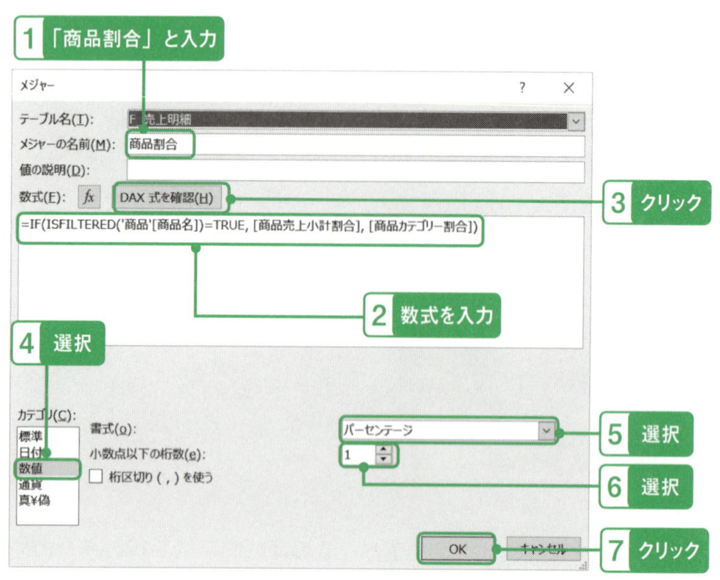

図4-38　「商品割合」メジャーの設定

これで、1つのメジャーでレベルに応じた商品割合を計算することができました。

「商品カテゴリー小計」に対する割合

総計に対する割合

行ラベル	売上合計	商品カテゴリー割合	商品売上小計割合	商品カテゴリー選択	商品選択	商品割合
⊟飲料	**92,691,400**	**31.7%**	**100.0%**	**TRUE**	**FALSE**	**31.7%**
ウィスキー	16,549,800	5.7%	17.9%	TRUE	TRUE	17.9%
オレンジジュース	9,774,800	3.3%	10.5%	TRUE	TRUE	10.5%
お茶	2,758,600	0.9%	3.0%	TRUE	TRUE	3.0%
シャンパン	8,204,000	2.8%	8.9%	TRUE	TRUE	8.9%
ミネラルウォーター	395,200	0.1%	0.4%	TRUE	TRUE	0.4%
高級赤ワイン	18,292,700	6.3%	19.7%	TRUE	TRUE	19.7%
高級白ワイン	15,317,200	5.2%	16.5%	TRUE	TRUE	16.5%
赤ワイン	5,340,800	1.8%	5.8%	TRUE	TRUE	5.8%
白ワイン	16,058,300	5.5%	17.3%	TRUE	TRUE	17.3%
⊞菓子	**68,078,000**	**23.3%**	**100.0%**	**TRUE**	**FALSE**	**23.3%**
⊞雑貨	**46,485,900**	**15.9%**	**100.0%**	**TRUE**	**FALSE**	**15.9%**
⊞食料品	**85,056,500**	**29.1%**	**100.0%**	**TRUE**	**FALSE**	**29.1%**
総計	292,311,800	100.0%	100.0%	FALSE	FALSE	100.0%

図4-39　レベルごとに「商品割合」が表示されたテーブル

最後に「売上合計」と「商品割合」だけを残して、ピボットテーブルから不要なメジャーを外します。

行ラベル	売上合計	商品割合
⊟飲料	**92,691,400**	**31.7%**
ウィスキー	16,549,800	17.9%
オレンジジュース	9,774,800	10.5%
お茶	2,758,600	3.0%
シャンパン	8,204,000	8.9%
ミネラルウォーター	395,200	0.4%
高級赤ワイン	18,292,700	19.7%
高級白ワイン	15,317,200	16.5%
赤ワイン	5,340,800	5.8%
白ワイン	16,058,300	17.3%
⊞菓子	**68,078,000**	**23.3%**
⊞雑貨	**46,485,900**	**15.9%**
⊞食料品	**85,056,500**	**29.1%**
総計	292,311,800	100.0%

図4-40　「商品カテゴリー別売上割合」テーブルの完成

データバーには最大値と最小値をセット

最後に、「商品割合」の値に応じてセルがハイライトされるように、条件付き書式を設定します。今回は、「データバー」を使います。

まずは、「商品カテゴリー」レベルで設定します。「商品カテゴリー」行の「商品割合」列にカーソルを置いて下さい。

行ラベル	売上合計	商品割合
⊟飲料	92,691,400	31.7%

カーソルを移動

図4-41　「商品カテゴリー」行の「商品割合」列を選択

次に、「ホーム」から「条件付き書式」をクリックし、「ルールの管理」を開いて、「新規ルール」ボタンをクリックします。「新しい書式ルール」画面では、以下の設定をします。

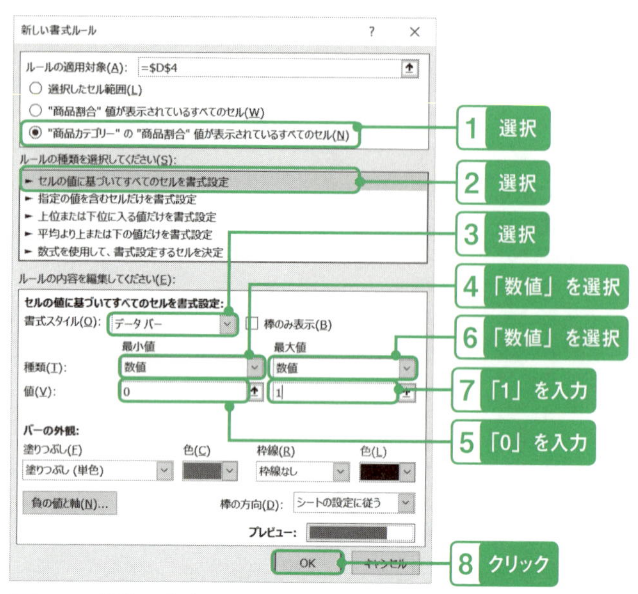

図4-42 「新しい書式ルール」の設定

データバーを使うときは、このように最小値と最大値を指定することをおすすめします。そうでないと、データバーの最大値がデータの値に応じて変化してしまい、バーを見ても数値の大きさを把握することができなくなります。

続いて「商品名」レベルのデータバーを追加します。同じ色を使うと紛らわしいので違う色を選択します。まず「商品名」行の「商品割合」列にカーソルを置きます。

行ラベル	売上合計	商品割合
⊟飲料	92,691,400	31.7%
ウィスキー	16,549,800	17.9%

カーソルを移動

図4-43 「商品名」行の「商品割合」列を選択

次に、「ホーム」メニューから「条件付き書式」をクリックし、「ルールの管理」を開き、「新規ルール」ボタンをクリックします。「新しい書式ルール」画面では、以下の設定をします。

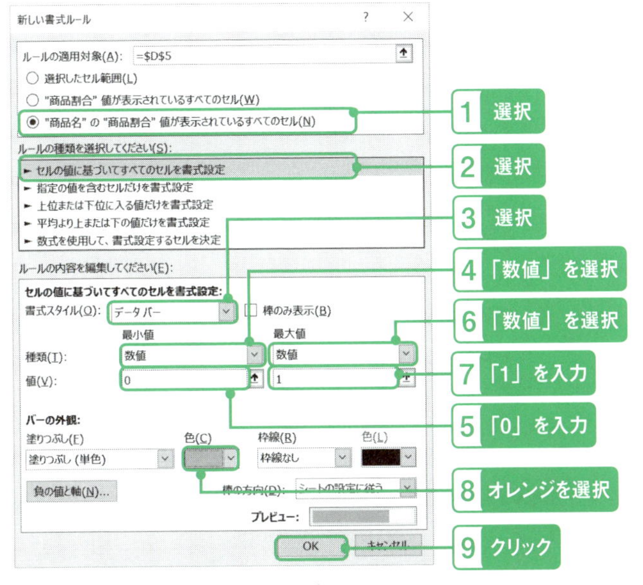

図4-44 「新しい書式ルール」の設定

「条件付き書式ルールの管理」で条件付き書式を確認してください。

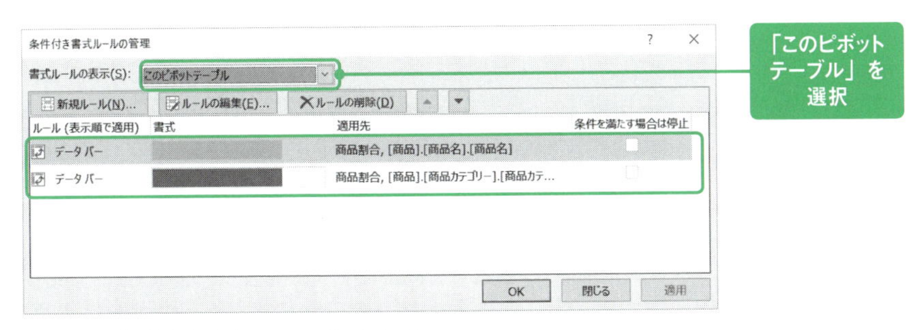

図4-45 「条件付き書式ルールの管理」画面

これで、「商品割合」に2レベルのデータバーが追加されました。

行ラベル	売上合計	商品割合
⊟飲料	**92,691,400**	**31.7%**
ウィスキー	16,549,800	17.9%
オレンジジュース	9,774,800	10.5%
お茶	2,758,600	3.0%
シャンパン	8,204,000	8.9%
ミネラルウォーター	395,200	0.4%
高級赤ワイン	18,292,700	19.7%
高級白ワイン	15,317,200	16.5%
赤ワイン	5,340,800	5.8%
白ワイン	16,058,300	17.3%
⊞菓子	**68,078,000**	**23.3%**
⊞雑貨	**46,485,900**	**15.9%**
⊞食料品	**85,056,500**	**29.1%**
総計	292,311,800	100.0%

図4-46　レベルごとに2色のデータバーが追加された「商品割合」

ちなみに、列にほかの項目を追加して分析視点を追加することもできます。例えば、顧客テーブルの「会社名」を列セクションに追加すると、会社ごとの売上と商品の割合の違いを把握することができます。

	列ラベル					
	吉田商店		玉川商店		江戸日本橋商店	
行ラベル	売上合計	商品割合	売上合計	商品割合	売上合計	商品割合
⊟飲料	**4,947,500**	**25.8%**	**5,040,800**	**24.5%**	**16,852,800**	**23.2%**
ウィスキー	1,073,300	21.7%	606,000	12.0%	3,371,500	20.0%
オレンジジュース			696,200	13.8%	2,426,000	14.4%
お茶	13,800	0.3%	442,200	8.8%	1,040,300	6.2%
シャンパン	70,000	1.4%	230,000	4.6%	880,400	5.2%
ミネラルウォーター	39,500	0.8%	36,100	0.7%	76,700	0.5%
高級赤ワイン	1,301,400	26.3%	289,200	5.7%	3,235,100	19.2%
高級白ワイン	892,300	18.0%	1,793,900	35.6%	1,127,000	6.7%
赤ワイン			326,400	6.5%	1,168,400	6.9%
白ワイン	1,557,200	31.5%	620,800	12.3%	3,527,400	20.9%
⊞菓子	**4,027,100**	**21.0%**	**5,301,500**	**25.8%**	**18,480,300**	**25.5%**
⊞雑貨	**2,474,600**	**12.9%**	**4,914,800**	**23.9%**	**16,330,200**	**22.5%**
⊞食料品	**7,704,900**	**40.2%**	**5,283,400**	**25.7%**	**20,926,700**	**28.8%**
総計	19,154,100	100.0%	20,540,500	100.0%	72,590,000	100.0%

図4-47　列に「会社名」を追加

［第5章］
当期売上累計

本章では、ビジネスで頻繁に登場する
期間累計計算を扱います。
DAXには時間軸の集計に特化した
タイムインテリジェンス関数という
とても便利な関数がありますが、
最初はあえてそれを使用せずに、
内部のフィルターの仕組みを確認した後に、
タイムインテリジェンス関数の
アプローチを紹介します。

アクセスキー **E** (大文字のイー)

1 当期売上累計その①詳細パターン

前章では、割合の計算を行うためにALL、ALLSELECTEDを使用して、テーブルまたは項目のフィルターを全面的に解除しました。

それに対して、「累計」は、**ある一定の順番に並んだデータのうち、連続する一部分のみに絞り込んだ集計**です。したがって「当期累計」期間を得るためには、①いったん「カレンダー」テーブルのフィルターをすべて解除したのちに、②過去の日付のみが存在するテーブルにする、という２ステップの手続きが必要です。

つまり、①でフィルターを解除した「カレンダー」テーブルを用意し、②でオリジナル・フィルター・コンテキストの値と比較して過去の日付に絞り込むという、2段階の手続きで「当期累計」のカレンダーを用意する必要があります。

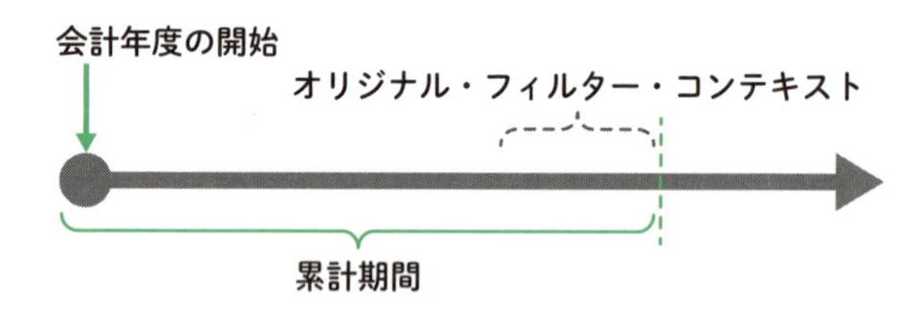

図5-1　オリジナル・フィルター・コンテキストと新しい累計期間

「当期売上累計」ピボットテーブルの用意

まずは、「当期売上累計」シートを追加し、そこにピボットテーブルを作成します。

当期売上累計

図5-2　「当期売上累計」シートの追加

B3セルにカーソルを移動し、「挿入」メニューから「ピボットテーブル」をクリックします。「分析するデータを選択してください」には「このブックのデータモデルを使用する」を選び、「OK」をクリックします。

ピボットテーブルが作成されたら右クリックで「ピボットテーブルオプション」を開いて、ピボットテーブル名を「当期売上累計表」にします。

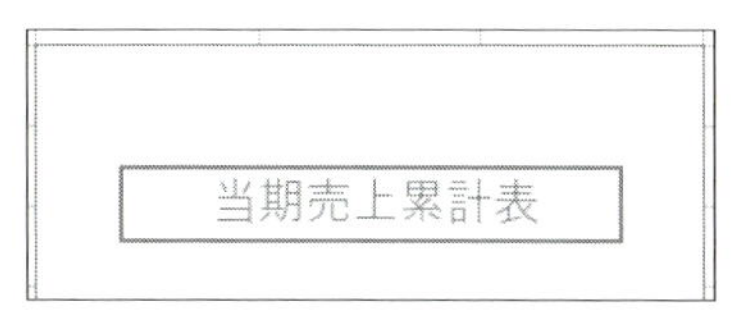

図5-3　「当期売上累計表」ピボットテーブルの追加

フィールドセクションでは、F_売上明細テーブルの「売上合計」メジャーを値セクションに、カレンダーテーブルの「会計年度」、「会計四半期」、「月」、「日付」をこの順番で行セクションにドロップします。

行ラベル	売上合計
⊞2016	91,686,300
⊟2017	
⊟Q1	
⊟4	
2017/4/1	387,800
2017/4/2	984,900
2017/4/6	1,848,200

図5-4　ベースとなるピボットテーブルの完成

これで基本のピボットテーブルができました。

「当期累計」フィルターの作り方

当期売上累計を出すために、以下のステップを1つずつ確認しながら実行していきます。

① 売上合計を出す

② カレンダーのフィルターを解除する
③ カレンダーに「累計」のフィルターをかける
④ カレンダーに「当期」のフィルターをかける

まず、入れ物として「当期売上累計」メジャーを用意します。この段階では、すでに作成した［売上合計］メジャーをCALCULATEで囲んだだけのもので、フィルターコンテキストは加工していません。

フィールドセクションのF_売上明細テーブルを右クリックし、「メジャーの追加」を選んで、以下のメジャーを作成して、値セクションに追加します。

```
当期売上累計
= CALCULATE([売上合計])
```

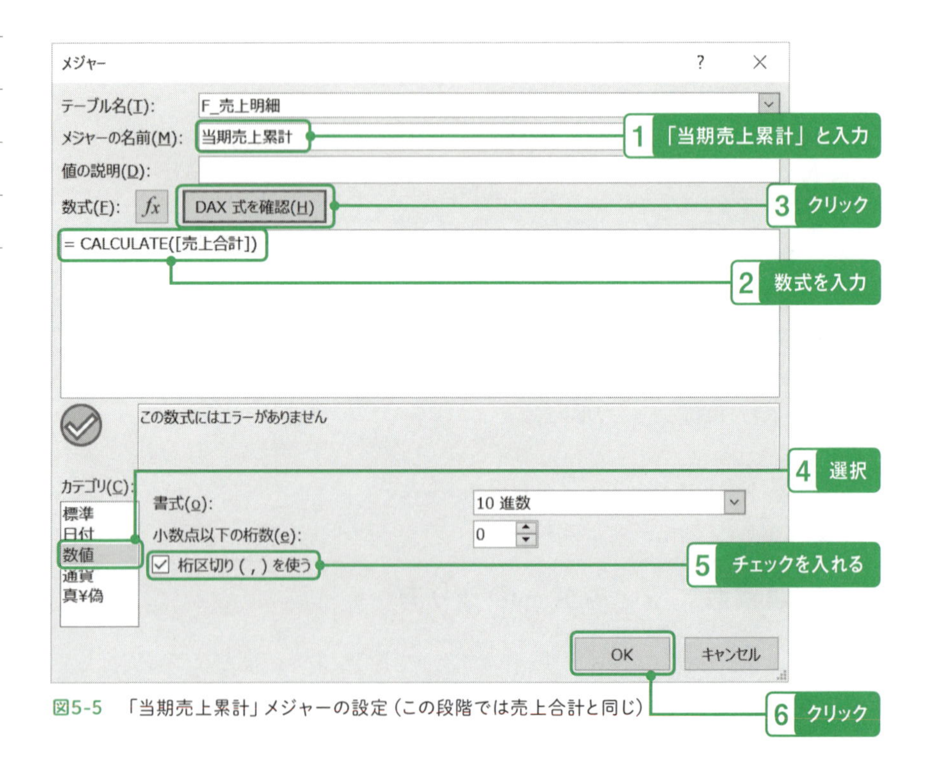

図5-5　「当期売上累計」メジャーの設定（この段階では売上合計と同じ）

行ラベル	売上合計	当期売上累計
⊞2016	91,686,300	91,686,300
⊟2017		
⊟Q1		
⊟4		
2017/4/1	387,800	387,800
2017/4/2	984,900	984,900
2017/4/6	1,848,200	1,848,200

図5-6　「売上合計」と「当期売上累計」が同じ

ピボットテーブルに「当期売上累計」が追加されましたが、この段階では隣の「売上合計」と同じ値です。

次に、「当期売上累計」からカレンダーのフィルターを解除します。フィールドセクションから先ほど作成した「当期売上累計」メジャーを右クリックし、「メジャーの編集」を選んで、以下の数式に変更します。

```
当期売上累計
= CALCULATE([売上合計],ALL('カレンダー'))
```

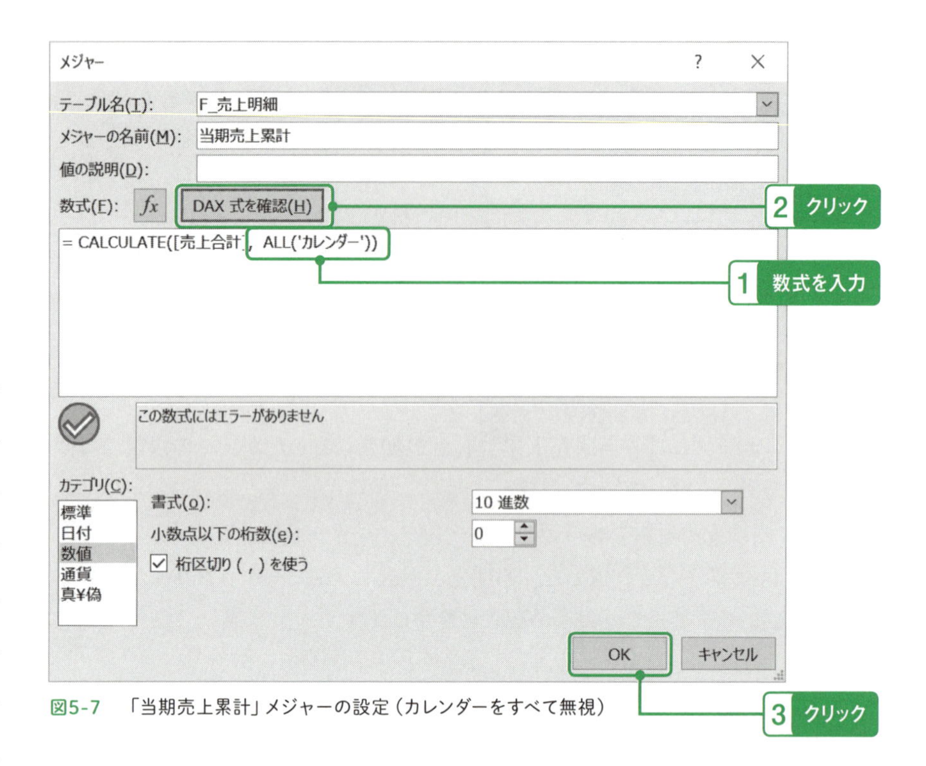

図5-7　「当期売上累計」メジャーの設定（カレンダーをすべて無視）

これで「当期売上累計」の方は、カレンダーのフィルターが解除され、総計と同じ値が表示されるようになりました。

行ラベル	売上合計	当期売上累計
⊞2016	91,686,300	292,311,800
⊟2017		
⊟Q1		
⊟4		
2017/4/1	387,800	292,311,800
2017/4/2	984,900	292,311,800
2017/4/3		292,311,800

図5-8　「カレンダー」のフィルターを無視した「当期売上累計」

総計	292,311,800	292,311,800

図5-9　売上総計

次に「累計」を求めます。ALL（'カレンダー'）によってフィルターを解除したカレンダーテーブルに、現在の日付を追加した更なるフィルターをかけます。フィルターをかけるDAX関数は、その名もずばり「FILTER」関数です。

書式

```
FILTER(<テーブル>,<フィルター条件>)
```

アウトプット

<フィルター条件>により絞り込まれたテーブル

まずは、実験として決め打ちで「2016/4/3」までの売上累計を計算します。日付のデータを直接指定するときは「DATE」を使用します。

書式

```
DATE(<年>,<月>,<日>)
```

アウトプット

<日付型データ>

したがって、「2016/4/3」をDAX式で表現すると以下のようになります。

```
DATE(2016,4,3)
```

ALLでフィルターが解除されたテーブルと、このDATE式を、FILTER関数の引数である<テーブル>と<フィルター条件>に代入すると、以下のようになります。

```
FILTER(ALL('カレンダー'), 'カレンダー'[日付]<= DATE(2016,4,3))
```

この数式は、「いったんフィルターを解除した『カレンダー』テーブルで、日付を2016/4/3以前に絞り込んだ『カレンダー』テーブル」を意味しています。

この部分を、CALCULATEのインプット情報として渡して、売上累計を計算します。フィールドセクションの「当期売上累計」メジャーを右クリックし、「メジャーの編集」を選んで、数式を以下のように変更します。

```
当期売上累計
=CALCULATE([売上合計], FILTER(ALL('カレンダー'),'カレンダー
'[日付]<= DATE(2016,4,3)))
```

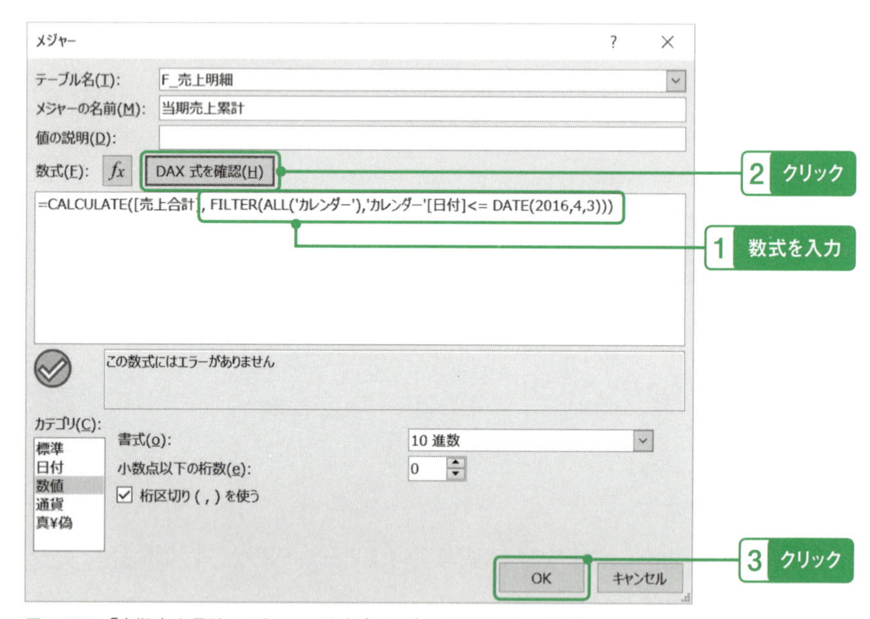

図5-10　「当期売上累計」メジャーの設定(2016年4月3日以前の累計)

これで、決め打ちですが、特定の日付で再フィルターを掛けることができました。「会計年度」の2016の隣の「+」をクリックし、「当期売上累計」の値が、2016/4/3までの売上の合計であることを確認してください。

行ラベル	売上合計	当期売上累計
⊟2016		
⊟Q1		
⊟4		
2016/4/1	404,800	1,042,300
2016/4/2		1,042,300
2016/4/3	637,500	1,042,300
2016/4/4		1,042,300
2016/4/5	861,200	1,042,300

図5-11　2016年4月3日以前の「当期売上累計」

しかし、ピボットテーブルは生きたレポートですので、集計を行うセルの文脈は常に変わります。変化する文脈の中で「累計」を出すにはどうしたらよいでしょうか？　そのためには、今の文脈（オリジナル・フィルターコンテキスト）の「日付」の最大値を算出し、それ以前の日付だけを抽出するようにフィルターを掛けます。最大値を取得する関数は「MAX」です。

書式

```
MAX(<テーブルの項目>)
```

アウトプット

最大値

今回は、カレンダーテーブルの「日付」の最大値ですので、以下の式となります。

```
MAX('カレンダー'[日付])
```

さっそくメジャーを追加して確認してみます。フィールドセクションの「F_売上明細」テーブルを右クリックし、「メジャーの追加」を選びます。以下のメジャーを作成して、値セクションに追加します。

```
MAX日付
=MAX('カレンダー'[日付])
```

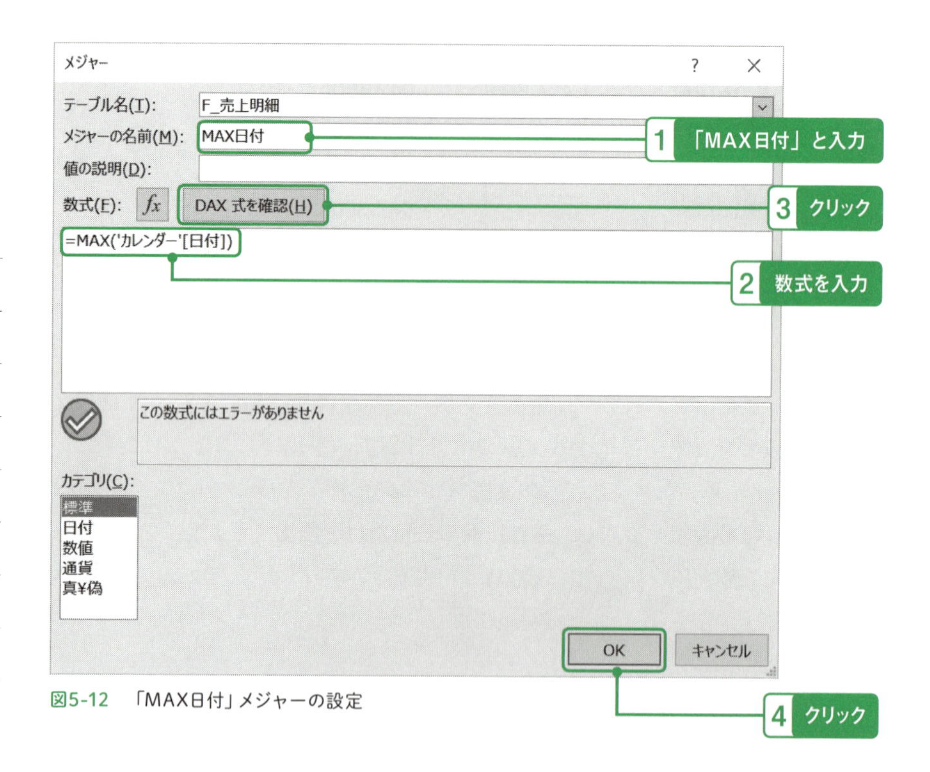

図5-12　「MAX日付」メジャーの設定

作成された「MAX日付」メジャーがピボットテーブルに追加されたら、カレンダーのドリルアップ、ドリルダウンで表示を確認してください。会計年度、会計四半期、月、日付といった、それぞれのレベルで正しく最終日を取得していることが分かります。

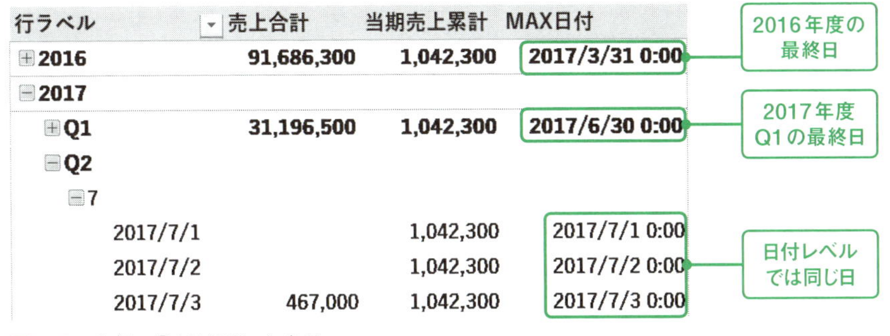

図5-13　各行で「MAX日付」を表示

このMAXの部分を先に作成した「当期売上累計」メジャーのDATE関数の部分と差し替えます。フィールドセクションで、「当期売上累計」メジャーを右クリックし、「メジャーの編集」を選んで、数式を以下のように変更します。

```
当期売上累計
=CALCULATE([売上合計], FILTER(ALL('カレンダー'),'カレンダー
'[日付]<= MAX('カレンダー'[日付])))
```

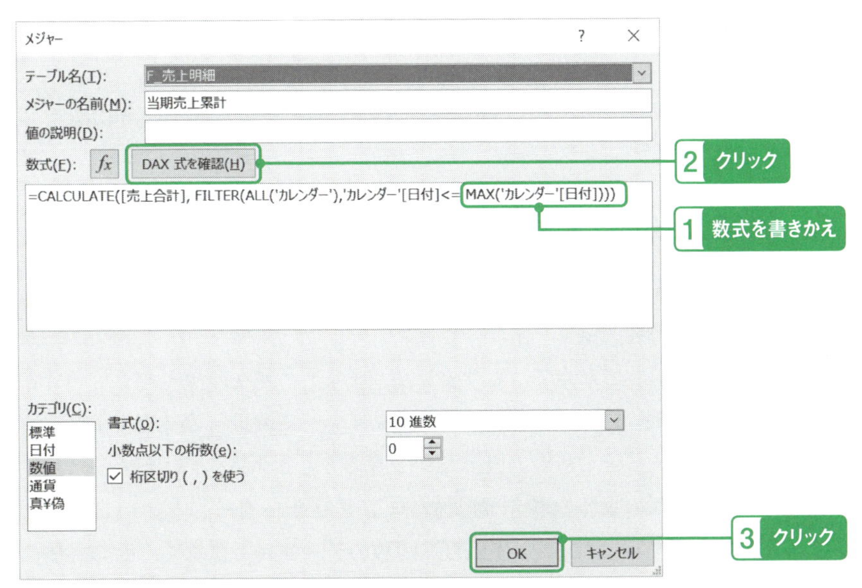

図5-14　「当期売上累計」メジャーの設定（今）以前の累計

これで、「年度をまたいだ売上累計」の計算ができました。あと一歩です。「MAX日付」はもう使用しないのでピボットテーブルから外しておきます。

行ラベル	売上合計	当期売上累計
⊟2016		
⊟Q1		
⊞4	7,722,600	7,722,600
⊞5	3,054,200	10,776,800
⊞6	5,506,600	16,283,400
⊟Q2		
⊟7		
2016/7/1	291,900	16,575,300
2016/7/2		16,575,300
2016/7/3	368,600	16,943,900
2016/7/4	9,600	16,953,500

図5-15　「今」以前の「当期売上累計」

ここまで来て、目ざとい方は「ある1つの違和感」を覚えたと思います。実は、その違和感はFILTER関数の中にあります。

```
FILTER(ALL('カレンダー'),'カレンダー'[日付]<= MAX('カレンダー
'[日付]))
```

このFILTER関数の中では、**ALL（'カレンダー'）でカレンダー［日付］のフィルターをすべて解除しているはずです。**だとすると、右側のMAX（'カレンダー'［日付］）の最大値は、常に「カレンダー」テーブルの「日付」の最終日、つまり「2020/3/31」でなくてはなりません。すると、現在の値セルまでの「累計」を計算することはできず、返す計算結果はすべての日付の「総計」にならなくてはなりません。ところが、計算結果を見るとそうはなっていません。

実は、**このMAXのような集計用関数（「アグリゲーター」といいます）がFILTER関数の中で呼ばれると、FILTER関数のテーブルではなく、その外側のオリジナル・フィルターコンテキストの値を参照しにいきます。**

```
FILTER(ALL('カレンダー'),'カレンダー'[日付]
<= MAX('カレンダー'[日付]))
```

ALLの中の1行1行をMAXの値と比較している

ピボットテーブルのオリジナル・フィルターコンキテキストを参照

さて、ここで再びピボットテーブルに戻ると「売上累計」は計算できましたが、まだ「会計年度」の条件を追加していないので会計年度のレベルにドリルアップしてみると「当期」を超えたすべての売上が累計されています。

行ラベル	売上合計	当期売上累計
⊞2016	91,686,300	91,686,300
⊞2017	100,564,900	192,251,200
⊞2018	100,060,600	292,311,800
⊞2019		292,311,800
総計	292,311,800	292,311,800

会計年度をまたいだすべての累計

図5-16　「今」以前の全累計が集計された「当期売上累計」

最後に「会計年度」の条件を追加して「当期売上累計」メジャーを完成させます。すでに「日付」の条件はあるので、それに「会計年度」の条件を追加します。FILTER関数の中に複数の条件を、AND条件として追加する場合は、以下のように「&&」を使用します。

```
FILTER(ALL('カレンダー'), 'カレンダー'[日付]<= MAX('カレンダー
'[日付]) && 'カレンダー'[会計年度] = MAX('カレンダー'[会計年度]))
```

それでは上記のFILTER関数を使って「当期売上累計」を変更します。フィールドセクションで「当期売上累計」メジャー右クリックし、「メジャーの編集」を選んで、数式を以下のように変更します。

```
当期売上累計
=CALCULATE (
 [売上合計],
 FILTER (
     ALL ( 'カレンダー' ),
     'カレンダー'[日付] <= MAX ( 'カレンダー'[日付] )
         && 'カレンダー'[会計年度] = MAX ( 'カレンダー'[会計年度] )
 )
)
```

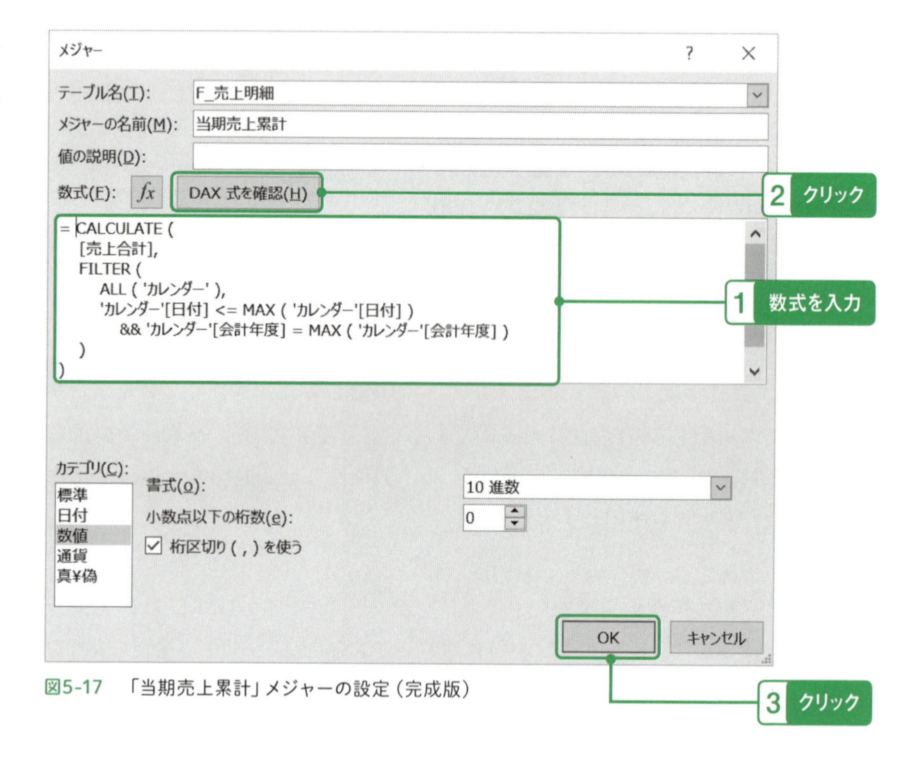

図5-17　「当期売上累計」メジャーの設定（完成版）

なお、今回の数式は、改行を作って見やすくしました。メジャーの数式は改行やスペースを自由に追加できるので、式が複雑になったときは適宜、レイアウトを変更しましょう。ctrlキーを押しながらEnterキーを押すことで改行することができます（全角スペースは入れないでください）。

結果を見てみると、今回は無事、各「会計年度」単位で「当期売上累計」が計算されていることが分かります。

行ラベル	売上合計	当期売上累計
⊞2016	91,686,300	91,686,300
⊞2017	100,564,900	100,564,900
⊟2018		
⊞Q1	27,997,200	27,997,200
⊞Q2	23,109,300	51,106,500
⊟Q3		
⊞10	8,689,800	59,796,300
⊞11	9,815,000	69,611,300
⊟12		
2018/12/1		69,611,300
2018/12/2		69,611,300
2018/12/3		69,611,300
2018/12/4		69,611,300
2018/12/5	49,600	69,660,900

図5-18　「当期売上累計」が計算されたテーブル

2 当期売上累計その②
タイムインテリジェンス関数

ここまで、1つ1つの処理の中身を確認しながら「当期売上累計」を計算しました。これは、フィルターの仕組みを理解するために、意図的に回り道をしたためです。

さて、実はDAXには日付の計算に特化した「タイムインテリジェンス関数」という大変便利な関数があります。今回はそれらの関数を使って先ほどと同じ累計を計算します。

タイムインテリジェンス関数で当期累計

先ほどの例では、「カレンダー」テーブルのフィルターコンテキストをFILTER関数で書き替えました。今回は代わりに「DATESYTD」というタイムインテリジェンス関数を使います。

書式

```
DATESYTD(<カレンダーテーブルの日付項目> [,<最終日>])
```

アウトプット

当期累計の日付リスト
(<最終日>が入力されていればその日までの1年間、
<最終日が>省略されていれば1/1～12/31)

今回の「会計期間」は4月1日から3月31日までなので、最終日を入力すると以下のようになります。

```
DATESYTD('カレンダー'[日付],"3/31")
```

この式を先ほどの関数のFILTER部分と差しかえます。フィールドセクションから「当期売上累計」メジャーを右クリックし、「メジャーの編集」を選んで以下の数式に変更します。

```
当期売上累計
=CALCULATE (
    [売上合計],
    DATESYTD('カレンダー'[日付],”3/31”)
)
```

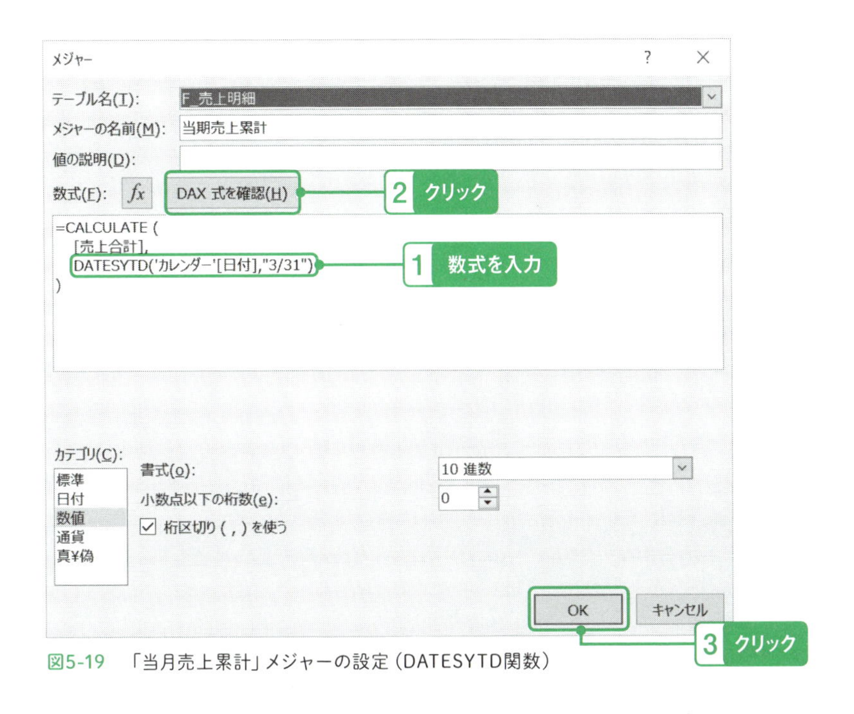

図5-19　「当月売上累計」メジャーの設定（DATESYTD関数）

これだけの式で、無事、「当期売上累計」を計算することができました。

行ラベル	売上合計	当期売上累計
⊞2016	91,686,300	91,686,300
⊞2017	100,564,900	100,564,900
⊟2018		
⊞Q1	27,997,200	27,997,200
⊞Q2	23,109,300	51,106,500
⊟Q3		
⊞10	8,689,800	59,796,300
⊞11	9,815,000	69,611,300
⊟12		
2018/12/1		69,611,300
2018/12/2		69,611,300
2018/12/3		69,611,300

図5-20　DATESYTD関数による「当期売上累計」

当四半期累計と当月累計

この「DATESYTD」には、「DATESQTD」と「DATESMTD」という2つの類似の関数があります。読んで字のごとく、それぞれ四半期内、月内の累計日付テーブルを準備する関数です。「DATESYTD」と異なり、「期末最終日」という概念はないので、インプット情報は「カレンダー」テーブルの「日付」項目だけです。

書式

```
DATESQTD(<カレンダーテーブルの日付項目>)
```

アウトプット

当四半期累計の日付リスト

書式

```
DATESMTD(<カレンダーテーブルの日付項目>)
```

アウトプット

当月累計の日付リスト

では、「当四半期売上累計」と「当月売上累計」を追加します。

フィールドセクションの「F_売上明細」を右クリックし、「メジャーの追加」を選んで以下のメジャーを追加します。

```
当四半期売上累計
= CALCULATE ( [売上合計], DATESQTD('カレンダー'[日付]))
```

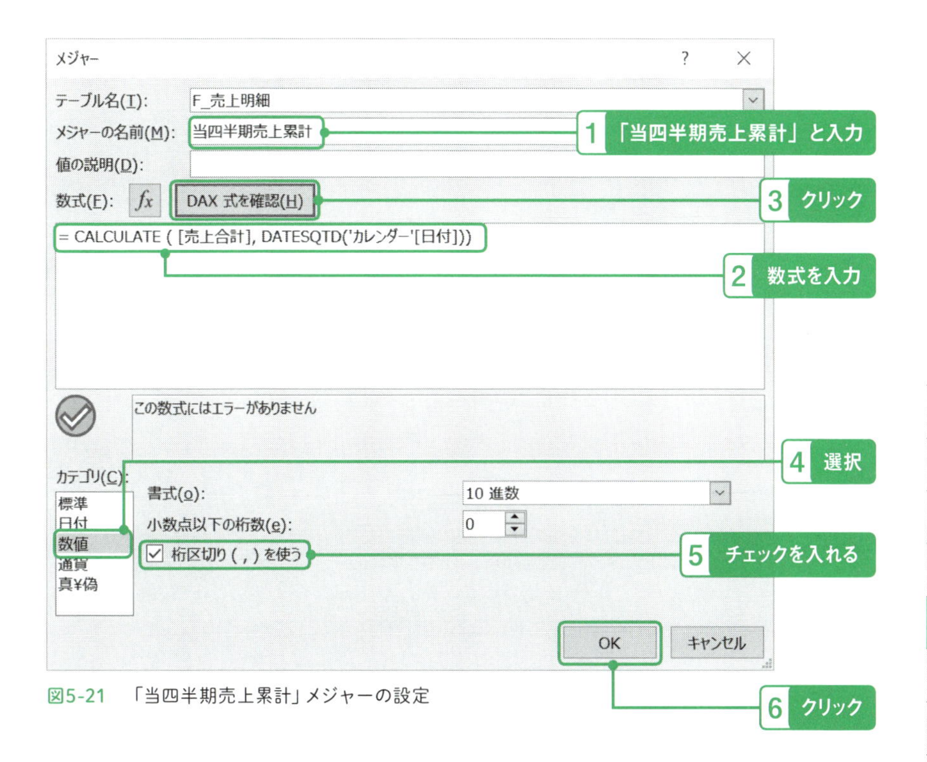

図5-21　「当四半期売上累計」メジャーの設定

```
当月売上累計
= CALCULATE ( [売上合計], DATESMTD('カレンダー'[日付]) )
```

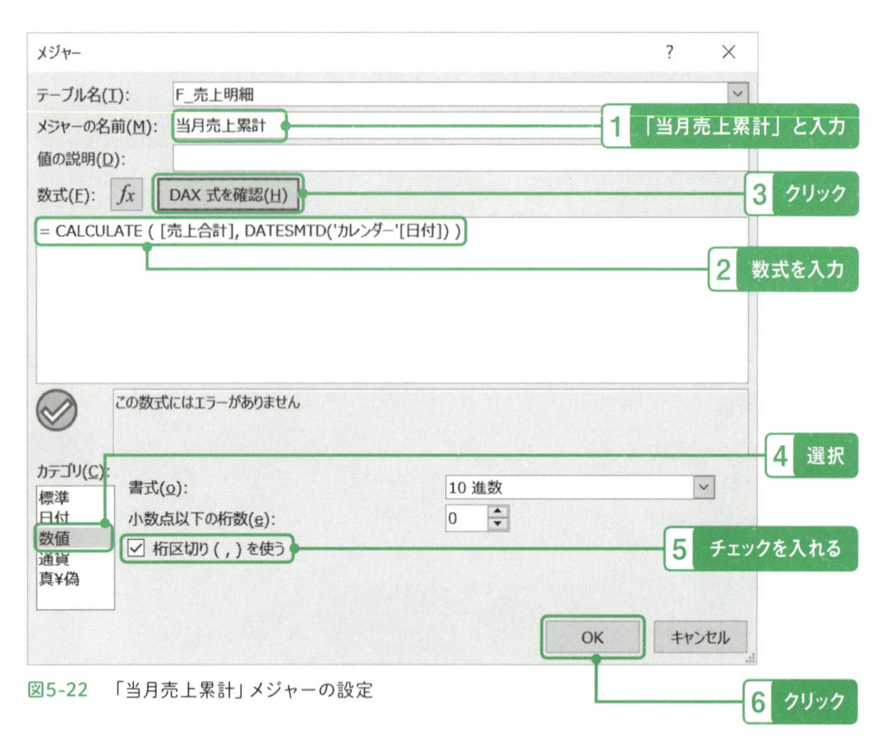

図5-22　「当月売上累計」メジャーの設定

それぞれピボットテーブルに追加して、正しい累計金額が計算されていることを確認してください。

行ラベル	売上合計	当期売上累計	当四半期売上累計	当月売上累計
⊞2016	91,686,300	91,686,300	24,457,700	7,434,400
⊞2017	100,564,900	100,564,900	23,467,600	7,609,300
⊟2018				
⊞Q1	27,997,200	27,997,200	27,997,200	6,767,800
⊞Q2	23,109,300	51,106,500	23,109,300	7,857,600
⊟Q3				
⊞10	8,689,800	59,796,300	8,689,800	8,689,800
⊟11				
2018/11/1	903,100	60,699,400	9,592,900	903,100
2018/11/2		60,699,400	9,592,900	903,100
2018/11/3		60,699,400	9,592,900	903,100
2018/11/4	332,600	61,032,000	9,925,500	1,235,700

図5-23　「当四半期売上累計」「当月売上累計」が追加されたテーブル

［第6章］

売上前年比較

本章では、**時間軸上での比較計算**を扱います。
ビジネスには一般的に季節性があります。
特定の四半期や特定の月などの区切りで、
前の年の業績と比較することが重要です。
そのためには「**今から見て一年前の数字**」を
取得できることが前提となります。
また、単期の比較だけでなく、
前章で学んだ累計計算を組み合わせて
累積の対前年度比較も行います。

アクセスキー **X**（大文字のエックス）

1　1年前の数字を持ってくる

まずは、ピボットテーブルのそれぞれの値セルで、カレンダーテーブルの値から見た、1年前の売上を集計するメジャーを作ります。そのためには、現在のカレンダーテーブルの日付を1年前のものに差し替えて、売上を計算します。

「前年同期比」ピボットテーブルの用意

まず、「前年同期比」シートを新規に追加します。

前年同期比

図6-1　「前年同期比」シートの追加

次に、B3セルにカーソルを移動し、「挿入」メニューの「ピボットテーブル」をクリックします。「分析するデータを選択してください」には「このブックのデータモデルを使用する」を選びます。「OK」をクリックしてピボットテーブルが作成されたら、右クリックで「ピボットテーブルオプション」を開いて、ピボットテーブル名を「前年同期比表」にしてください。

前年同期比表

図6-2　「前年同期比表」ピボットテーブルの追加

フィールドセクションでは、F_売上明細テーブルの「売上合計」メジャーを値セクションに、カレンダーテーブルの「会計年度」、「会計四半期」、「月」、「日付」をこの順番で行セクションにドロップします。

これで基本のピボットテーブルができました。

行ラベル	売上合計
⊟2016	
⊟Q1	
⊟4	
2016/4/1	404,800
2016/4/3	637,500
2016/4/5	861,200

図6-3　基本のピボットテーブルの完成

前年度の単期売上を取得する

まずは「今から見て1年前の数字」を取得し、それを元にして単期の比較、累計の比較を追加します。

「今から見て1年前の日付」を取得するには、「SAMEPERIODLASTYEAR」というタイムインテリジェンス関数を使います。

書式

SAMEPERIODLASTYEAR (<カレンダーテーブルの日付項目>)

アウトプット

引数の1年前の日付リスト

「SAMEPERIODLASTYEAR」を使うと、ピボットテーブルが2018年4月1日ならば2017年4月1日、2018年第1四半期ならば2017年第1四半期というようにフィルターコンテキストのちょうど1年前の日付リストを得られます。フィールドセクションの「F_売上明細」を右クリックし「メジャーの追加」を選んで、以下のメジャーを作成します。

```
前年度売上合計
=CALCULATE (
 [売上合計],
 SAMEPERIODLASTYEAR ('カレンダー'[日付])
)
```

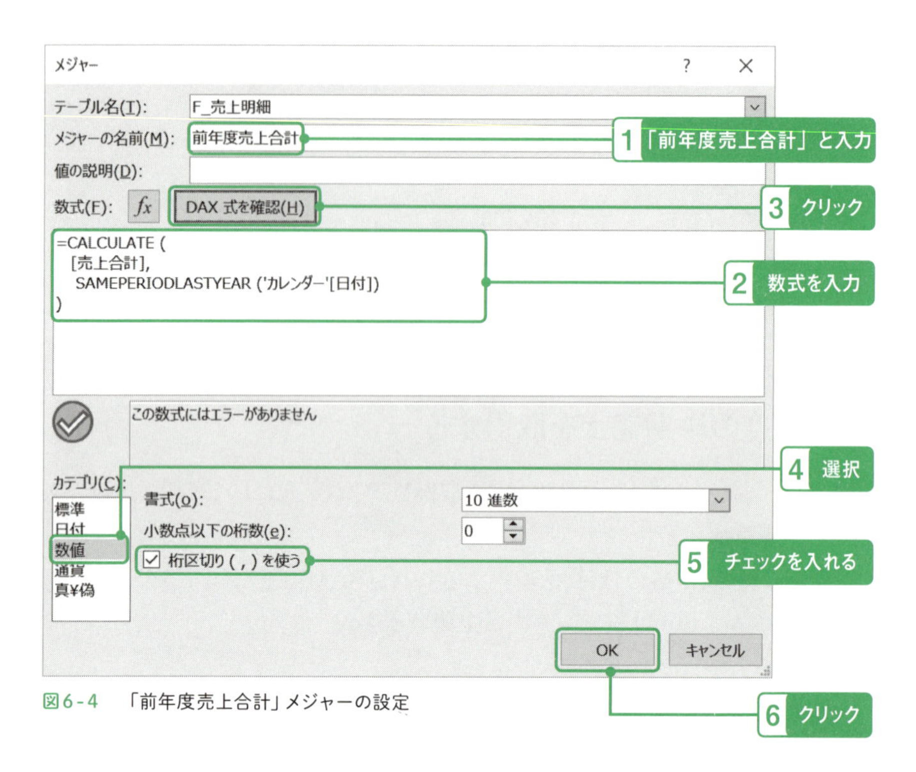

図6-4　「前年度売上合計」メジャーの設定

ピボットテーブルにこのメジャーを追加し、ピボットテーブルをドリルアップ・ドリルダウンさせて、会計年度、四半期、月のそれぞれのレベルで1年前の売上が取得できていることを確認してください。

行ラベル	売上合計	前年度売上合計
⊞2016	91,686,300	
⊞2017	100,564,900	91,686,300
⊞2018	100,060,600	100,564,900
⊞2019		100,060,600
総計	292,311,800	292,311,800

図6-5　会計年度別の「前年度売上合計」の比較

行ラベル	売上合計	前年度売上合計
⊞2016	91,686,300	
⊟2017		
⊞Q1	31,196,500	16,283,400
⊞Q2	23,106,800	27,359,700
⊞Q3	22,794,000	23,585,500
⊞Q4	23,467,600	24,457,700
⊟2018		
⊞Q1	27,997,200	31,196,500
⊞Q2	23,109,300	23,106,800
⊞Q3	25,370,000	22,794,000
⊞Q4	23,584,100	23,467,600
⊞2019		100,060,600
総計	292,311,800	292,311,800

図6-6　会計四半期別の「前年度売上合計」の比較

これで、「1年前の売上」を取得できました。

2 前の年と比較する

次に、さきほど作成した1年前の売上と現在の売上とを比較するメジャーを作ります。2つの数字を比較するときは、引き算で差額を、割り算で比率を計算します。

売上の前年同期比（単期）

次に、当年度と前年度の売上を比較します。

まずは単期の前年同期差異と前年同期比を計算します。それぞれ以下の計算式で算出します。

売上前年差異 = 当期売上 − 前年度売上

売上前年比 = 当期売上 / 前年度売上

それでは、メジャーを追加していきます。フィールドセクションの「F_売上明細」を右クリックし、「メジャーの追加」を選んで、以下のメジャーをそれぞれ追加します。

売上前年差異
=[売上合計]-[前年度売上合計]

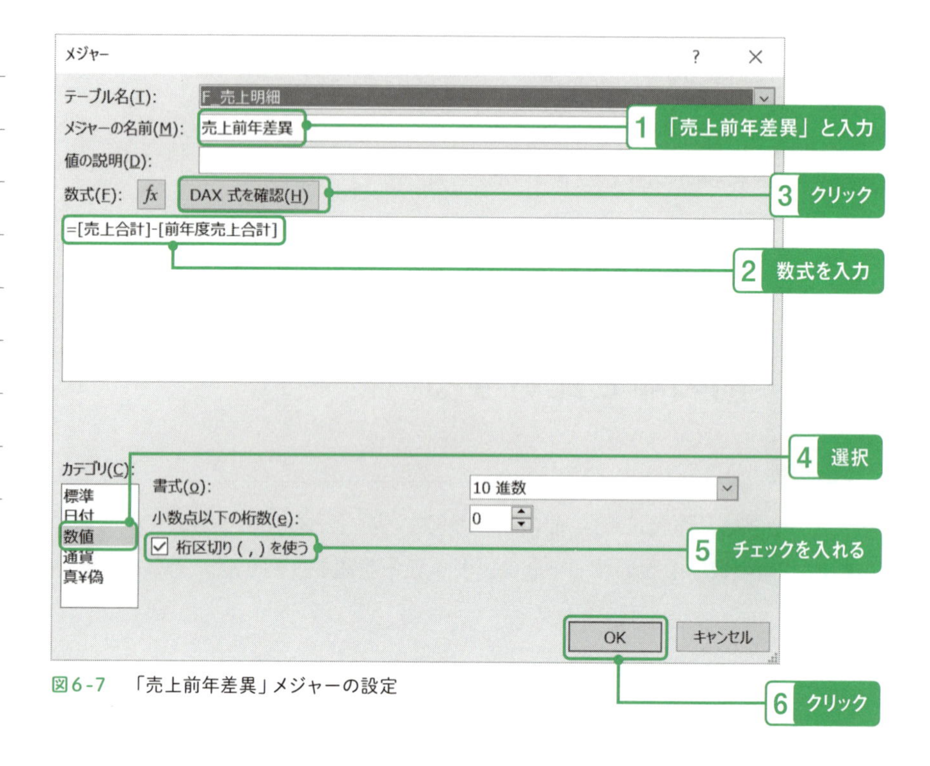

図6-7 「売上前年差異」メジャーの設定

```
売上前年比
= DIVIDE([売上合計] , [前年度売上合計])
```

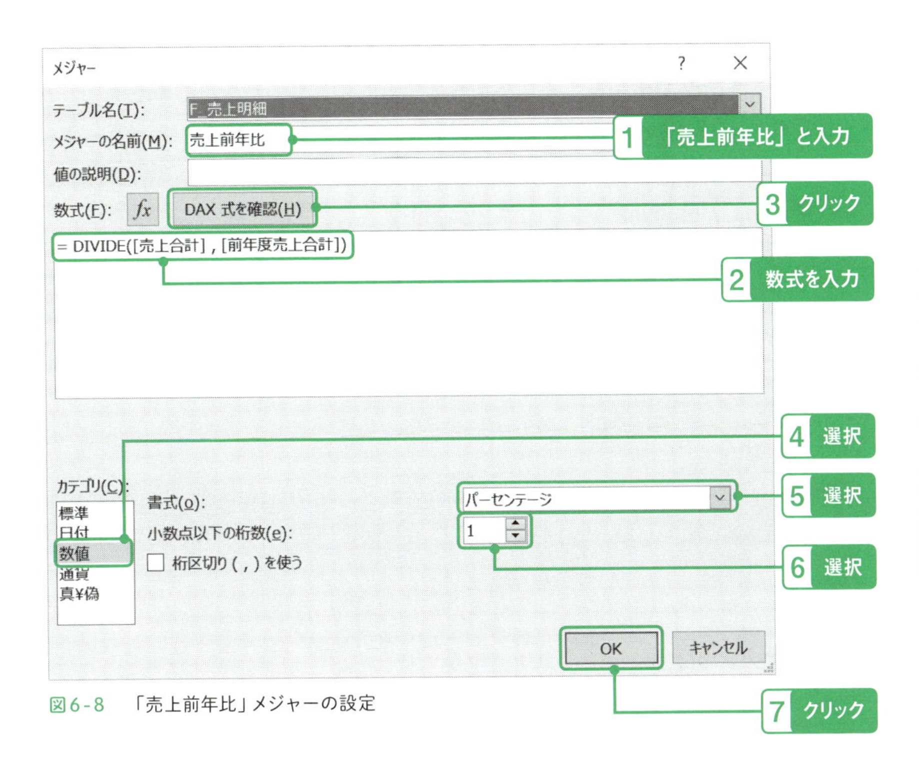

図6-8　「売上前年比」メジャーの設定

メジャーを作成したら、それぞれピボットテーブルの値セクションに追加してください。

これで、単期の「売上前年差異」、「売上前年比」が計算できました。ピボットテーブルにカーソルを置いた状態で「デザイン」メニューの「小計」をクリックし、「すべての小計をグループの先頭に表示する」を選んで、会計年度レベル、会計四半期レベルで結果を確認してください。

行ラベル	売上合計	前年度売上合計	売上前年差異	売上前年比
⊞2016	91,686,300		91,686,300	
⊟2017	100,564,900	91,686,300	8,878,600	109.7%
⊞Q1	31,196,500	16,283,400	14,913,100	191.6%
⊞Q2	23,106,800	27,359,700	-4,252,900	84.5%
⊞Q3	22,794,000	23,585,500	-791,500	96.6%
⊞Q4	23,467,600	24,457,700	-990,100	96.0%
⊞2018	100,060,600	100,564,900	-504,300	99.5%
⊞2019		100,060,600	-100,060,600	
総計	292,311,800	292,311,800	0	100.0%

図6-9　「売上前年差異」と「売上前年比」の表示

売上の前年同期比（累計）

今度は、「今から見て1年前の累計」を出します。今から見て1年前の累計日付リストは、前章で紹介した「DATESYTD」と、本章で紹介した「SAMEPERIODLASTYEAR」を組み合わせて取得します。

```
SAMEPERIODLASTYEAR(DATESYTD('カレンダー'[日付],"3/31"))
```

さっそくメジャーを作ります。フィールドセクションの「F_売上明細」を右クリックし、「メジャーの追加」を選んで、以下のメジャーを追加します。

```
前年度売上累計
= CALCULATE (
  [売上合計],
  SAMEPERIODLASTYEAR (
    DATESYTD('カレンダー'[日付],"3/31")
  )
)
```

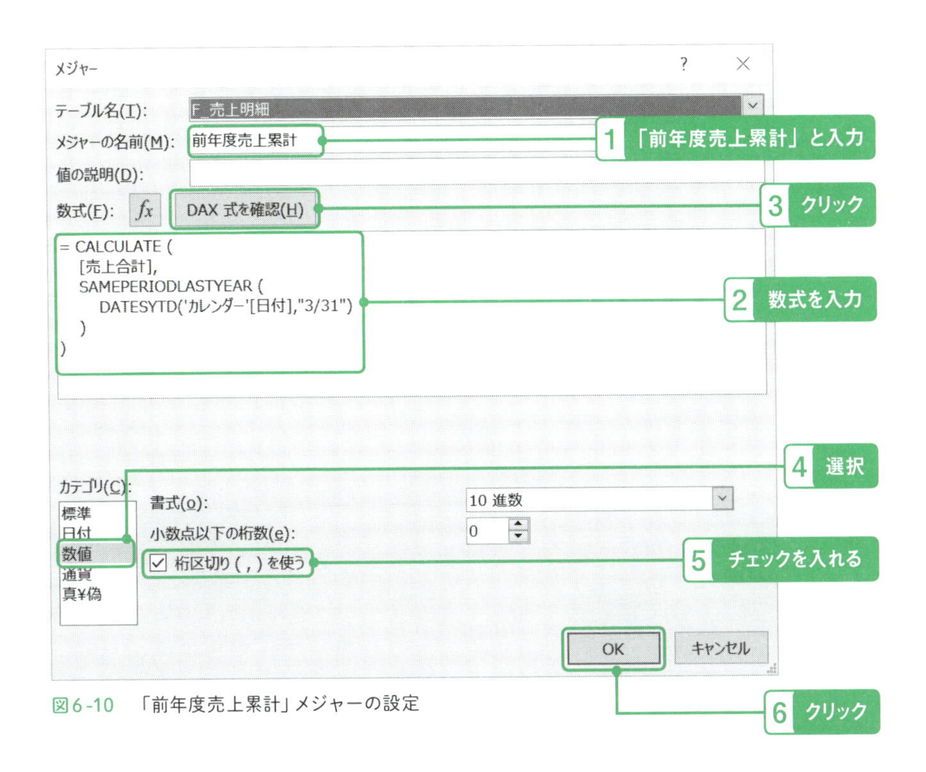

図6-10　「前年度売上累計」メジャーの設定

これで、「前年度売上累計」メジャーを作成できましたので、ピボットテーブルの値セクションに追加して値を確認します。

行ラベル	売上合計	前年度売上合計	売上前年差異	売上前年比	前年度売上累計
⊞2016	91,686,300		91,686,300		
⊟2017	100,564,900	91,686,300	8,878,600	109.7%	91,686,300
⊞Q1	31,196,500	16,283,400	14,913,100	191.6%	16,283,400
⊞Q2	23,106,800	27,359,700	-4,252,900	84.5%	43,643,100
⊞Q3	22,794,000	23,585,500	-791,500	96.6%	67,228,600
⊞Q4	23,467,600	24,457,700	-990,100	96.0%	91,686,300

図6-11　「前年度売上累計」の表示

これで「前年同期比（累計）」を計算する準備ができました。なお、今回は累計での対前年度差異なので、「成長」という言葉を使用します。計算式は以下のようになります。

```
売上成長額 = 当期売上累計 - 前年度売上累計
売上成長率 = 当期売上累計 / 前年度売上累計
```

それではメジャーを作ります。フィールドセクションの「F_売上明細」を右クリックし、「メジャーの追加」で以下のメジャーを作ります。

```
売上成長額
= [当期売上累計] - [前年度売上累計]
```

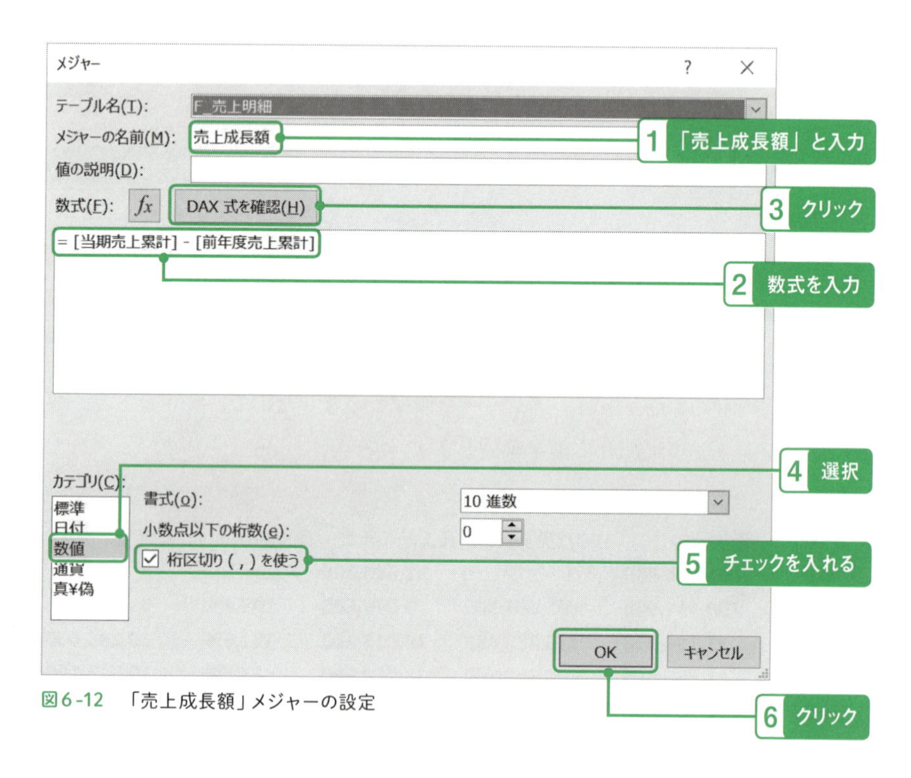

図6-12 「売上成長額」メジャーの設定

```
売上成長率
= DIVIDE([当期売上累計], [前年度売上累計])
```

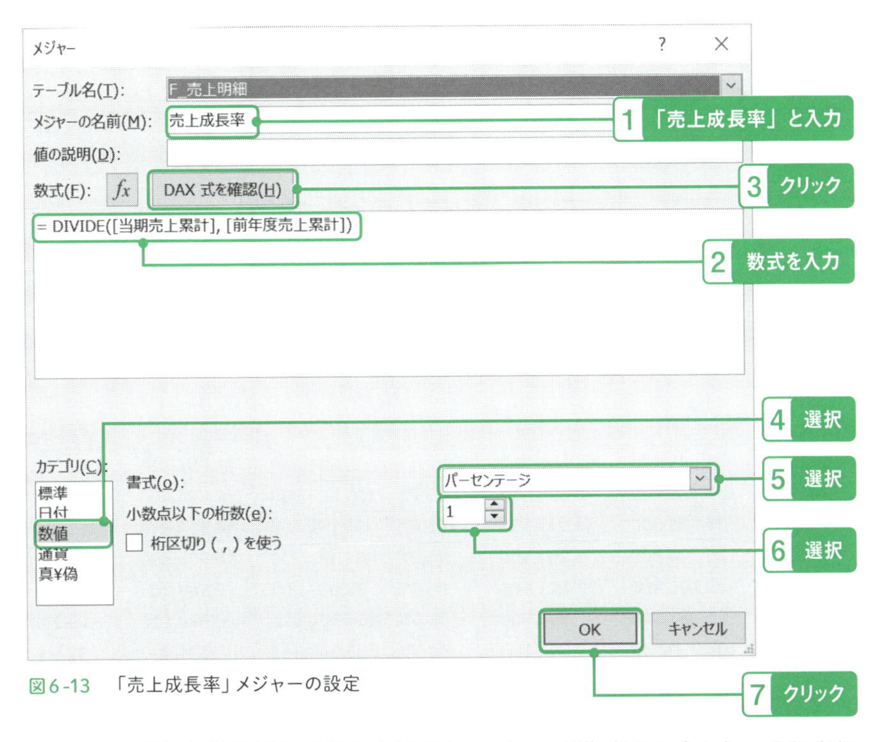

図6-13　「売上成長率」メジャーの設定

これで、「売上成長額」、「売上成長率」メジャーが作成できました。それぞれピボットテーブルの値フィールドに追加します。

行ラベル	売上合計	当期売上累計	前年度売上累計	売上成長額	売上成長率
⊞2016	91,686,300	91,686,300		91,686,300	
⊟2017	100,564,900	100,564,900	91,686,300	8,878,600	109.7%
⊞Q1	31,196,500	31,196,500	16,283,400	14,913,100	191.6%
⊞Q2	23,106,800	54,303,300	43,643,100	10,660,200	124.4%
⊞Q3	22,794,000	77,097,300	67,228,600	9,868,700	114.7%
⊞Q4	23,467,600	100,564,900	91,686,300	8,878,600	109.7%
⊟2018	100,060,600	100,060,600	100,564,900	-504,300	99.5%
⊞Q1	27,997,200	27,997,200	31,196,500	-3,199,300	89.7%
⊞Q2	23,109,300	51,106,500	54,303,300	-3,196,800	94.1%
⊞Q3	25,370,000	76,476,500	77,097,300	-620,800	99.2%
⊞Q4	23,584,100	100,060,600	100,564,900	-504,300	99.5%
⊞2019			100,060,600	-100,060,600	
総計	292,311,800		100,060,600	-100,060,600	

図6-14　「売上成長額」と「売上成長率」の表示

3 条件付き書式で前年比較

これで、必要なメジャーが追加できました。次に見栄えを整えていきます。まず、「前年度売上合計」、「前年度売上累計」メジャーを外し、「当期売上累計」メジャーを追加した後、以下のようにピボットテーブルの値セクションの順番を変えてください。

行ラベル	売上合計	売上前年差異	売上前年比	当期売上累計	売上成長額	売上成長率
⊞2016	91,686,300	91,686,300		91,686,300	91,686,300	
⊟2017	100,564,900	8,878,600	109.7%	100,564,900	8,878,600	109.7%
⊞Q1	31,196,500	14,913,100	191.6%	31,196,500	14,913,100	191.6%
⊞Q2	23,106,800	-4,252,900	84.5%	54,303,300	10,660,200	124.4%
⊞Q3	22,794,000	-791,500	96.6%	77,097,300	9,868,700	114.7%
⊞Q4	23,467,600	-990,100	96.0%	100,564,900	8,878,600	109.7%
⊟2018	100,060,600	-504,300	99.5%	100,060,600	-504,300	99.5%
⊞Q1	27,997,200	-3,199,300	89.7%	27,997,200	-3,199,300	89.7%
⊞Q2	23,109,300	2,500	100.0%	51,106,500	-3,196,800	94.1%
⊞Q3	25,370,000	2,576,000	111.3%	76,476,500	-620,800	99.2%
⊞Q4	23,584,100	116,500	100.5%	100,060,600	-504,300	99.5%
⊞2019		-100,060,600			-100,060,600	
総計	292,311,800	0	100.0%		-100,060,600	

図6-15　メジャーを並べ替えたテーブル

かなりたくさんの数字が並んでいます。見栄えを考えるにあたっては**「考えなくても重要なポイントが目に飛び込んでくる」**ことが原則ですので、この方針に沿って、「事実としての数字」と「比較結果としての数字」とで色分けをします。

- ・売上、売上累計 ▶ 黒
- ・比較 ▶ プラスなら青、マイナスなら赤

事実としての数字の「売上合計」、「当期売上累計」については設定不要です。

まずは、「売上前年度差異」から始めます。「売上前年度差異」の値にカーソルを置き「ホーム」メニューの「条件付き書式」から「ルールの管理」を選び

「新規ルール」をクリックして、以下のルールを作成します。

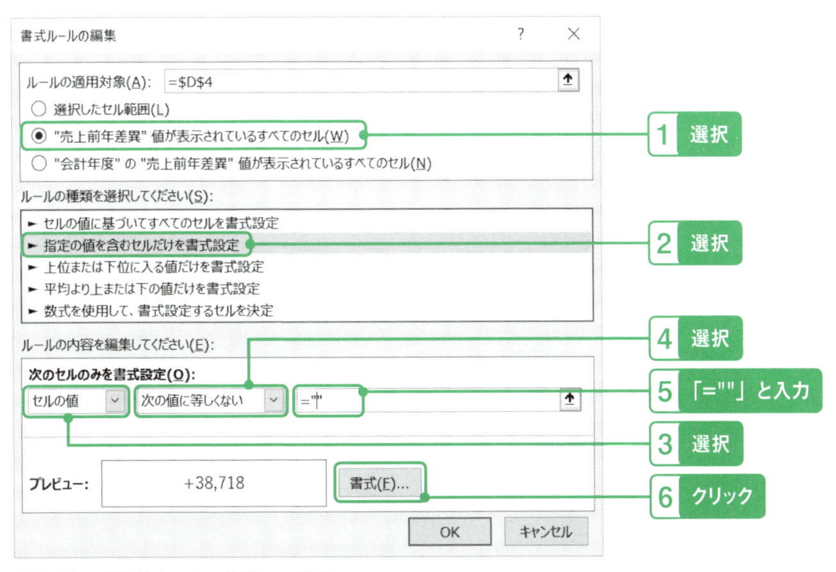

図6-16　「書式ルールの編集」の設定

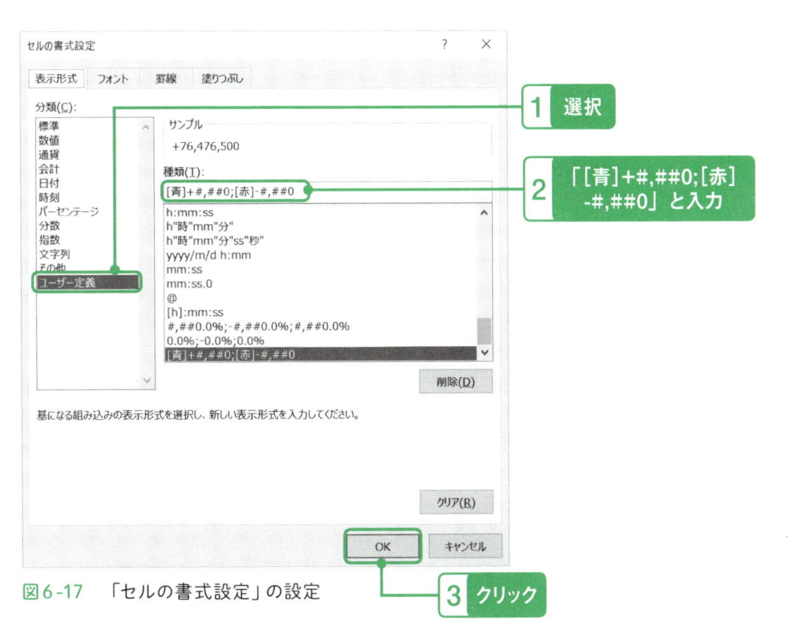

図6-17　「セルの書式設定」の設定

このまま、「書式ルールの編集」画面、「条件付き書式ルールの管理」画面で「OK」をクリックし、ピボットテーブルを確認します。

これで1つの条件付き書式設定で正の値、負の値の表示形式、色を分けることができました。

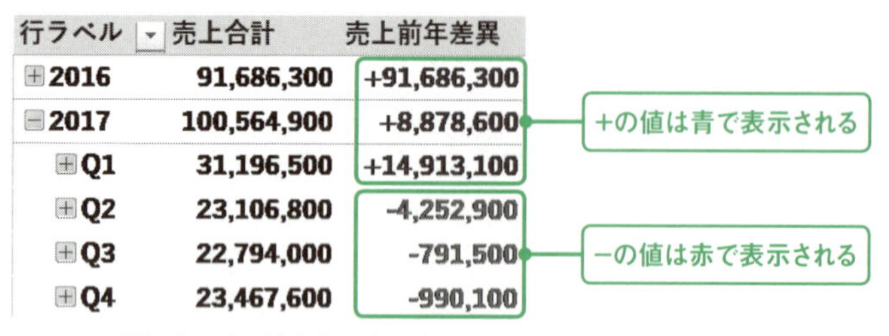

行ラベル	売上合計	売上前年差異
⊞2016	91,686,300	+91,686,300
⊟2017	100,564,900	+8,878,600
⊞Q1	31,196,500	+14,913,100
⊞Q2	23,106,800	-4,252,900
⊞Q3	22,794,000	-791,500
⊞Q4	23,467,600	-990,100

図6-18　増加分は青、減少分は赤で表示

「売上成長額」メジャーにも同じ条件付き書式ルールを設定します。

条件付き書式ルールの管理　?　×

書式ルールの表示(S):　このピボットテーブル

新規ルール(N)...　ルールの編集(E)...　ルールの削除(D)

ルール (表示順で適用)	書式	適用先	条件を満たす場合は停止
セルの値 <> "...	+38,718	売上成長額	☐
セルの値 <> "...	+38,718	売上前年差異	☐

OK　閉じる　適用

図6-19　「条件付き書式ルールの管理」の一覧

次に「売上前年比」と「売上成長率」ですが、こちらは100%が前年度と同じ値になるので、100%を基準として色分けします。

「売上前年比」の値にカーソルを置き「ホーム」メニューの「条件付き書式」から「ルールの管理」を選び、「新規ルール」をクリックして、以下のルールを作ります。

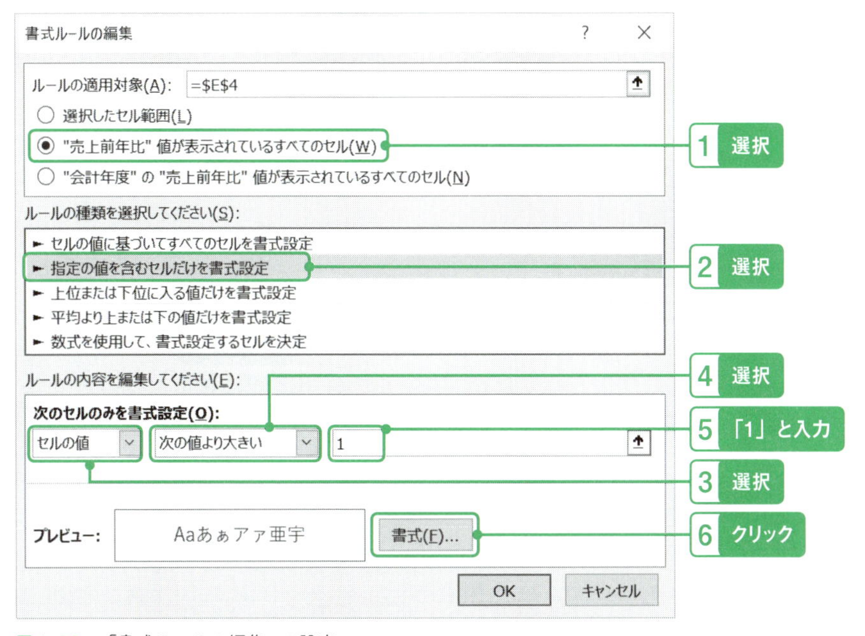

図6-20　「書式ルールの編集」の設定

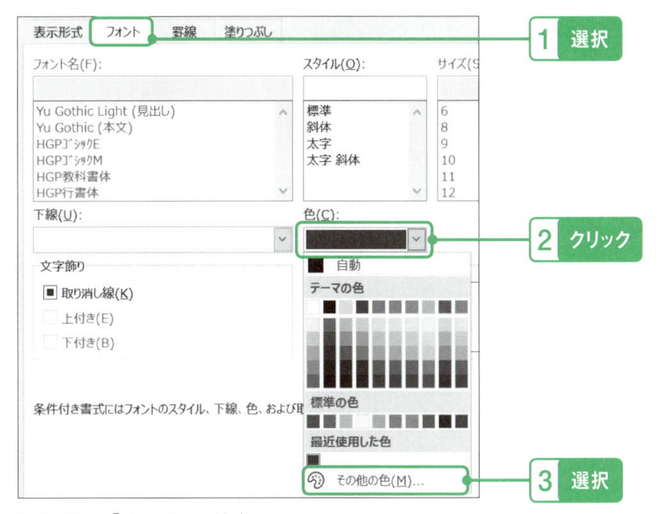

図6-21　「フォント」の設定

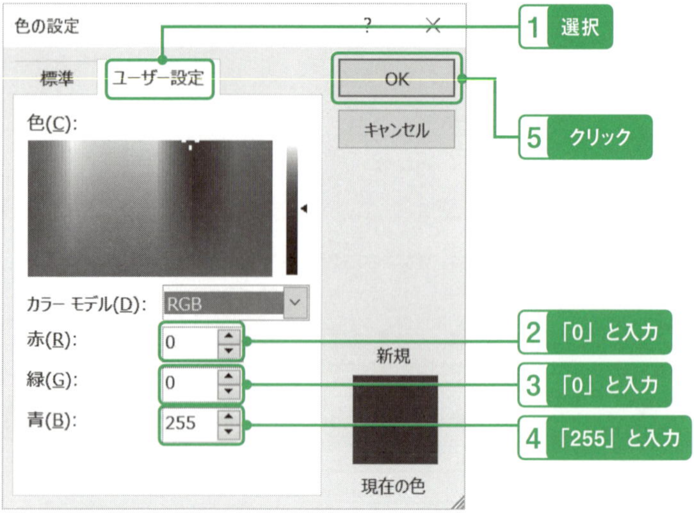

図6-22　色の設定-ユーザー設定

このまま、「セルの書式設定」画面、「新しい書式ルール」画面でOKをクリックし、ピボットテーブルを確認してください。

これで100%を超えている場合は、青字になりました。

行ラベル	売上合計	売上前年差異	売上前年比
⊞2016	91,686,300	+91,686,300	
⊞2017	100,564,900	+8,878,600	109.7%
⊟2018	100,060,600	-504,300	99.5%
⊞Q1	27,997,200	-3,199,300	89.7%

図6-23　100%以上が青で表示

同様にして、以下の書式ルールの設定を行ってください。

・売上前年比 ＜（次の値より小さい）1 ▶ 赤：255、緑：0、青：0
・売上成長率 ＞（次の値より大きい）1 ▶ 赤：0、　緑：0、青：255
・売上成長率 ＜（次の値より小さい）1 ▶ 赤：255、緑：0、青：0

以下が、今回追加したルールです。

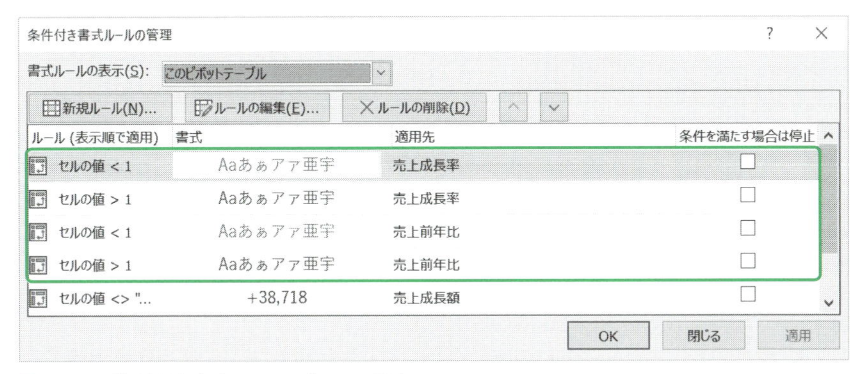

図6-24　「条件付き書式ルールの管理」の設定

これで、ポイントが色でハイライトされるようになりました。

行ラベル	売上合計	売上前年差異	売上前年比	当期売上累計	売上成長額	売上成長率
⊞2016	91,686,300	+91,686,300		91,686,300	+91,686,300	
⊞2017	100,564,900	+8,878,600	109.7%	100,564,900	+8,878,600	109.7%
⊟2018	100,060,600	-504,300	99.5%	100,060,600	-504,300	99.5%
⊞Q1	27,997,200	-3,199,300	89.7%	27,997,200	-3,199,300	89.7%
⊞Q2	23,109,300	+2,500	100.0%	51,106,500	-3,196,800	94.1%
⊞Q3	25,370,000	+2,576,000	111.3%	76,476,500	-620,800	99.2%
⊞Q4	23,584,100	+116,500	100.5%	100,060,600	-504,300	99.5%

図6-25　条件付き書式が設定されたテーブル

[第7章]

予算vs実績比較

本章では、予算と実蹟の比較を行います。
予算と実績を比較するには、
予算と実績の2つの数字テーブルを
共通するまとめテーブル
（支店、商品カテゴリー、カレンダー）で
連結した「ダイヤ型データモデル」を作る点がポイントです。
また、予算情報の取り込みには、
複数のExcelシートをまとめて読み込むテクニック、
およびクロス集計表をテーブルの形に変換する
「ピボット解除」というテクニックを使います。

1 予算vs実績比較の見立て

今回は、新しいテーブルを追加して、データモデルを見直すので、「みたてる」ステップから始めます。

予算ファイルの構造

今回新しく追加するデータソースは、「予算」Excelファイルです。「データソース」フォルダーの予算ファイルを見ると、ファイルは年度ごとに分かれ、予算_YYYYというように末尾に会計年度を示す数字が付けられています。「とりこむ」ステップでは、**これら複数のExcelファイルを、まとめて1つのテーブルに取り込みます。**

予算_2016.xlsx
予算_2017.xlsx
予算_2018.xlsx

図7-1　予算Excelファイル

次に、それぞれのブックの中身を確認していくと、「予算」シート1つが存在しているだけなので、シートごとの個別対応は不要です。

予算

図7-2　「予算」シート

「予算」シートの中には、各年度の予算をまとめたクロス集計表があります。

行①　行②　列

支店	商品カテゴリー	4月	5月	6月	7月
全社	**合計**	**6,001,000**	**6,001,000**	**6,001,000**	**6,801,000**
	飲料	1,801,000	1,801,000	1,801,000	2,200,000
	食料品	2,100,000	2,100,000	2,100,000	2,401,000
	菓子	800,000	800,000	800,000	800,000
	雑貨	1,300,000	1,300,000	1,300,000	1,400,000
B001 北海道支店	**合計**	**526,000**	**526,000**	**526,000**	**597,000**
	飲料	158,000	158,000	158,000	193,000
	食料品	184,000	184,000	184,000	211,000
	菓子	70,000	70,000	70,000	70,000
	雑貨	114,000	114,000	114,000	123,000

図7-3　「予算」シートの中身

クロス集計表は、行に支店IDと支店名が結合した「支店」と「商品カテゴリー」の2項目が並び、列に4月から3月までの「月」が並んだレイアウトになっています。集計表の交差するセルは、それぞれの組み合わせの予算金額が記入され、合計値も計算されています。

データを取り込むにあたっては、**このピボットテーブルのようなフォーマットを、「ピボット解除」という機能でテーブルの形に変換し、データモデルとして使いやすくする必要があります。**

支店ID	商品カテゴリー	日付	予算
B001	飲料	2016/4/1	158000
B001	飲料	2016/5/1	158000
B001	飲料	2016/6/1	158000
…	…	…	…

図7-4　ピボット解除された「予算」テーブルのイメージ

「ダイヤ型データモデル」について

次に、データモデルの下書きですが、今回は「F_売上明細」と「F_予算」の2つの数字テーブルが登場します。これから作る「F_予算テーブル」の項目を見ると、支店テーブルの「支店ID」、商品テーブルの「商品カテゴリー」、カレンダーテーブルの「日付」があるので、これらの項目を通じて、「F_売上明細」テーブルとまとめテーブルを共有できます。ただし、「商品カテゴリー」については、「商品カテゴリー」をプライマリ・キーとして持つテーブルは存在しないので、新たに追加する必要があります。したがって、データモデルは以下のような形が想定できます。

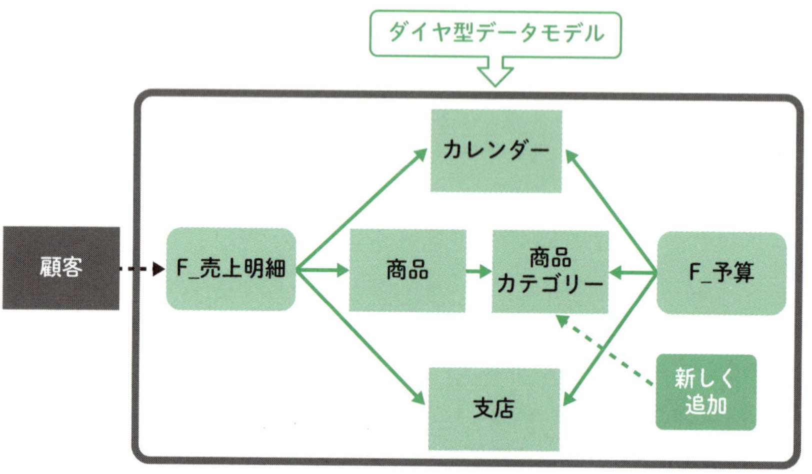

図7-5　予実対比のデータモデル

※なおF_予算テーブルと商品テーブルとを「商品カテゴリー」で直接つなぐと、以下のようなエラーが出ます。これは商品テーブルの「商品カテゴリー」がプライマリ・キー項目ではなく、重複した値を持っているためです。

リレーションシップの作成　?　×

このリレーションシップに使用するテーブルと列の選択

テーブル(T):　データ モデルのテーブル:F_予算

列 (外部)(U):　商品カテゴリー

関連テーブル(R):　データ モデルのテーブル:商品

関連列 (プライマリ)(L):　商品カテゴリー

ⓘ 選択した列の少なくとも 1 つに重複する値が含まれています。テーブル間にリレーションシップを作成するには、選択した列のどちらにも一意の値のみが含まれている必要があります。

OK　キャンセル

図7-6　「F_予算」と「商品」のリレーションシップは作れない

2 複数のExcelファイルを一括取り込み

今回の「とりこむ」ステップには、**複数のファイルをまとめて1つのテーブルにとりこむ**テクニック、**クロス集計表を分解して、横に並んだデータを縦に並べかえる「ピボット解除」**の2つのポイントがあります。どちらも、とても重要なテクニックなので、必ず身につけてください。

「フォルダーから」予算ファイル一覧を取得する

まず、「データ」メニューから以下の手順で予算ファイルが保存されているフォルダーを指定します。

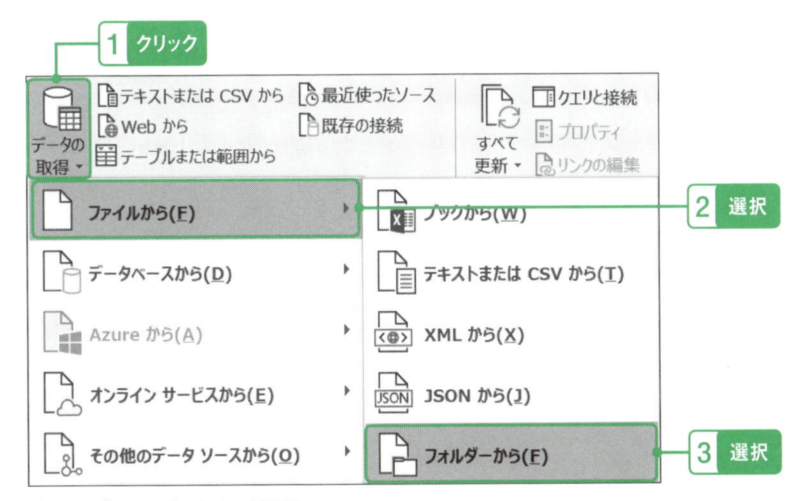

図7-7　「フォルダーから」を選択

※Excel 2016では、［新しいクエリ］→［ファイルから］→［フォルダーから］になります。

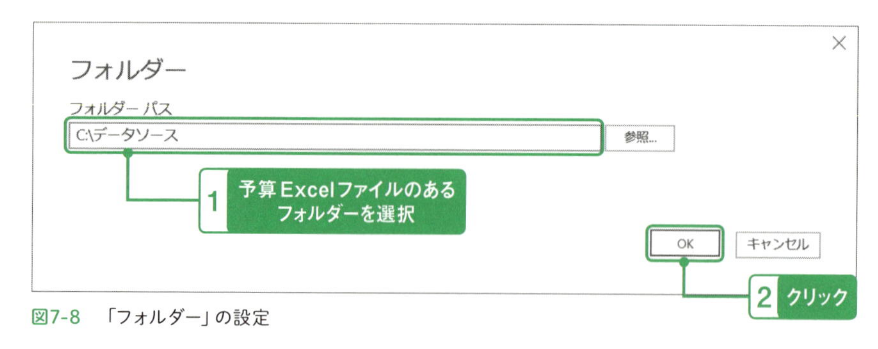

図7-8　「フォルダー」の設定

C:\データソース

Content	Name	Extension	Date accessed	Date modified	Date created	Attributes	Folder Path
Binary	予算_2016.xlsx	.xlsx	2019/03/22 20:54:21	2019/03/22 20:54:21	2019/03/03 7:44:39	Record	C:\データソース\
Binary	予算_2017.xlsx	.xlsx	2019/03/22 20:54:16	2019/03/22 20:54:16	2019/03/22 20:50:07	Record	C:\データソース\
Binary	予算_2018.xlsx	.xlsx	2019/03/22 20:54:54	2019/03/22 20:54:54	2019/03/22 20:52:09	Record	C:\データソース\
Binary	商品.csv	.csv	2019/03/17 20:36:37	2019/03/17 20:36:37	2019/03/17 20:36:37	Record	C:\データソース\

図7-9　データソースのプレビュー（ファイルの一覧）

図7-10　「データの変換」ボタン

Power Queryエディター画面が表示されます。この段階では、「C：¥データソース」の中にあるファイルの一覧が表示されています。

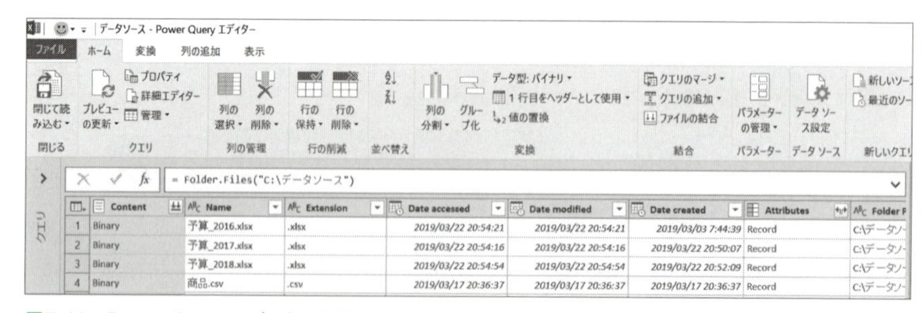

図7-11　Power Queryエディター画面

まず、クエリの名前を「F_予算」に変更しておきます。

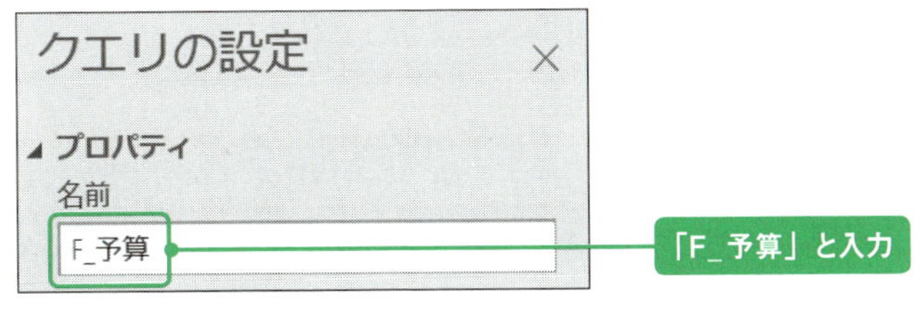

図7-12　クエリの名前

次に、「予算」ファイルのみを表示するように、「Name」列に「テキストフィルター」をかけます。

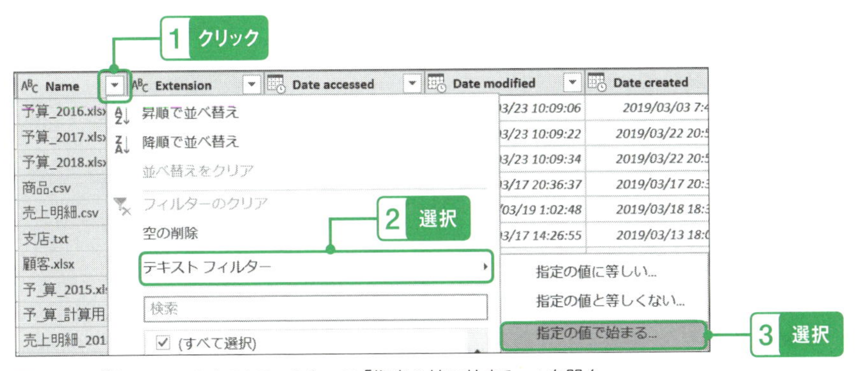

図7-13　「Name」でテキストフィルターの「指定の値で始まる…」を開く

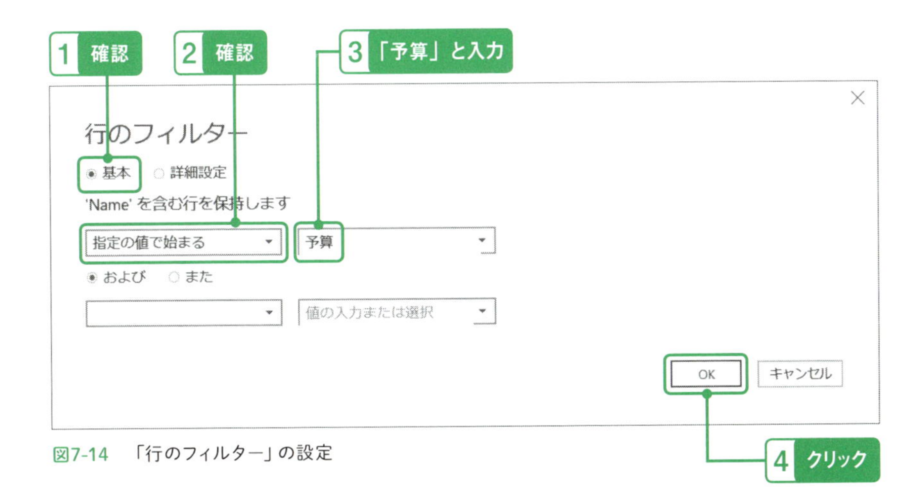

図7-14　「行のフィルター」の設定

これで、「予算」で始まる名前のファイルのみに絞り込まれました。

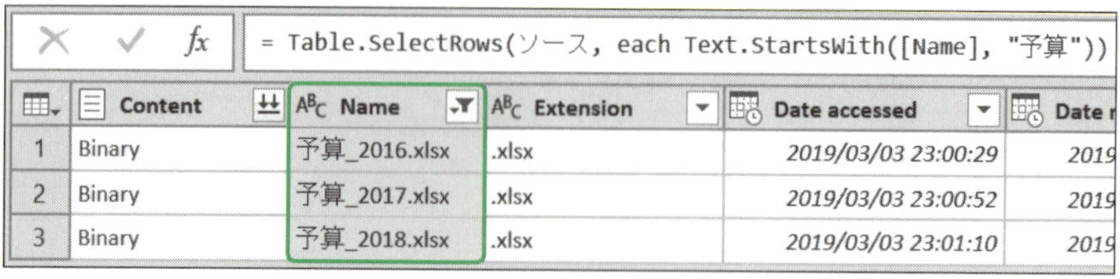

```
= Table.SelectRows(ソース, each Text.StartsWith([Name], "予算"))
```

	Content	Name	Extension	Date accessed	Date r
1	Binary	予算_2016.xlsx	.xlsx	2019/03/03 23:00:29	2019
2	Binary	予算_2017.xlsx	.xlsx	2019/03/03 23:00:52	2019
3	Binary	予算_2018.xlsx	.xlsx	2019/03/03 23:01:10	2019

図7-15　Nameが「予算」で始まるファイルに絞り込まれた

「カスタム列」でデータを一括取得

次がもっとも重要なステップです。これらExcelファイルのファイルの中身を取得するための「カスタム列」を追加します。なお、カスタム列の関数は、**アルファベットの大文字・小文字を区別しています**ので、大文字・小文字を正確に入力してください。「列の追加」メニューで「カスタム列」をクリックして以下の式を入力します。

```
Excel.Workbook([Content])
```

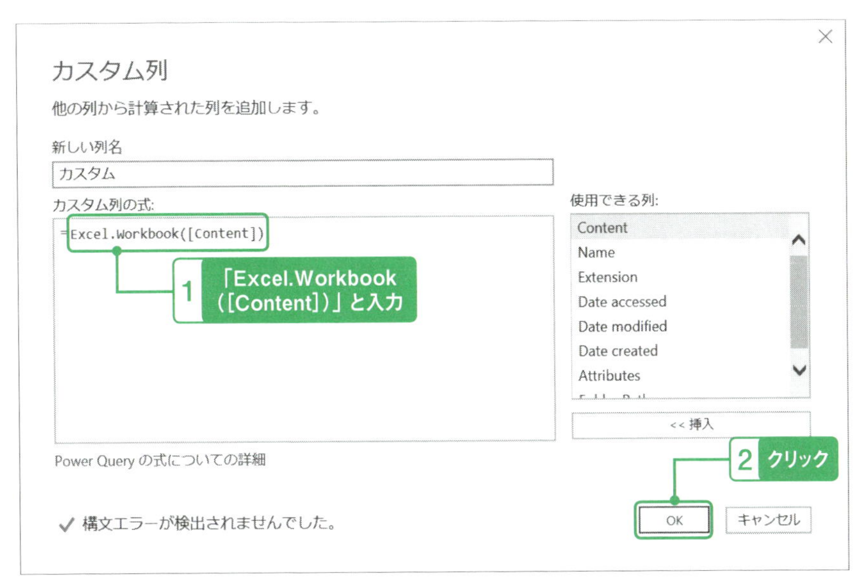

図7-16 「カスタム列」の追加

以下のように「Table」という名前の「カスタム」列が右端に追加されます。

図7-17 追加された「カスタム」列

ここまで来たら、「Name」と「カスタム」以外の列を削除します。Ctrlキーを押しながら、「Name」「カスタム」を選択し、「ホーム」メニューから「列の削除」→「他の列の削除」を実行してください。

	Name	カスタム
1	予算_2016.xlsx	Table
2	予算_2017.xlsx	Table
3	予算_2018.xlsx	Table

図7-18 「Name」と「カスタム」のみになった列

次に「カスタム」列を展開します。

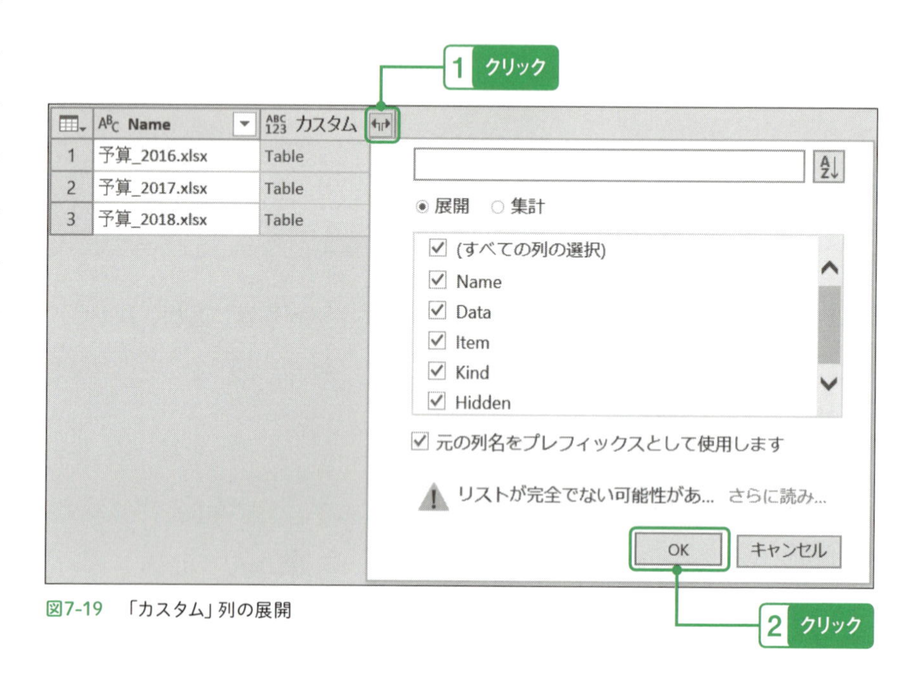

図7-19 「カスタム」列の展開

	Name	カスタム.Na...	カスタム.Data	カスタム.Item	カスタム.Kind	カスタム.Hidden
1	予算_2016.xlsx	予算	Table	予算	Sheet	FALSE
2	予算_2017.xlsx	予算	Table	予算	Sheet	FALSE
3	予算_2018.xlsx	予算	Table	予算	Sheet	FALSE

図7-20 展開された「カスタム」列

これで「カスタム」列が展開されましたが、この中で使用するのは、「Name」と「カスタム.Data」列のみなので、先ほどと同じ手順で他の項目を削除します。

	ABC Name	ABC 123 カスタム.Data
1	予算_2016.xlsx	Table
2	予算_2017.xlsx	Table
3	予算_2018.xlsx	Table

図7-21　「Name」と「カスタム.Data」のみを残して削除

いよいよ、「カスタム.Data」列を展開して、Excelシートのデータを取得します。

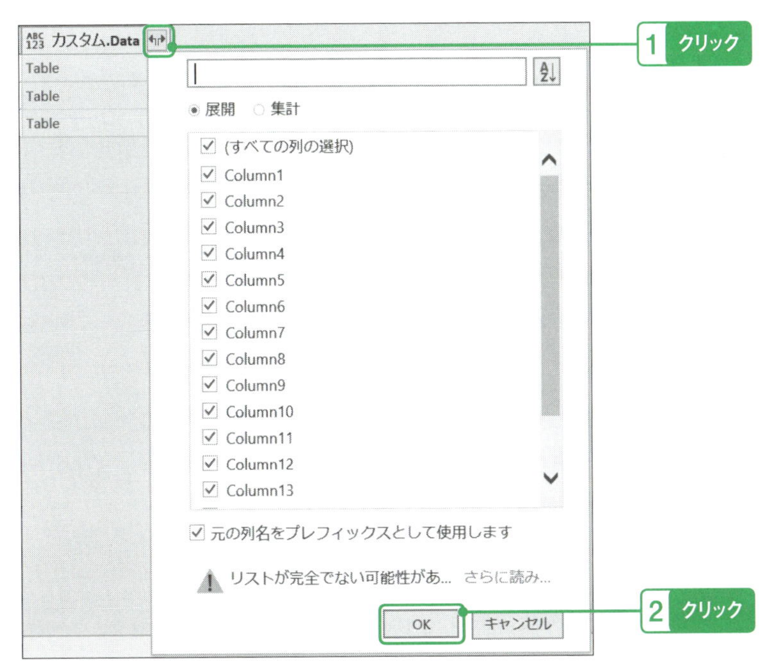

図7-22　「カスタム.Data」列の展開

これで読み込んだすべてのExcelファイルのデータが表示されます。左側の「Name」列が、読み込んでいるファイル名です。

予算2016.xlsxのデータ

	Name	カスタム.Data.Colu...	カスタム.Data.Colu...	カスタム.Data.Colu...	カスタム.Data.Colu...	カスタム.Data.Colu...
27	予算_2016.xlsx	B005 九州支店	合計	1052000	1052000	1052000
28	予算_2016.xlsx	null	飲料	316000	316000	316000
29	予算_2016.xlsx	null	食料品	368000	368000	368000
30	予算_2016.xlsx	null	菓子	140000	140000	140000
31	予算_2016.xlsx	null	雑貨	228000	228000	228000
32	予算_2017.xlsx	支店	商品カテゴリー	4月	5月	6月
33	予算_2017.xlsx	全社	合計	6401000	6401000	6401000

図7-23　「カスタム.Data」列が展開されたデータ

予算2017.xlsxのデータ

ピボット解除で横に並んだデータを縦に

これから取り込んだファイルを「F_予算」テーブルの形に整形していきます。

まず「変換」メニューの「1行目をヘッダーとして使用」をクリックして、項目名を用意します。

	予算_2016.xlsx	支店	商品カテ...	4月	5月	6月
1	予算_2016.xlsx	全社	合計	6001000	6001000	6001000
2	予算_2016.xlsx	null	飲料	1801000	1801000	1801000
3	予算_2016.xlsx	null	食料品	2100000	2100000	2100000

図7-24　1行目がヘッダー（項目名）に昇格

次に「予算_2016.xlsx」の列名をダブルクリックし、「会計年度」と入力して名前を変更します。

	会計年度	支店
1	予算_2016.xlsx	全社

図7-25　「予算_2016.xlsx」の列名を「会計年度」に変更

ここで、「予算_2016.xlsx」という列名を「会計年度」とリネームしました。しかし、「予算_2016.xlsx」という名前はフォルダーの中にある、ひとつのファイル名であり、例えば「予算_2015.xlsx」というファイルが同じフォルダーに追加された状態でデータ更新を行うと、以下のようなエラーが発生してしまいます。

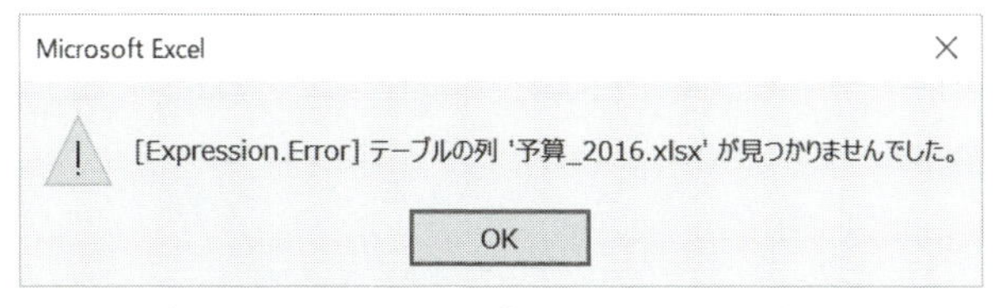

図7-26　データソースのファイルに「予算_2015.xlsx」がある状態でデータを更新したときのエラー

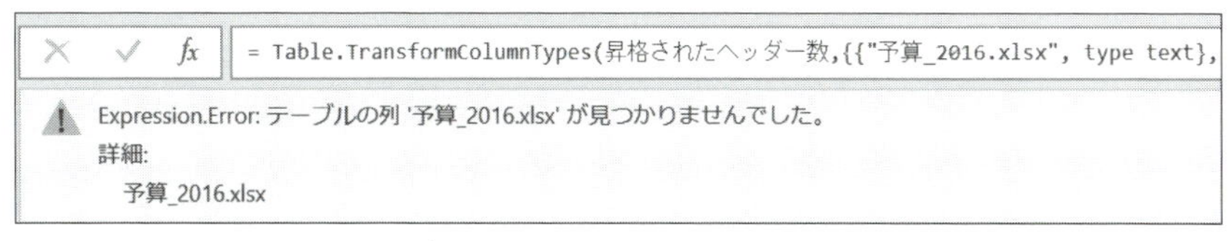

図7-27　「変更された型」ステップのエラー

これは「2015」が「2016」より先に読み込まれ、昇格された1行目のデータが「予算_2015.xlsx」になってしまったために、リネームするはずの「予算_2016.xlsx」が見つからないことが原因です。実運用上でこのような問題が発生しないように、以下の変更を加えます。

まず、「昇格されたヘッダー数」の次の「変更された型」ステップを削除します。「ステップの削除」警告画面が表示されますが、そのまま削除します。

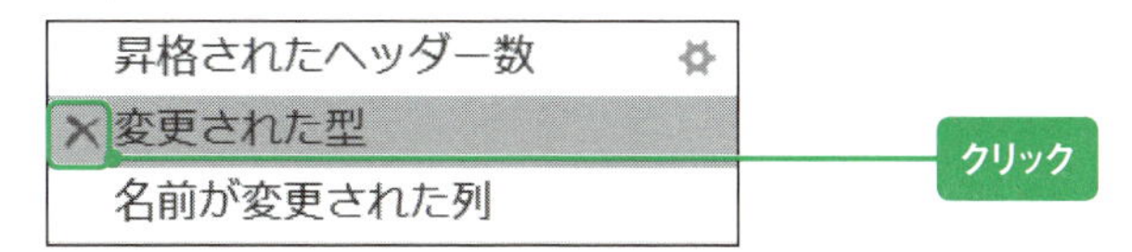

図7-28　「変更された型」ステップを削除

次に、ステップの中から「名前が変更された列」を選び数式バーで、以下の太字の部分のみ変更します。大文字・小文字、全角・半角を間違えないように注意してください。

【変更前】

= Table.RenameColumns(昇格されたヘッダー数,{{"予算_2016.xlsx", "会計年度"}})

【変更後】

= Table.RenameColumns(昇格されたヘッダー数,{{Table.ColumnNames(#"昇格されたヘッダー数"){0} ,"会計年度"}})

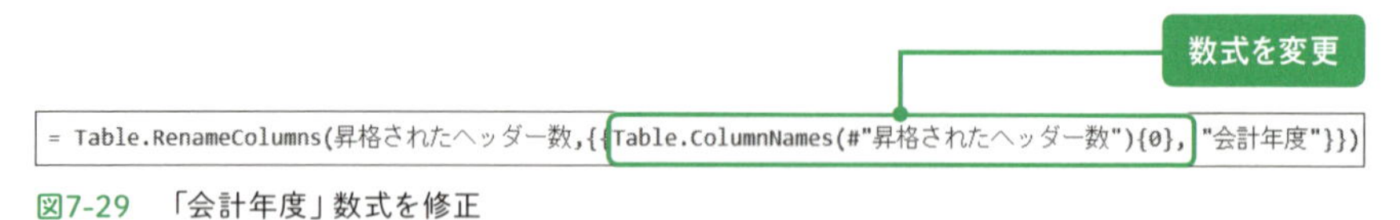

図7-29　「会計年度」数式を修正

これは、値にかからず1つ目の列名を参照する式です。これで、別のファイルが追加されても無事に取り込めるようになりました。

次に、「会計年度」列から数字部分のみを取り出します。現在のデータは「予算_YYYY.xlsx」であり、数字部分は、先頭3文字目の後の4文字なので、「会計年度」列を選択した後、「変換」メニューから、以下の手順で取得します。

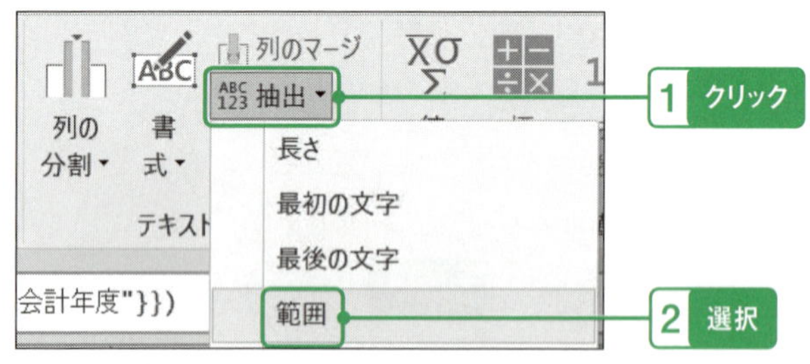

図7-30　「抽出」-「範囲」を選択

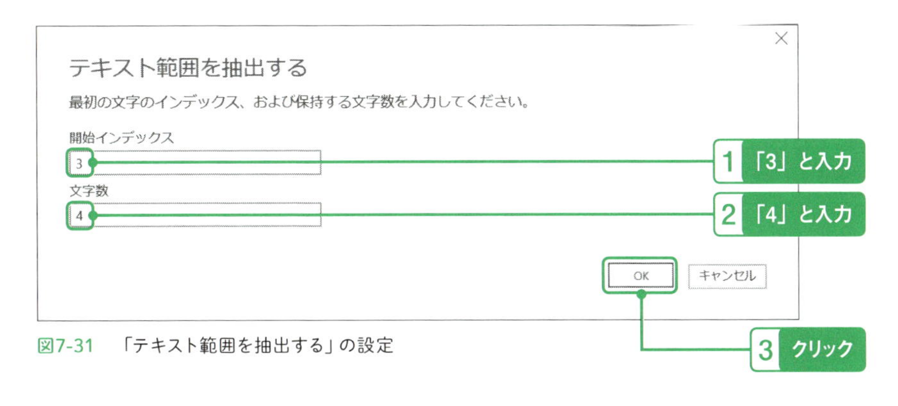

図7-31　「テキスト範囲を抽出する」の設定

無事、数字部分のみが抽出されました。

	ABC 会計年度
1	2016
2	2016
3	2016

図7-32　「会計年度」のデータ型は「テキスト」

次に、「会計年度」のデータ型をテキスト型から整数型に変換します。

図7-33　「整数」型になった「会計年度」

「合計」以降の列は不要なので削除します。「3月」の右の、「合計」列を選択し、「ホーム」メニューの「列の削除」をクリックします。結果、最終列は「3月」になります。

ABC 123 1月	ABC 123 2月	ABC 123 3月
7100000	7100000	7100000
2000000	2000000	2000000
2300000	2300000	2300000

図7-34　「合計」列を削除したデータ

次に、「支店」列の空白データ（null）を埋めます。これは取り込んだExcelファイルの中で、複数行が1つのセルに結合されていたためです。

	1²3 会計年...	ABC 支店
1	2016	全社
2	2016	null
3	2016	null
4	2016	null
5	2016	null
6	2016	B001 北海道...

図7-35　null=空白行が点在するデータ

データの傾向を見ると、先頭行のみにデータが存在しているので、先頭行のデータを下にコピーしてデータを用意します。「支店」列を選択し、「変換」メニューから以下の手順でコピーします。

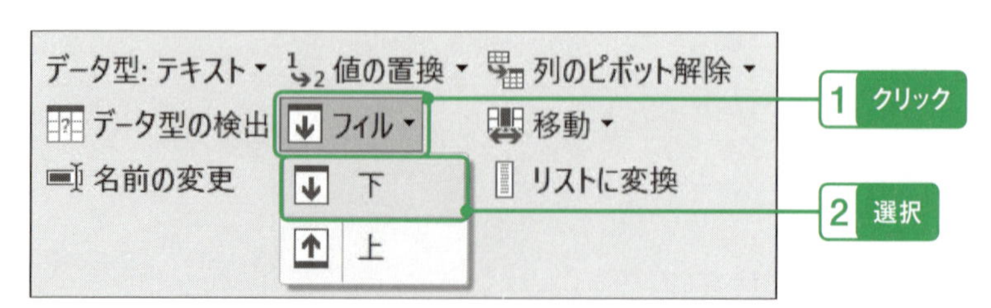

図7-36　「フィル」でデータをコピー

これで空白データが埋められました。

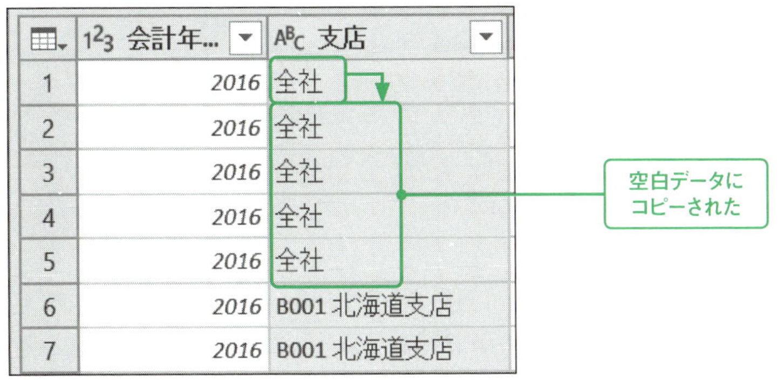

	会計年...	支店
1	2016	全社
2	2016	全社
3	2016	全社
4	2016	全社
5	2016	全社
6	2016	B001 北海道支店
7	2016	B001 北海道支店

図7-37　「フィル」により空白を埋める

いよいよ「ピボット解除」です。横に並んだ4月から3月のデータを縦に並べ替えます。

まず、shiftキーを押しながら「4月」と「3月」をクリックし、12列を選択します。

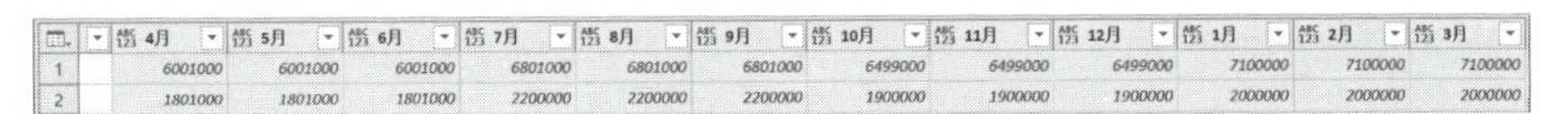

		4月	5月	6月	7月	8月	9月	10月	11月	12月	1月	2月	3月
1		6001000	6001000	6001000	6801000	6801000	6801000	6499000	6499000	6499000	7100000	7100000	7100000
2		1801000	1801000	1801000	2200000	2200000	2200000	1900000	1900000	1900000	2000000	2000000	2000000

図7-38　「4月」から「3月」までの12列を選択

次に、「変換」メニューから、以下の手順で「列のピボット解除」を実行します。

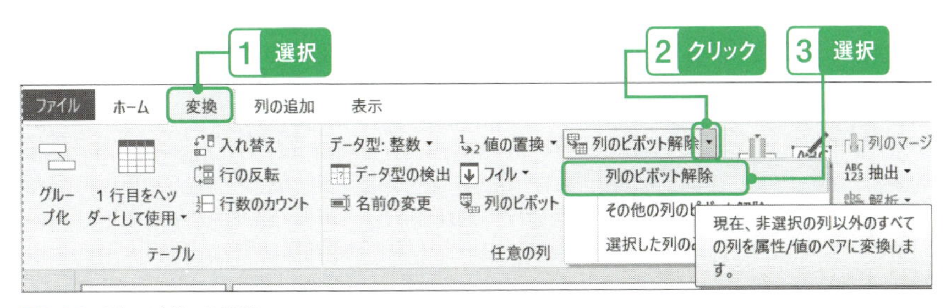

図7-39　列のピボット解除

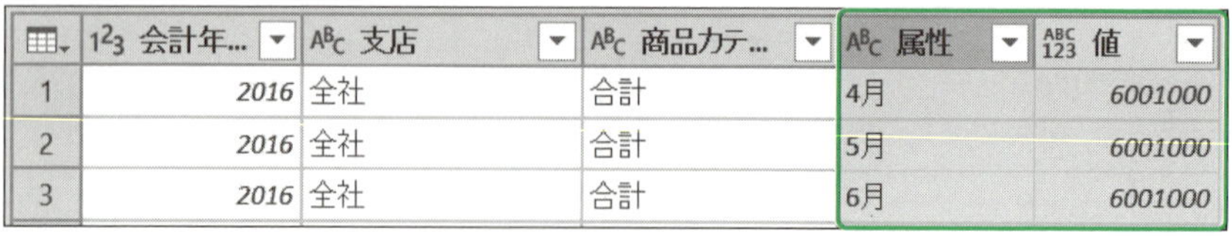

	会計年...	支店	商品カテ...	属性	値
1	2016	全社	合計	4月	6001000
2	2016	全社	合計	5月	6001000
3	2016	全社	合計	6月	6001000

図7-40　「月」ごとの数字をピボット解除した結果

データがきれいに縦に並びました。4月から3月までの項目名が新しく作られた「属性」として、それぞれの月の予算額が「値」として行に並びました。**クロス集計表は、この「ピボット解除」によりテーブルの形に変換します。**

テキストを日付データに変換

次に「会計年度」と「月」の組み合わせから暦の「日付」データを作ります。まず、「属性」列をダブルクリックして「月」にリネームします。

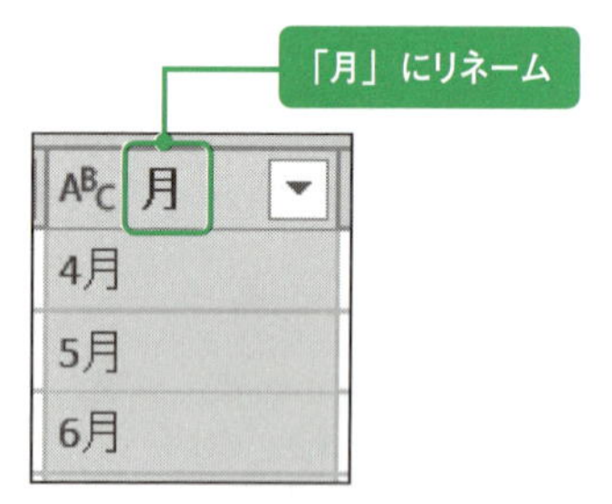

図7-41　「属性」の項目名を「月」に変更

次に、「月」列を選択したまま、以下の手順でテキスト部分をカットします。

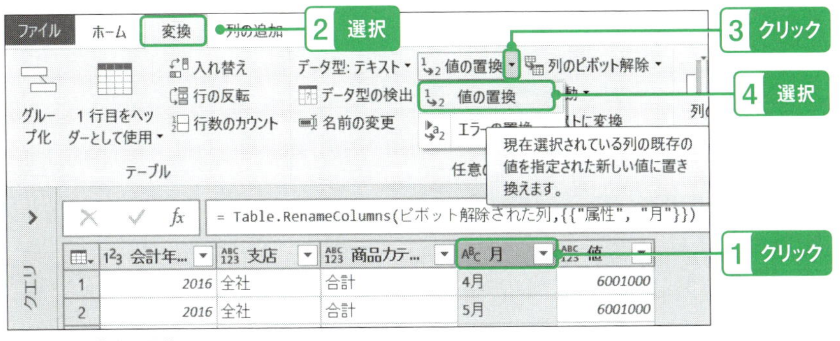

図7-42 「値の置換」メニュー

図7-43 「値の置換」の設定

「月」部分が消えて数字だけの表示になりました。

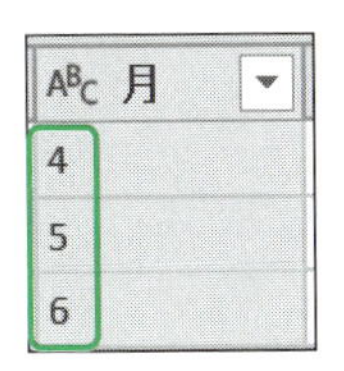

図7-44 「月」が削除された

数の大小を比較したり計算したりするために、「月」のデータ型を整数型に変換します。

図7-45　「整数」型になった「月」

数字が右寄せで表示され、整数型に変換されたことが分かります。

※Power QueryはExcelと異なり、値の計算や比較を行うときにデータ型が異なっていると自動的に型を変更しません。データ型の不一致はPower Queryでもっとも多いエラーの原因なので注意してください。

次に、「会計年度」と「月」の組み合わせから「暦年度」を計算します。今回のカレンダーでは、4月から新しい年度が始まります。したがって、①4月から12月は「会計年度」の値そのまま、②1月、2月、3月は「会計年度」に1を足した値が「暦年度」となります。

まず、「列の追加」メニューで「条件列」をクリックし、以下の手順で「暦年度」列を作ります。この段階では、条件列の入れ物を作るだけなので、何月であれ「暦年度」の値は変わりません。

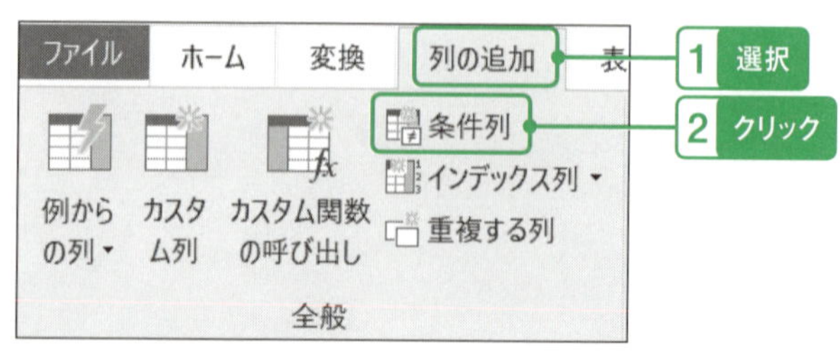

図7-46　「条件列」の追加

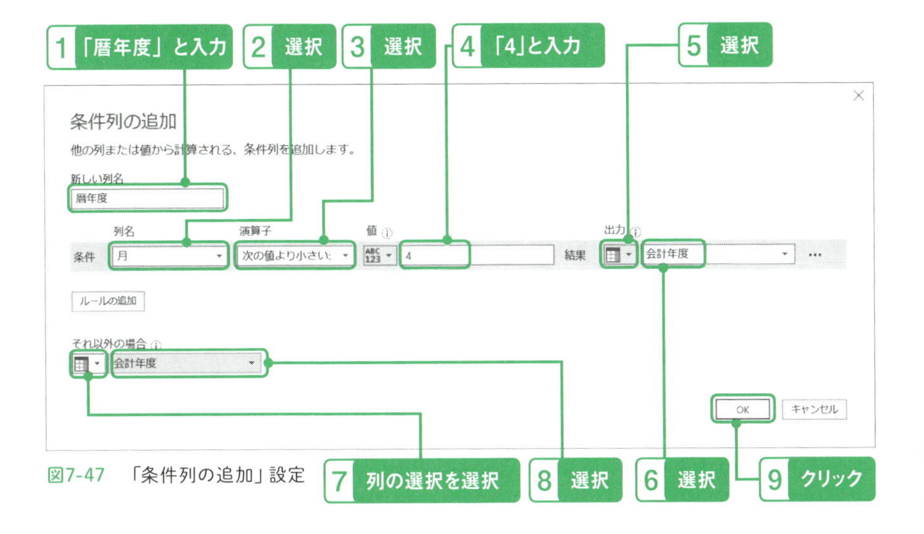

図7-47 「条件列の追加」設定

	会計年...	支店	商品カテ...	月	値	暦年度
1	2016	全社	合計	4	6001000	2016
2	2016	全社	合計	5	6001000	2016
3	2016	全社	合計	6	6001000	2016

図7-48 「暦年度」の仮作成

次に、作成したステップの数式を一部分だけ変えて、正しい「暦年度」を取得します。適用したステップの中から、「追加された条件列」を選び、数式バーで以下の太字の部分のみ追加します。半角で入力するように注意してください。

```
= Table.AddColumn(変更された型2, "暦年度", each if [月] < 4
then [会計年度] + 1 else [会計年度])
```

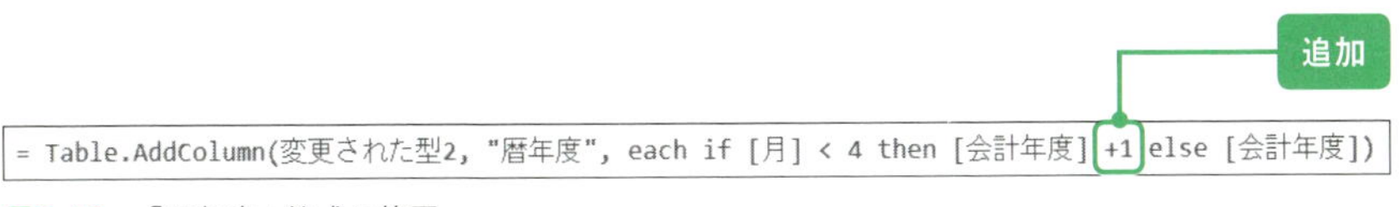

図7-49 「暦年度」数式の修正

これで、12月と1月を境にして、「暦年度」が変化するようになりました。

	会計年...	支店	商品カテ...	月	値	暦年度
9	2016	全社	合計	12	6499000	2016
10	2016	全社	合計	1	7100000	2017
11	2016	全社	合計	2	7100000	2017

図7-50　「暦年度」の算出

これで「日付」を計算する準備ができたので、「日付」列を追加します。任意の日付データをカスタム列で作るには「#date」を使います。「列の追加」メニューより「カスタム列」を選び、以下の式で「日付」列を追加してください。

```
=#date([暦年度],[月],1)
```

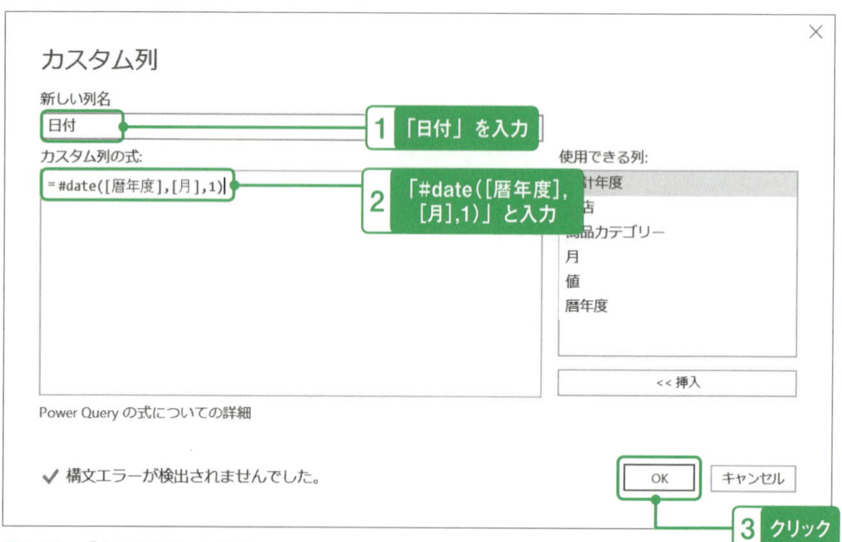

図7-51　「カスタム列」の設定

これで、「日付」データが追加されました。

月	値	暦年度	日付
4	6001000	2016	2016/04/01
5	6001000	2016	2016/05/01
6	6001000	2016	2016/06/01

図7-52　「日付」の算出に成功

最後に、データ型を「日付」型に変更します。

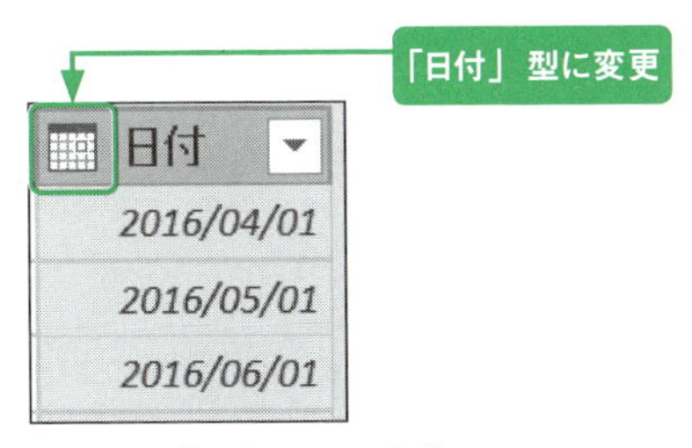

図7-53　「日付」項目の完成

仕上げと予算データのとりこみ

仕上げとして、不要な列の削除、名前の変更、並べ替えを行います。

まず、Ctrlキーを押しながら、「会計年度」、「月」、「暦年度」を選択し、「ホーム」メニューの「列の削除」で削除します。

	支店	商品カテ...	値	日付
1	全社	合計	6001000	2016/04/01
2	全社	合計	6001000	2016/05/01
3	全社	合計	6001000	2016/06/01

図7-54　不要となった「会計年度」「月」「暦年度」を削除したデータ

次に、「値」列を「予算」にリネームし、データ型を整数型に変更します。

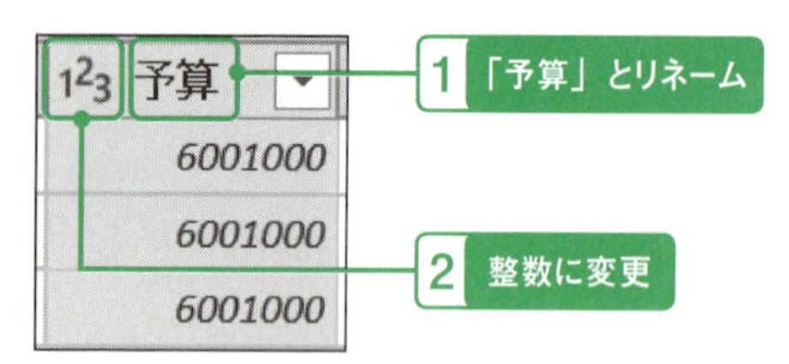

図7-55　「値」の項目名を「予算」に、データ型を「整数」にする

次に、項目の並べ替えを行います。「支店」、「商品カテゴリー」、「日付」、「予算」の順に並び替えます。

ドラッグ＆ドロップで「予算」列を右端に移動

	ABC 支店	ABC 商品カテ...	日付	123 予算
1	全社	合計	2016/04/01	6001000
2	全社	合計	2016/05/01	6001000
3	全社	合計	2016/06/01	6001000

図7-56　項目の並べ替え

ところで、元々のExcelファイルにはヘッダー項目、合計、全社予算がありましたが、これらの情報は取り込む必要がないので、取り込み対象から外します。まず、「支店」列を選択し、項目名右側の▼ボタンをクリックして、以下のフィルターを設定します。

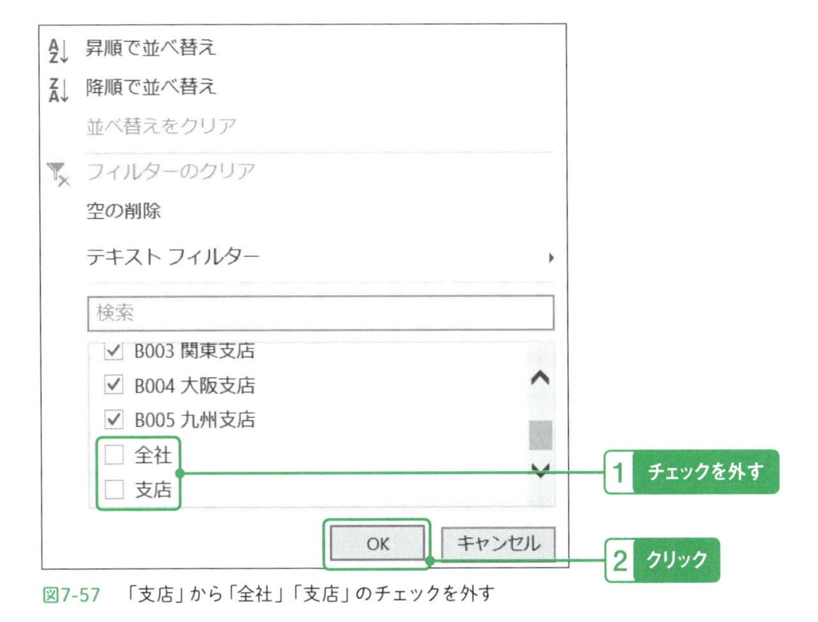

図7-57 「支店」から「全社」「支店」のチェックを外す

同様に、「商品カテゴリー」列を選択し、項目名右側の▼ボタンをクリックして、以下のフィルターを設定します。

図7-58 「商品カテゴリー」から「合計」のチェックを外す

これで、不要なレコードがフィルターされました。

	ABC 支店	ABC 商品カテ...	日付	123 予算
1	B001 北海道支店	飲料	2016/04/01	158000
2	B001 北海道支店	飲料	2016/05/01	158000
3	B001 北海道支店	飲料	2016/06/01	158000

図7-59　不要なレコードがフィルターされた「F_予算」データ

次に、「支店」項目から支店名部分をカットして、「支店ID」のみにします。

「支店」列を選択し、「変換」メニューから以下の手順で「支店ID」のみを切り出します。

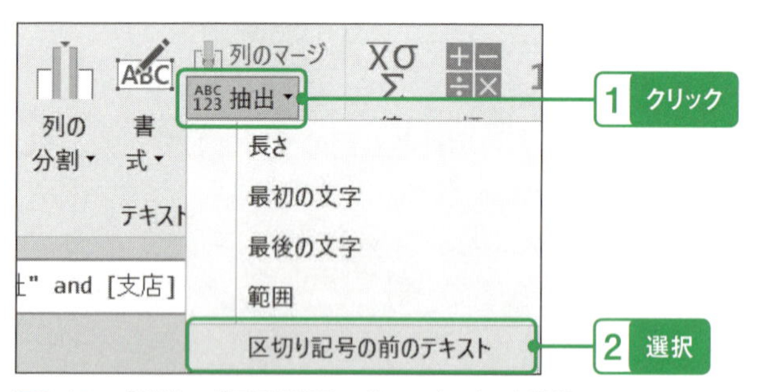

図7-60　「抽出」-「区切り記号の前のテキスト」を選択

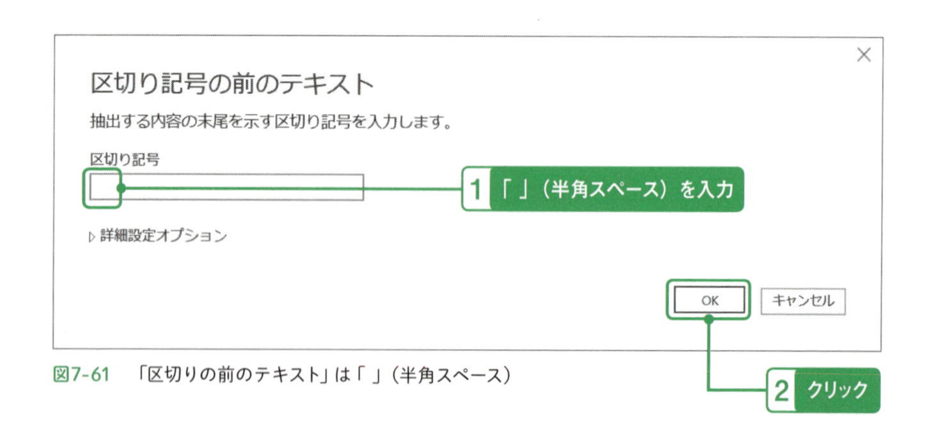

図7-61　「区切りの前のテキスト」は「 」（半角スペース）

支店IDのみを切り出しました。

	ABC 支店	ABC 商品カテ...	日付	123 予算
1	B001	飲料	2016/04/01	158000
2	B001	飲料	2016/05/01	158000
3	B001	飲料	2016/06/01	158000

図7-62　「支店ID」のみを抽出

最後に、「支店」項目を「支店ID」にリネームしておきます。

「支店ID」にリネーム

	ABC 支店ID	ABC 123 商品カテ...	日付	123 予算
1	B001	飲料	2016/04/01	158000
2	B001	飲料	2016/05/01	158000
3	B001	飲料	2016/06/01	158000

図7-63　「支店ID」にリネーム

これでデータの準備ができたので、「閉じて読み込む」を実行してテーブルに取り込みます。

支店ID	商品カテゴリー	日付	予算
B001	飲料	2016/4/1	158000
B001	**飲料**	**2016/5/1**	**158000**
B001	飲料	2016/6/1	158000

図7-64　「F_予算」テーブルへの読み込み

無事、データがワークシートテーブルに取り込まれたら、作成した「F_予算」クエリを「数字テーブル」グループに移動します。「F_予算」クエリを右クリックし、「グループへ移動」の「数字テーブル」を選択します。

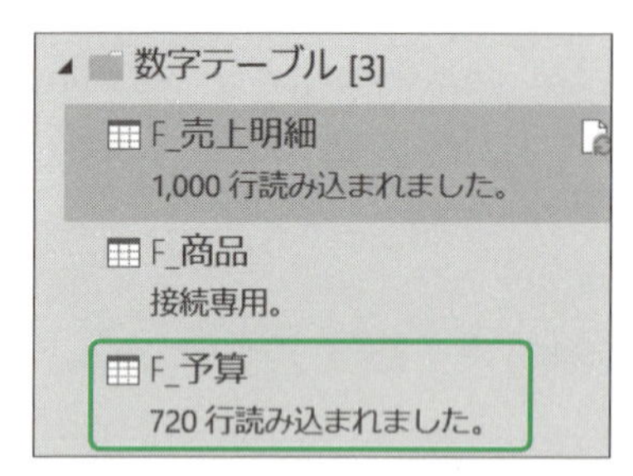

図7-65　「F_予算」クエリを「数字テーブル」グループに移動

なお、この「F_予算」テーブルは数字テーブルですが、レコード数が膨大になる恐れはないのでワークシートテーブル読み込みのままにしておきます。

Excelシート名も忘れずに「F_予算」に変更し、シートの色を緑色に変えておいてください。

F_売上明細　F_予算

図7-66　「F_予算」シートのリネームと色付け

3 「商品カテゴリー」まとめテーブルの作成

次に、「商品」テーブルと「F_予算」テーブルの橋渡しとなる「商品カテゴリー」まとめテーブルを自作します。まず、「商品カテゴリー」シートを追加し、シート見出しの色をオレンジに変更します。

商品　商品カテゴリー

図7-67　「商品カテゴリー」シートの追加

次に、A1セルにカーソルを置き、「商品カテゴリー」と入力します。

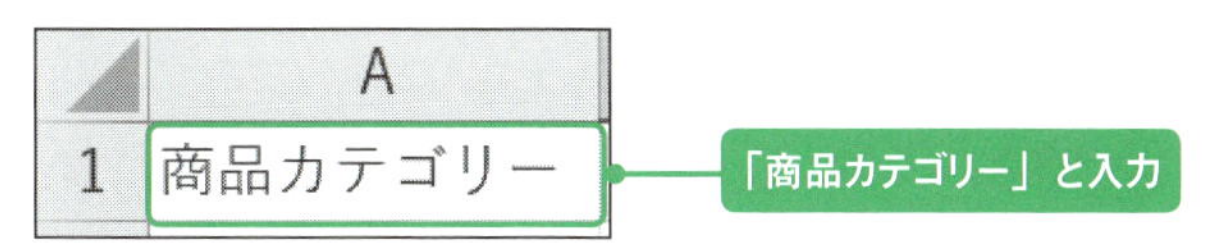

図7-68　「商品カテゴリー」項目の追加

4つの商品カテゴリー（飲料、食料品、菓子、雑貨）を入力します。

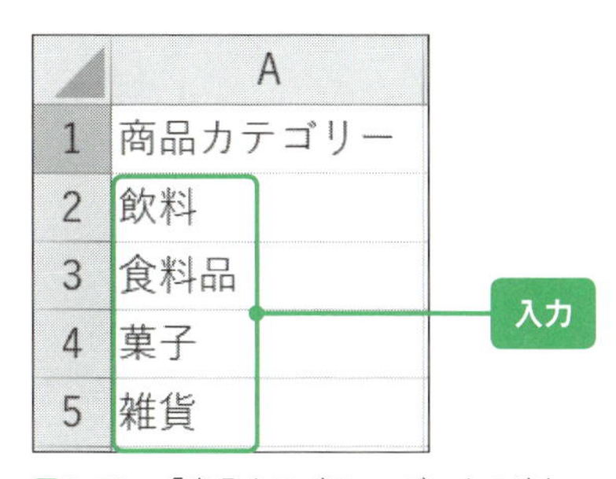

図7-69　「商品カテゴリー」データの追加

A1セルにカーソルを書き、「ホーム」メニューから以下の設定でテーブルに変換します。

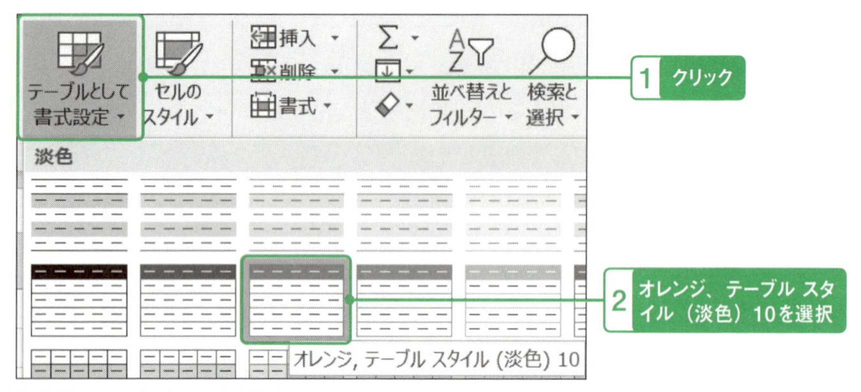

図7-70　テーブルとして書式設定

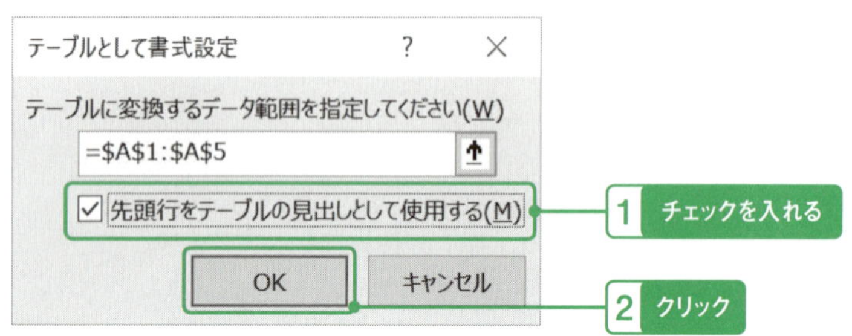

図7-71　「先頭行をテーブルの見出しとして使用する」にチェック

商品カテゴリー
飲料
食料品
菓子
雑貨

図7-72　「商品カテゴリー」テーブルの完成

最後に、「テーブルデザイン」メニューで、テーブル名を変更します。

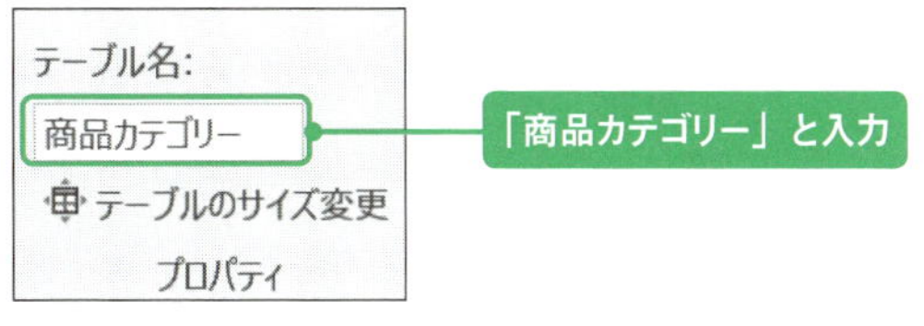

図7-73　「商品カテゴリー」テーブル名の設定

これで「商品カテゴリー」テーブルが用意できました。

4 ダイヤ型データモデルを作る

「つなげる」ステップでは、**実績情報である「F_売上明細」と計画値である「F_予算」の2つの数字テーブルを、まとめテーブルを介してつなげる**という点が最大のポイントです。今回、共有するまとめテーブルは「支店」「商品カテゴリー」、「カレンダー」の3つです。

「F_予算」と「支店」をつなぐ

まず、「F_予算」と「支店」をつなぎます。

「データ」メニューから「リレーションシップ」アイコンをクリックして、「リレーションシップの管理」画面を開き、「新規作成」ボタンをクリックし、以下の設定でリレーションシップを作ります。

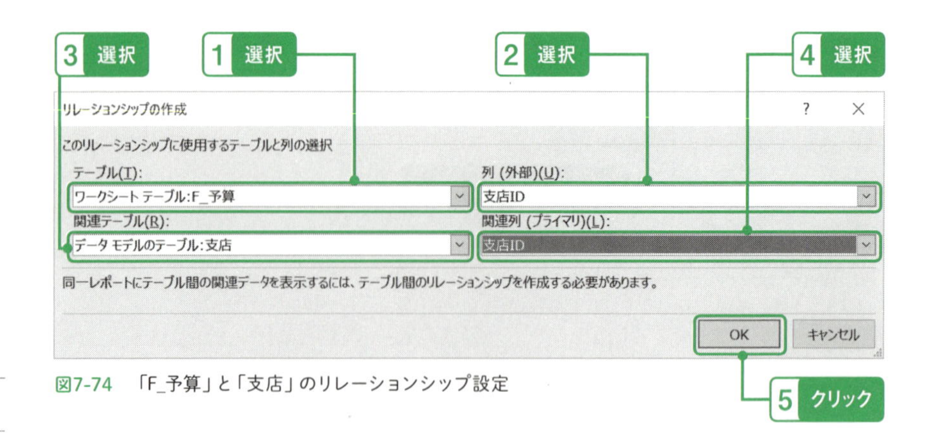

図7-74　「F_予算」と「支店」のリレーションシップ設定

「F_予算」と「カレンダー」をつなぐ

同様に、以下の設定で「F_予算」と「カレンダー」のリレーションシップを作成します。

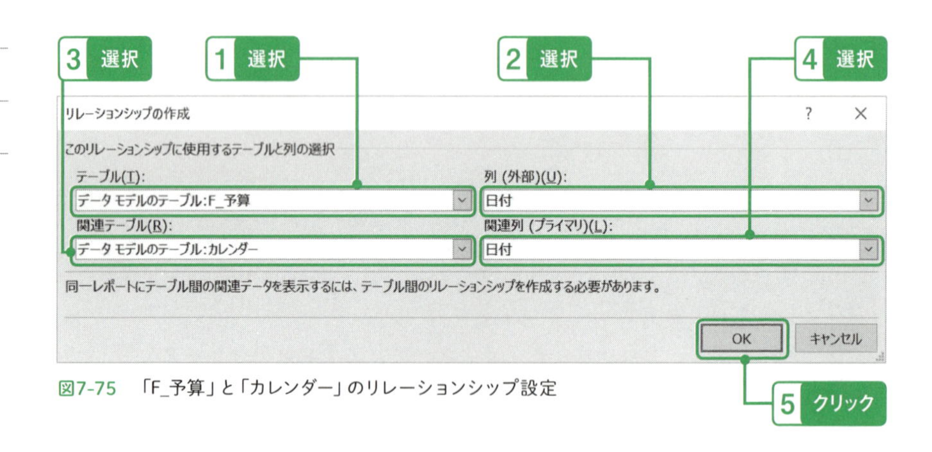

図7-75　「F_予算」と「カレンダー」のリレーションシップ設定

「F_予算」と「商品カテゴリー」をつなぐ

次に、「F_予算」と「商品カテゴリー」をつなぎます。ただし、このテーブルは、「商品」と「F_予算」の間を橋渡しするテーブルなので、その両方につなぎます。

まず、「F_予算」と「商品カテゴリー」のリレーションシップを作ります。

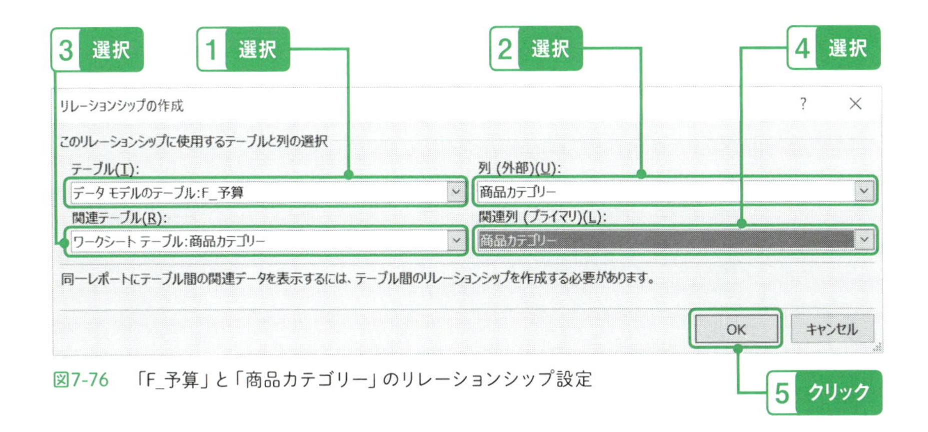

図7-76　「F_予算」と「商品カテゴリー」のリレーションシップ設定

「商品」と「商品カテゴリー」をつなぐ

最後に、「商品」と「商品カテゴリー」のリレーションシップを作ります。

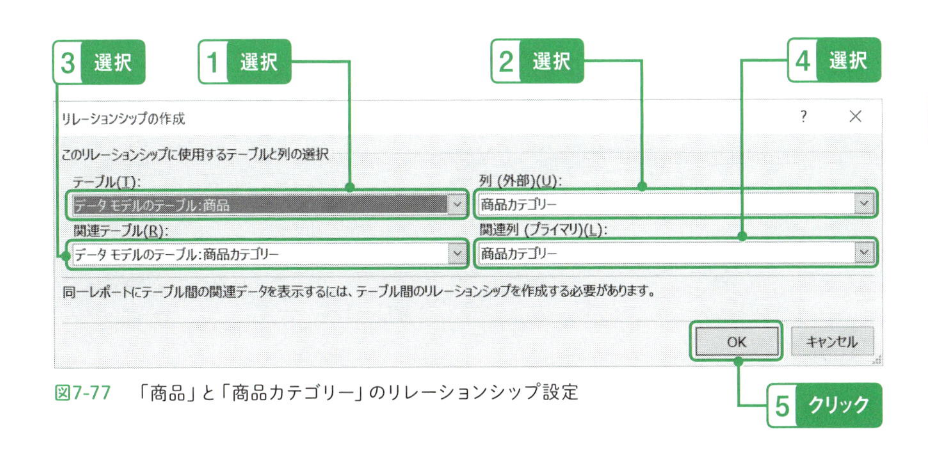

図7-77　「商品」と「商品カテゴリー」のリレーションシップ設定

以下が、作成されたリレーションシップです。

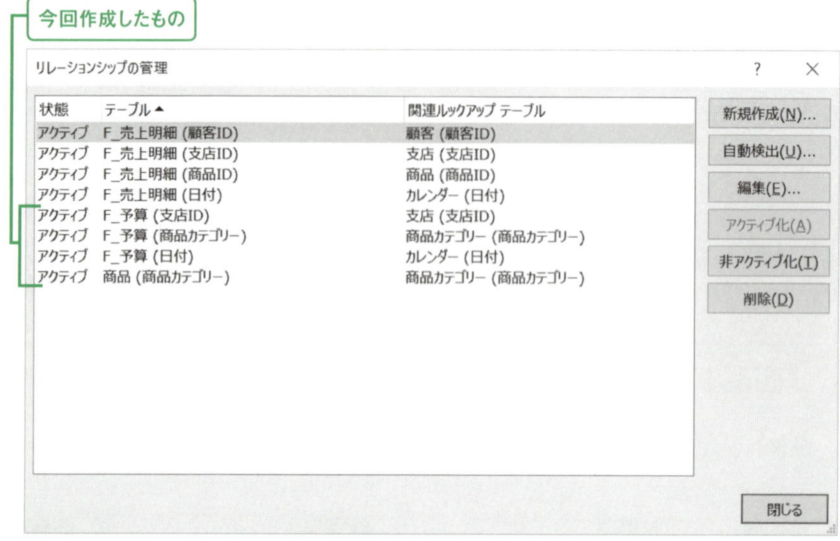

図7-78 作成されたリレーションシップ

5 予算vs実績比較

ダイヤ型データモデルが準備できたので、集計に移ります。

「予算実績対比」ピボットテーブルの用意

まず、「予算実績対比」シートを追加します。

予算実績対比

図7-79 「予算実績対比」シートの追加

次に、B3セルにカーソルを移動し、「挿入」メニューから「ピボットテーブル」をクリックし、ピボットテーブルを作ります。このとき、「分析するデータを選択してください」には「このブックのデータモデルを使用する」を選びます。また、「ピボットテーブルオプション」でピボットテーブル名を「予算実績対比表」にしておきます。

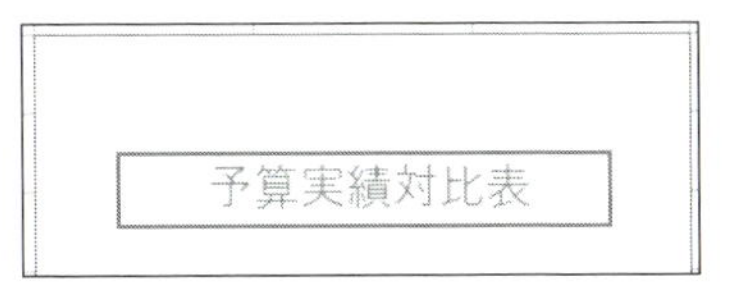

図7-80　「予算実績対比」ピボットテーブルの作成

ピボットテーブルのフィールドには以下の設定をします。

- Σ値 ――――→ F_売上明細テーブルの「売上合計」メジャー
- 列 ――――→ カレンダーテーブルの「会計年度」「会計四半期」「月」
- 行 ――――→ 商品カテゴリーテーブルの「商品カテゴリー」（商品テーブルではありません）

売上合計	列ラベル			
	⊟2016			
	⊞Q1	⊟Q2		
行ラベル		7	8	9
飲料	4,975,800	3,051,700	1,903,400	2,242,700
菓子	4,580,200	487,700	4,963,500	1,588,600
雑貨	2,743,300	1,320,500	350,100	4,841,900
食料品	3,984,100	940,400	2,073,400	3,595,800
総計	16,283,400	5,800,300	9,290,400	12,269,000

図7-81　「予算実績対比表」ピボットテーブル

最後に、フィールドセクションで支店テーブルの「支店名」を右クリックし、「スライサーとして追加」を選びます。

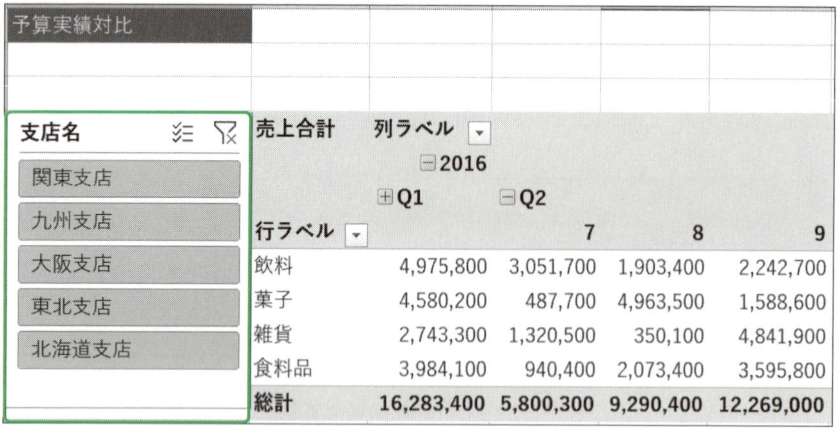

予算実績対比

支店名

関東支店
九州支店
大阪支店
東北支店
北海道支店

売上合計	列ラベル			
	2016			
	Q1	Q2		
行ラベル		7	8	9
飲料	4,975,800	3,051,700	1,903,400	2,242,700
菓子	4,580,200	487,700	4,963,500	1,588,600
雑貨	2,743,300	1,320,500	350,100	4,841,900
食料品	3,984,100	940,400	2,073,400	3,595,800
総計	**16,283,400**	**5,800,300**	**9,290,400**	**12,269,000**

図7-82　「支店名」スライサーを追加

これで、基本のピボットテーブルが用意できました。

予算の合計と累計のメジャーを作る

まずは、「売上予算」メジャーを作ります。フィールドセクションの「F_予算」を右クリックし、「メジャーの追加」を選んで以下のメジャーを作成します。

メジャーを作成する際の「テーブル名」は、実はどのテーブルであっても動作上問題ありませんが、管理上、意味の近いテーブルに設定するのがよいでしょう。

```
売上予算
=SUM('F_予算'[予算])
```

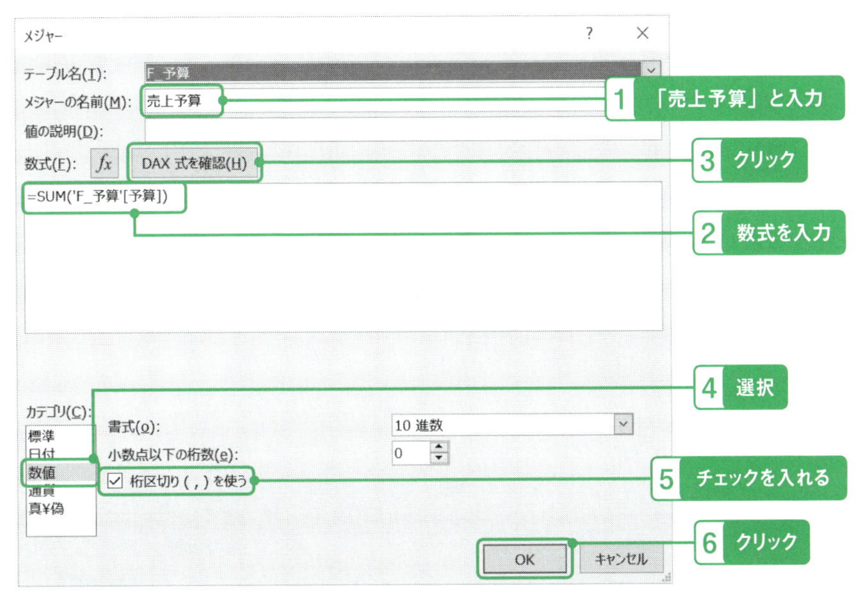

図7-83　「売上予算」メジャーの設定

「売上予算」メジャーが作成できたら、ピボットテーブルの値セクションに追加してください。

これで、「支店」「商品カテゴリー」「カレンダー」の3つの基準で予算と実績の比較ができるようになりました。

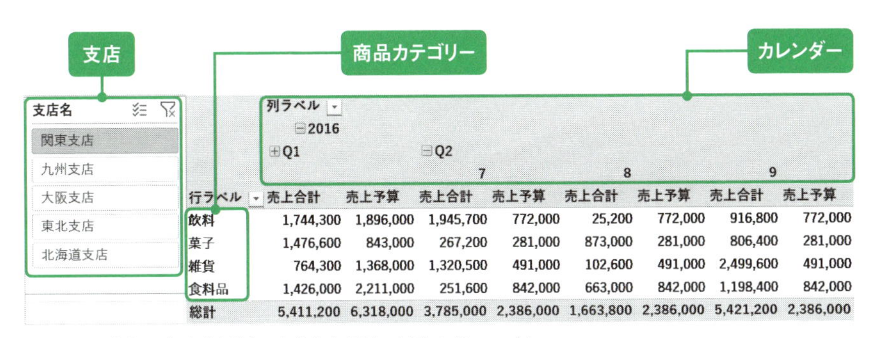

行ラベル	Q1 売上合計	Q1 売上予算	7 売上合計	7 売上予算	8 売上合計	8 売上予算	9 売上合計	9 売上予算
飲料	1,744,300	1,896,000	1,945,700	772,000	25,200	772,000	916,800	772,000
菓子	1,476,600	843,000	267,200	281,000	873,000	281,000	806,400	281,000
雑貨	764,300	1,368,000	1,320,500	491,000	102,600	491,000	2,499,600	491,000
食料品	1,426,000	2,211,000	251,600	842,000	663,000	842,000	1,198,400	842,000
総計	5,411,200	6,318,000	3,785,000	2,386,000	1,663,800	2,386,000	5,421,200	2,386,000

図7-84　「売上合計（実績）」と「売上予算」が並んだテーブル

次に、「売上予算累計」メジャーを作成します。フィールドセクションの「F_予算」を右クリックし、「メジャーの追加」を選んで、以下のメジャーを作成します。

```
売上予算累計
= CALCULATE (
    [売上予算],
    DATESYTD('カレンダー'[日付],"3/31")
)
```

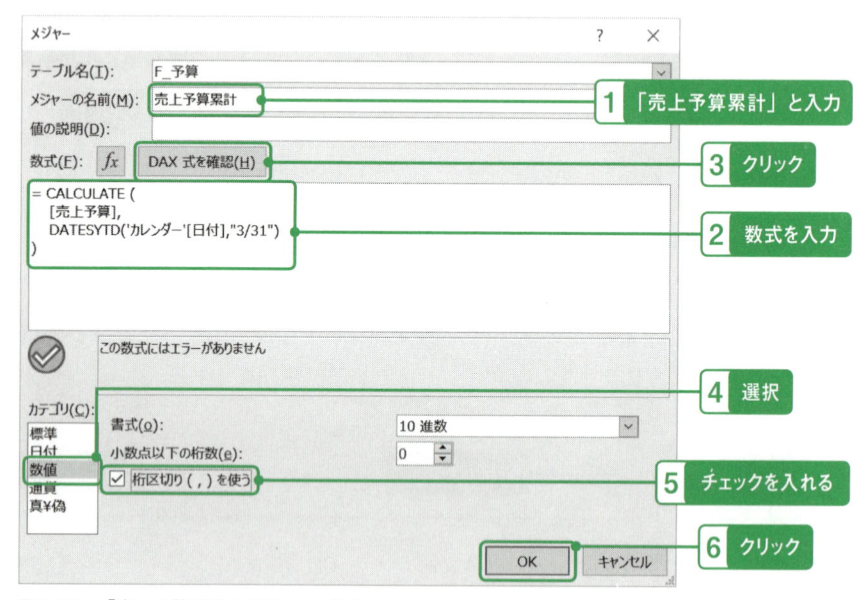

図7-85　「売上予算累計」メジャーの設定

「売上予算累計」メジャーが作成されたら値セクションに追加します。

	列ラベル						
	2016						
	Q1			Q2			
				7			8
行ラベル	売上合計	売上予算	売上予算累計	売上合計	売上予算	売上予算累計	売上合計
飲料	1,744,300	1,896,000	1,896,000	1,945,700	772,000	2,668,000	25,200
菓子	1,476,600	843,000	843,000	267,200	281,000	1,124,000	873,000
雑貨	764,300	1,368,000	1,368,000	1,320,500	491,000	1,859,000	102,600
食料品	1,426,000	2,211,000	2,211,000	251,600	842,000	3,053,000	663,000
総計	5,411,200	6,318,000	6,318,000	3,785,000	2,386,000	8,704,000	1,663,800

図7-86　「売上予算累計」が追加されたテーブル

予算vs実績比較のメジャーを作る

前章の「前年同期比」と同様に、以下のメジャーを作ります。

- 予算差異
- 予算達成率
- 累計予算差異
- 累計予算達成率

フィールドセクションの「F_予算」を右クリックし、「メジャーの追加」で以下のメジャーを作成します。

予算差異
= [売上合計] - [売上予算]

メジャー
テーブル名(T): F_予算
メジャーの名前(M): 予算差異
値の説明(D):
数式(F): fx DAX 式を確認(H)
=[売上合計] - [売上予算]
カテゴリ(C): 標準 日付 数値 通貨 真¥偽
書式(o): 10 進数
小数点以下の桁数(e): 0
☑ 桁区切り (,) を使う
OK キャンセル
1 「予算差異」と入力
2 数式を入力
3 クリック
4 選択
5 チェックを入れる
6 クリック

図7-87 「予算差異」メジャーの設定

予算達成率

=DIVIDE([売上合計], [売上予算])

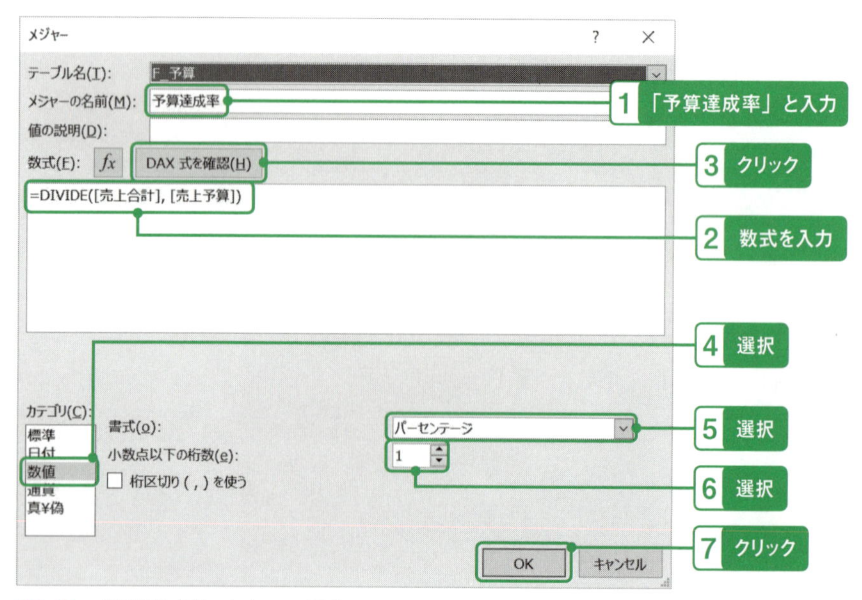

図7-88 「予算達成率」メジャーの設定

累計予算差異

=[当期売上累計]-[売上予算累計]

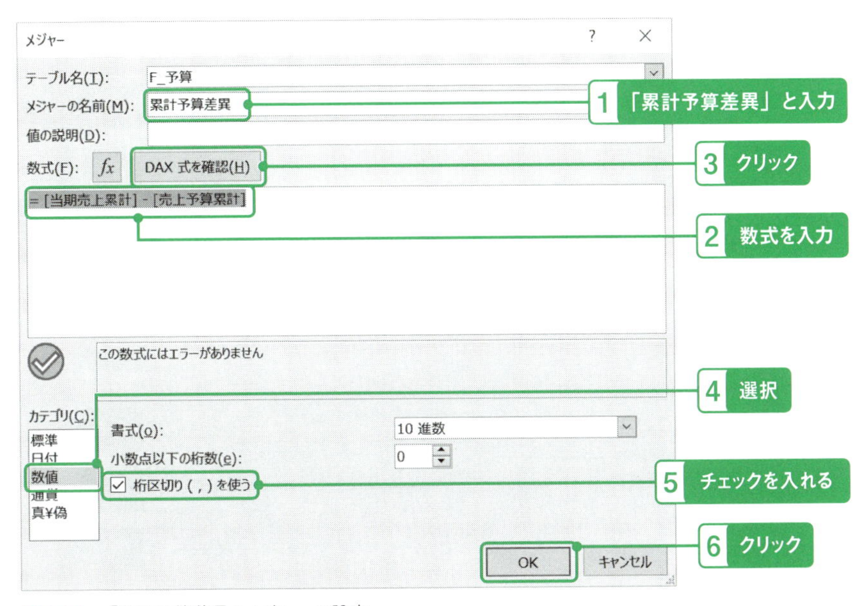

図7-89 「累計予算差異」メジャーの設定

累計予算達成率

```
= DIVIDE([当期売上累計] , [売上予算累計])
```

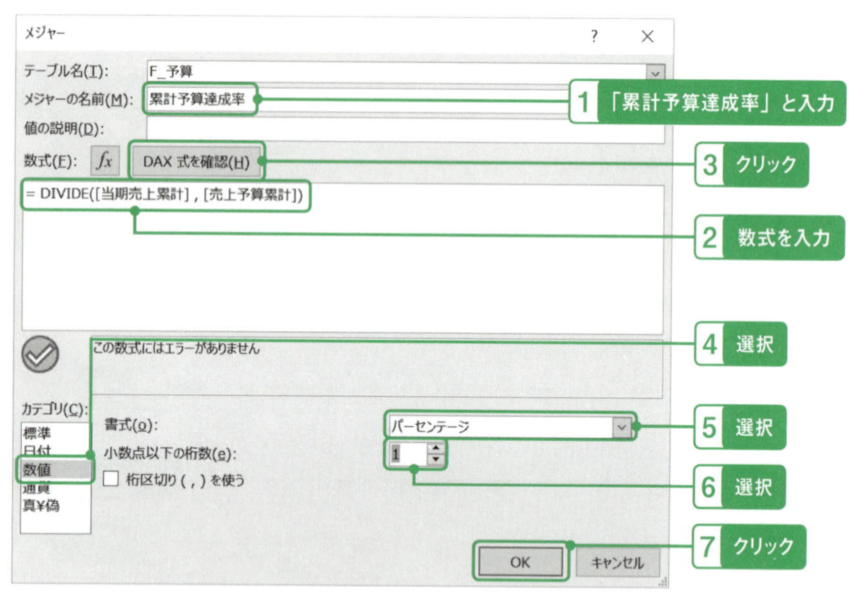

図7-90 「累計予算達成率」メジャーの設定

これで、予算vs実績比較のための、すべてのメジャーが用意できました。ピボットテーブルの値セクションにすべてのメジャーを追加し、列セクションを1番下までスクロールすると表示されるΣ値を行セクションに移動して、表のレイアウトを変更してください。

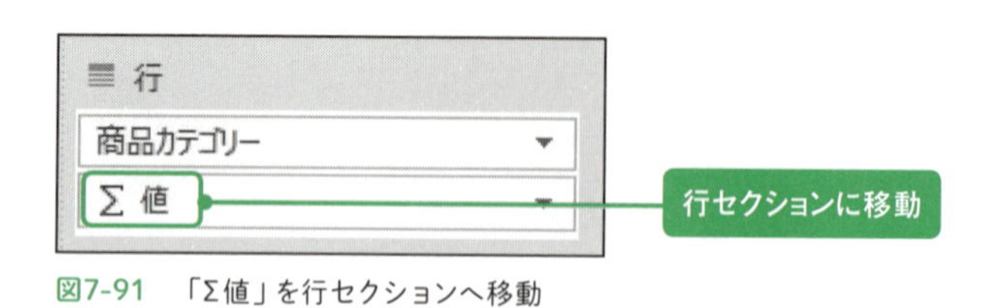

図7-91 「Σ値」を行セクションへ移動

行ラベル	列ラベル ⊞2016	⊞2017	⊟2018 ⊞Q1	⊞Q2	⊞Q3	⊞Q4	総計
飲料							
売上合計	24,808,800	32,815,200	8,890,500	6,971,100	9,232,800	9,973,000	92,691,400
売上予算	23,703,000	24,900,000	6,000,000	7,203,000	6,300,000	6,600,000	74,706,000
売上予算累計	23,703,000	24,900,000	6,000,000	13,203,000	19,503,000	26,103,000	
予算差異	1,105,800	7,915,200	2,890,500	-231,900	2,932,800	3,373,000	17,985,400
予算達成率	104.7%	131.8%	148.2%	96.8%	146.6%	151.1%	124.1%
累計予算差異	1,105,800	7,915,200	2,890,500	2,658,600	5,591,400	8,964,400	
累計予算達成率	104.7%	131.8%	148.2%	120.1%	128.7%	134.3%	
菓子							

図7-92　「予算実績対比」ピボットテーブルの完成

6 一人当たりの生産性分析

最後に、一人当たりの売上目標と売上実績についてのメジャーを追加します。

まずは、生産性計算の分母となる「社員数」メジャーを用意します。

フィールドセクションの「支店」を右クリックし、「メジャーの追加」で以下のメジャーを作ります。

```
社員数
=SUM('支店'[人数])
```

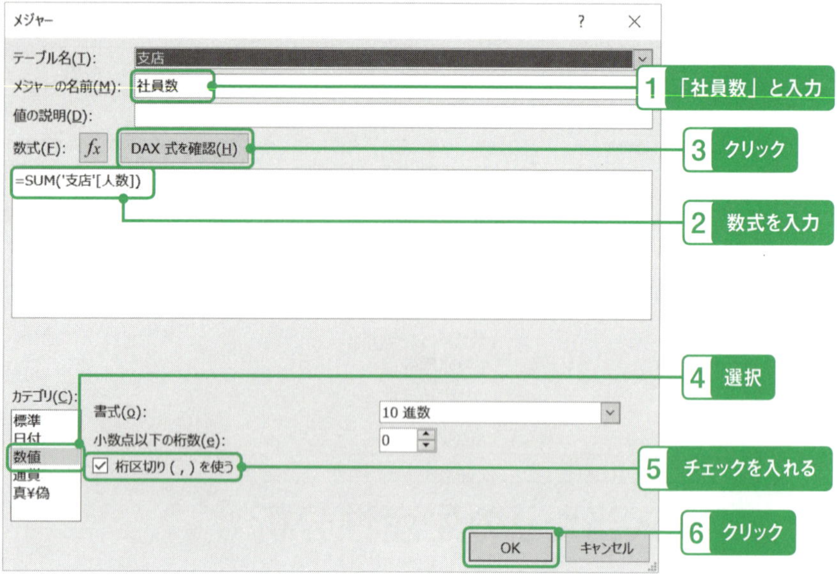

図7-93　「社員数」メジャーの設定

次に、この「社員数」を分母として、「売上合計」、「予算合計」を分子にした生産性を算出します。

フィールドセクションの「F_売上明細」を右クリックし「メジャーの追加」で以下のメジャーを作成します。

```
売上実績@社員
=DIVIDE([売上合計],[社員数])
```

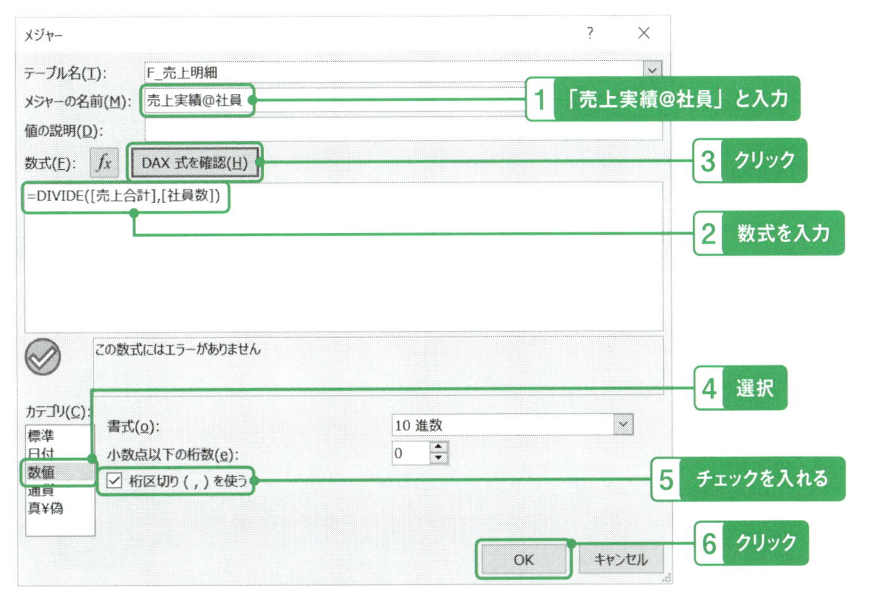

図7-94　「売上実績@社員」メジャーの設定

こちらはF_予算テーブルから作成してください。

売上目標@社員

```
=DIVIDE([売上予算],[社員数])
```

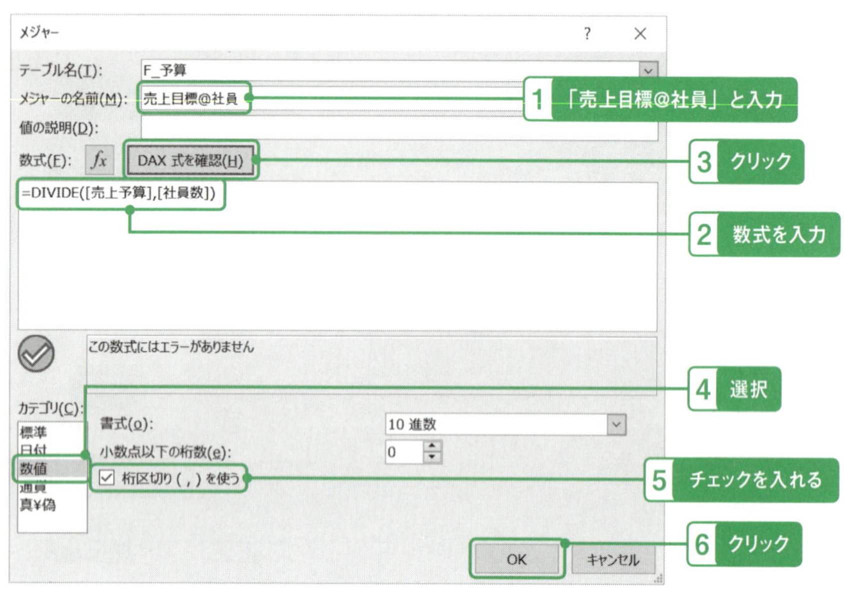

図7-95　「売上目標@社員」メジャーの設定

作成したメジャーを、それぞれピボットテーブルの値セクションに追加してください。これで、一人当たりの売上実績と売上目標が表に追加されました。

支店名

- 関東支店
- 九州支店
- 大阪支店
- 東北支店
- 北海道支店

列ラベル 行ラベル	2016	2017	2018
飲料			
売上合計	9,614,000	8,623,200	17,120,600
売上予算	8,319,000	8,739,000	9,159,000
売上予算累計	8,319,000	8,739,000	9,159,000
予算差異	1,295,000	-115,800	7,961,600
予算達成率	115.6%	98.7%	186.9%
累計予算差異	1,295,000	-115,800	7,961,600
累計予算達成率	115.6%	98.7%	186.9%
社員数	20	20	20
売上目標@社員	415,950	436,950	457,950
売上実績@社員	480,700	431,160	856,030

図7-96　完成したピボットテーブル

［第8章］
ダッシュボードを作る

最後の仕上げとして、
これまで作成したデータモデルとメジャーを統合した
「ダッシュボード」を作ります。
ダッシュボードを作成するにあたっては、
①スライサーですべての表とグラフを接続すること、
②1ページに収まり、見やすくシンプルなデザインにする
ことがポイントです。

1 ピボットテーブル・グラフの用意

ダッシュボードは、複数の表とグラフで構成されているので、今回は「ならべる」と「えがく」ステップをまとめて扱います。また、作成するピボットテーブル、ピボットグラフの設定が共通している部分はまとめて説明します。

まずは、「ダッシュボード」シートを追加してください。

ダッシュボード

図8-1 「ダッシュボード」シートの追加

シートを追加したらB2セルに移動し、「売上分析ダッシュボード」とタイトルを入力してください。

	A	B	C
1			
2		売上分析ダッシュボード	

図8-2 「売上分析ダッシュボード」タイトル

次に、3つのピボットテーブルを作ります。

まず最初に、それぞれの表のタイトルを用意します。B10セルに「売上と利益」、G10セルに「売上成長」、K10に「売上予算達成」と入力してください。

	A	B	C	D	E	F	G	H	I	J	K	L
9												
10		売上と利益					売上成長				売上予算達成	

図8-3 3つのレポートタイトル

次に、「挿入」メニューの「ピボットテーブル」から3つのピボットテーブルを作成します。それぞれ、以下の設定で作成してください。

◎売上と利益

ピボットテーブルの作成

- 分析するデータを選択してください→このブックのデータモデルを使用する
- 場所→ダッシュボード!$B$11

ピボットテーブルオプション

- ピボットテーブル名→売上と利益表

ピボットテーブルのフィールド

- 値セクション→F_売上明細テーブル→「売上合計」メジャー
- 値セクション→F_売上明細テーブル→「利益合計」メジャー
- 値セクション→F_売上明細テーブル→「利益率」メジャー
- 行セクション→支店テーブル→「支店名」

◎売上成長

ピボットテーブルの作成

- 分析するデータを選択してください→このブックのデータモデルを使用する
- 場所→ダッシュボード!$G$11

ピボットテーブルオプション

- ピボットテーブル名→売上成長表

ピボットテーブルのフィールド

- 値セクション→F_売上明細テーブル→「売上成長額」メジャー
- 値セクション→F_売上明細テーブル→「売上成長率」メジャー
- 行セクション→支店テーブル→「支店名」

◎売上予算達成

ピボットテーブルの作成

- 分析するデータを選択してください→このブックのデータモデルを使用する
- 場所→ダッシュボード!$K$11

ピボットテーブルオプション

- ピボットテーブル名→売上予算達成表

ピボットテーブルのフィールド

- 値セクション→F_予算テーブル→「累計予算差異」メジャー
- 値セクション→F_予算テーブル→「累計予算達成率」メジャー
- 行セクション→支店テーブル→「支店名」

この段階では、以下のような画面になります。「売上成長表」、「売上予算達成表」の値がブランクの部分がありますが、これらはのちほど「会計年度」のスライサーで単年度を選ぶと値が表示されるようになります。

	A	B	C	D	E	F	G	H	I	J	K	L	M
9													
10		売上と利益					売上成長				売上予算達成		
11		行ラベル	売上合計	利益合計	利益率		行ラベル	売上成長額	売上成長率		行ラベル	累計予算差異	累計予算達成率
12		関東支店	112,677,200	50,434,692	44.8%		関東支店	-47,925,500					
13		九州支店	45,886,000	20,132,103	43.9%		九州支店	-13,113,900					
14		大阪支店	52,970,400	23,726,269	44.8%		大阪支店	-15,326,000					
15		東北支店	51,031,900	23,406,298	45.9%		東北支店	-13,791,200					
16		北海道支店	29,746,300	14,109,378	47.4%		北海道支店	-9,904,000					
17		総計	292,311,800	131,808,740	45.1%		総計	-100,060,600					

図8-4　作成された3つのピボットテーブル

次に、3つのピボットグラフを作ります。まずは、それぞれのグラフのタイトルを用意します。B19セルに「売上と利益年間推移」、G19セルに「商品カテゴリー売上割合」、K19セルに「商品別売上予算達成状況」と入力してください。

	A	B	C	D	E	F	G	H	I	J	K	L	M
9													
10		売上と利益					売上成長				売上予算達成		
11		行ラベル	売上合計	利益合計	利益率		行ラベル	売上成長額	売上成長率		行ラベル	累計予算差異	累計予算達成率
12		関東支店	112,677,200	50,434,692	44.8%		関東支店	-47,925,500					
13		九州支店	45,886,000	20,132,103	43.9%		九州支店	-13,113,900					
14		大阪支店	52,970,400	23,726,269	44.8%		大阪支店	-15,326,000					
15		東北支店	51,031,900	23,406,298	45.9%		東北支店	-13,791,200					
16		北海道支店	29,746,300	14,109,378	47.4%		北海道支店	-9,904,000					
17		総計	292,311,800	131,808,740	45.1%		総計	-100,060,600					
18													
19		売上と利益年間推移					商品カテゴリー売上割合				商品別売上予算達成状況		

図8-5　3つのグラフのタイトルを用意する

次に「挿入」メニューの「ピボットグラフ」から3つのピボットグラフを作成します。それぞれ、以下の設定で作成してください。

◎売上と利益年間推移

- **ピボットグラフの作成**
  - ▶ 分析するデータを選択してください→このブックのデータモデルを使用する
- **ピボットグラフのオプション**
  - ▶ ピボットグラフ名→売上と利益年間推移グラフ
- **ピボットグラフのフィールド**
  - ▶ 値セクション→F_売上明細テーブル→「売上合計」メジャー
  - ▶ 値セクション→F_売上明細テーブル→「利益合計」メジャー
  - ▶ 軸セクション→カレンダーテーブル→「会計四半期」
  - ▶ 軸セクション→カレンダーテーブル→「月」
- **「デザイン」メニューの「グラフの種類の変更」**
  - ▶ 折れ線→折れ線
- **場所**→B20からE30の範囲に調整

◎商品カテゴリー売上割合

- **ピボットグラフの作成**
  - ▶ 分析するデータを選択してください→このブックのデータモデルを使用する
- **ピボットグラフのオプション**
  - ▶ ピボットグラフ名→商品カテゴリー売上割合グラフ
- **ピボットグラフのフィールド**
  - ▶ 値セクション→F_売上明細テーブル→「売上合計」メジャー
  - ▶ 軸セクション→商品カテゴリーテーブル→「商品カテゴリー」
    （「商品」テーブルではありません）
- **「デザイン」メニューの「グラフの種類の変更」**
  - ▶ 円→円
- **場所**→G20からI30の範囲に調整

◎商品別売上予算達成状況

- **ピボットグラフの作成**
  - ▶ 分析するデータを選択してください→このブックのデータモデルを使用する
- **ピボットグラフのオプション**
  - ▶ ピボットグラフ名→商品別売上予算達成状況グラフ
- **ピボットグラフのフィールド**
  - ▶ 値セクション→F_売上明細テーブル→「売上合計」メジャー
  - ▶ 値セクション→F_予算テーブル→「売上予算」メジャー
  - ▶ 軸セクション→商品カテゴリーテーブル→「商品カテゴリー」
    （「商品」テーブルではありません）
- **「デザイン」メニューの「グラフの種類の変更」**
  - ▶ 縦棒→集合縦棒
- **場所**→K20からM30の範囲に調整

この段階では、以下のような画面になります。

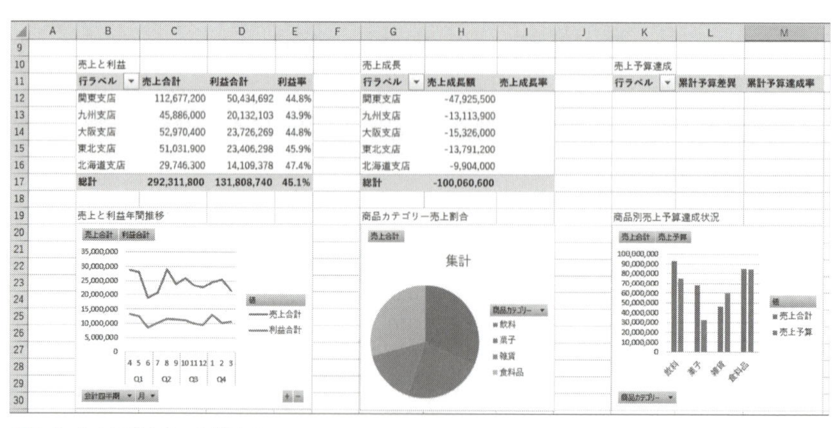

図8-6　3つの表と3つのグラフ

2 ダッシュボード向けの共通設定

次に、すべてのピボットテーブル・ピボットグラフ、スライサーに共通の設定をします。

目盛線の非表示

まず「表示」メニューに移動し、カーソルをどこかのセルに移動した後、以下の手順でシートの目盛線を非表示にします（ピボットテーブルやピボットグラフにカーソルが当たっていると、選択できません）。

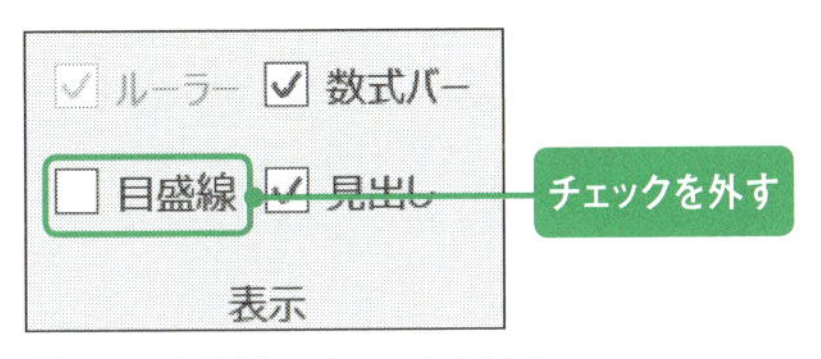

図8-7　目盛線のチェックを外す

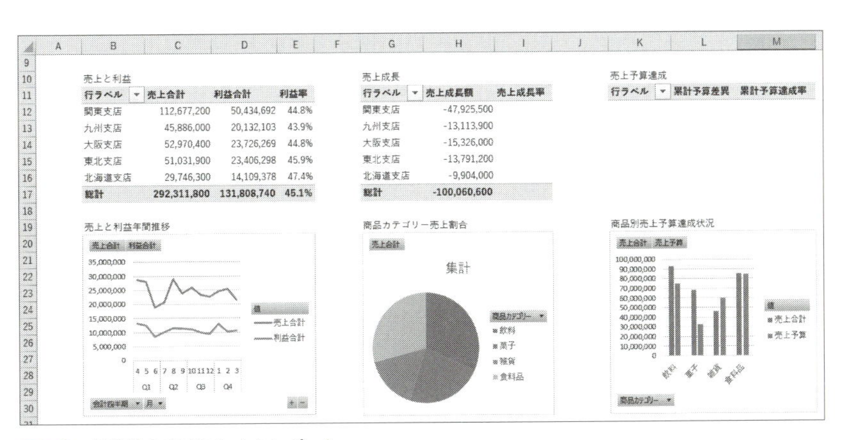

図8-8　目盛線を非表示にしたレポート

スライサーの設定

次に，スライサーを用意します。まず1つのピボットテーブルからまとめてすべてのスライサーを作成し、それに続いて、「レポートの接続」設定でシート上のピボットテーブルとピボットグラフをまとめて選択します。

まず、「売上と利益表」の上にカーソルを置き、「分析」メニューから以下の手順で「スライサーの挿入」画面を開きます。

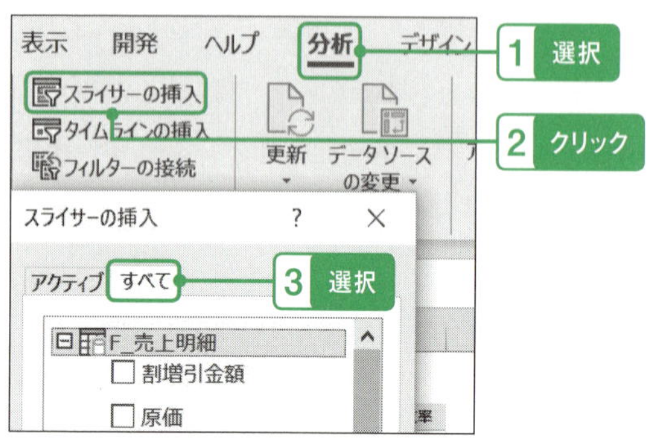

図8-9　スライサーの挿入

「スライサーの挿入」画面が開いたらカレンダーテーブルの「会計年度」と「会計四半期」、支店テーブルの「支店名」、商品カテゴリーテーブルの「商品カテゴリー」にチェックを入れ、「OK」をクリックします（「商品」テーブルではありません。）

これで4つのスライサーがまとめて追加されました。

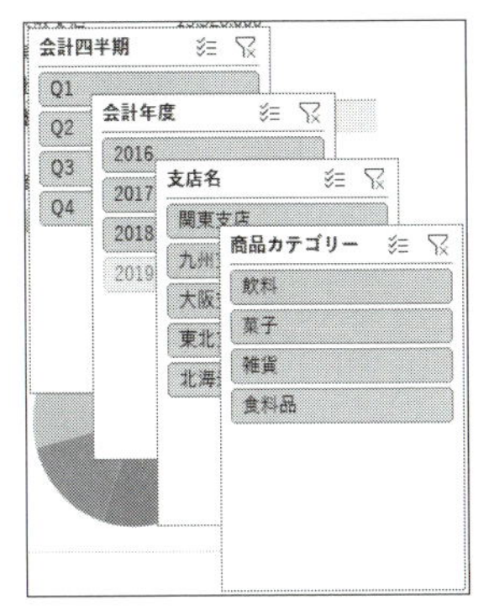

図8-10　追加された4つのスライサー

「商品カテゴリー」スライサーを右クリックして「レポート接続」を開き、「ダッシュボード」シート上の3つのピボットテーブルと3つのピボットグラフをすべて選択します。

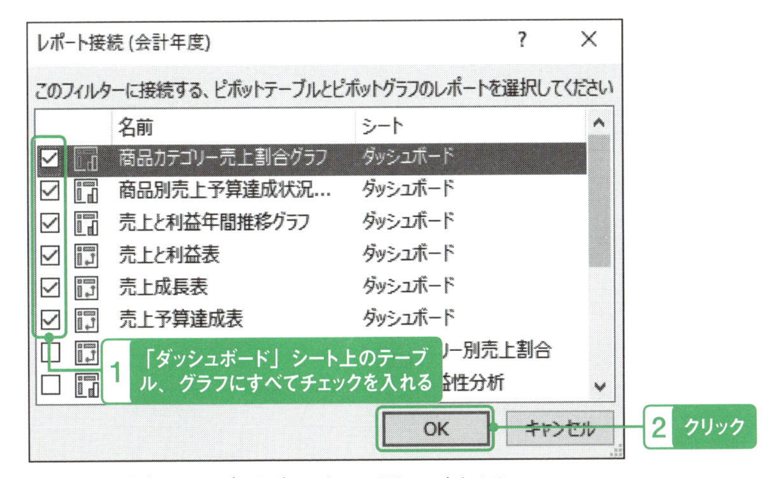

図10-11　ピボットテーブルとグラフをスライサーでまとめる

「会計年度」、「会計四半期」、「支店名」の3つのスライサーにも同じ設定をします。

次に、Ctrlキーを押しながら4つのスライサーをクリックして、以下の手順でスライサーの色を変えます。

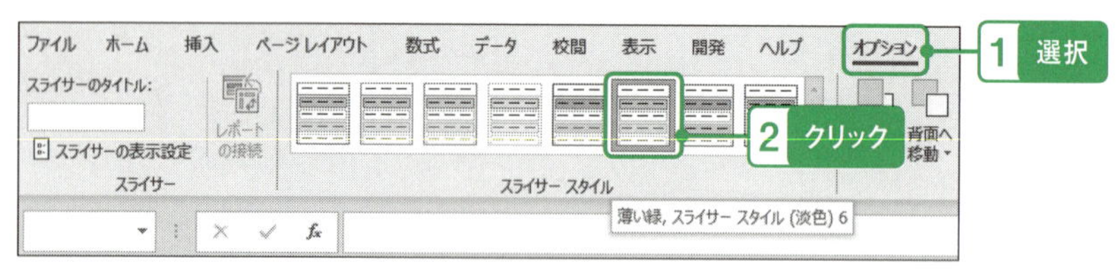

図8-12　スライサースタイルの設定

同様に「オプションメニュー」で、スライサーの列数を「2」に変更します。

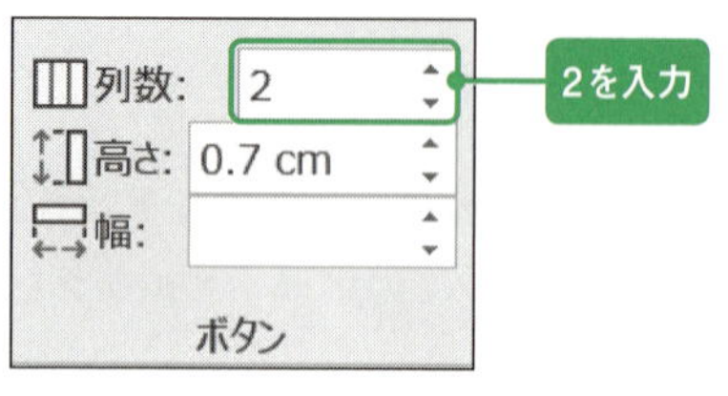

図8-13　スライサーの列数を変更

「支店名」のみ個別に選択し、列数を「3」にしてください。

設定が終わったら、スライサーの大きさを調整して画面上部（4から7行目まで）に並べます。

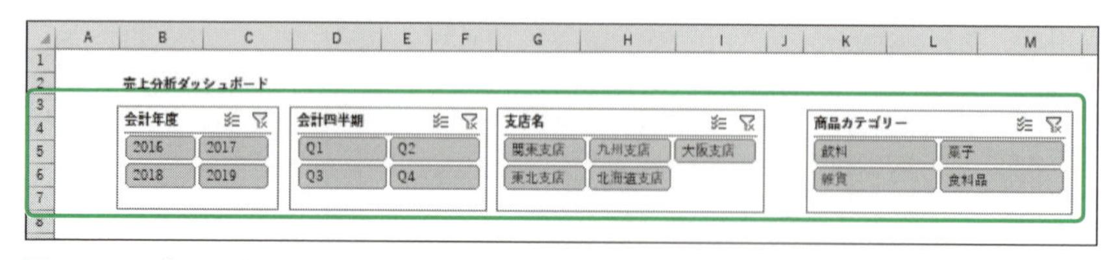

図8-14　レポート上部にスライサーを配置

ここまでできたら、スライサーのボタンを適当にクリックして、6つのレポートがフィルターされることを確認してください。

ピボットテーブルの設定

次に、各ピボットテーブルに共通の設定をします。それぞれ3つのピボットテーブルを右クリックし、「ピボットテーブルオプション」を開いて、以下の設定をしてください。

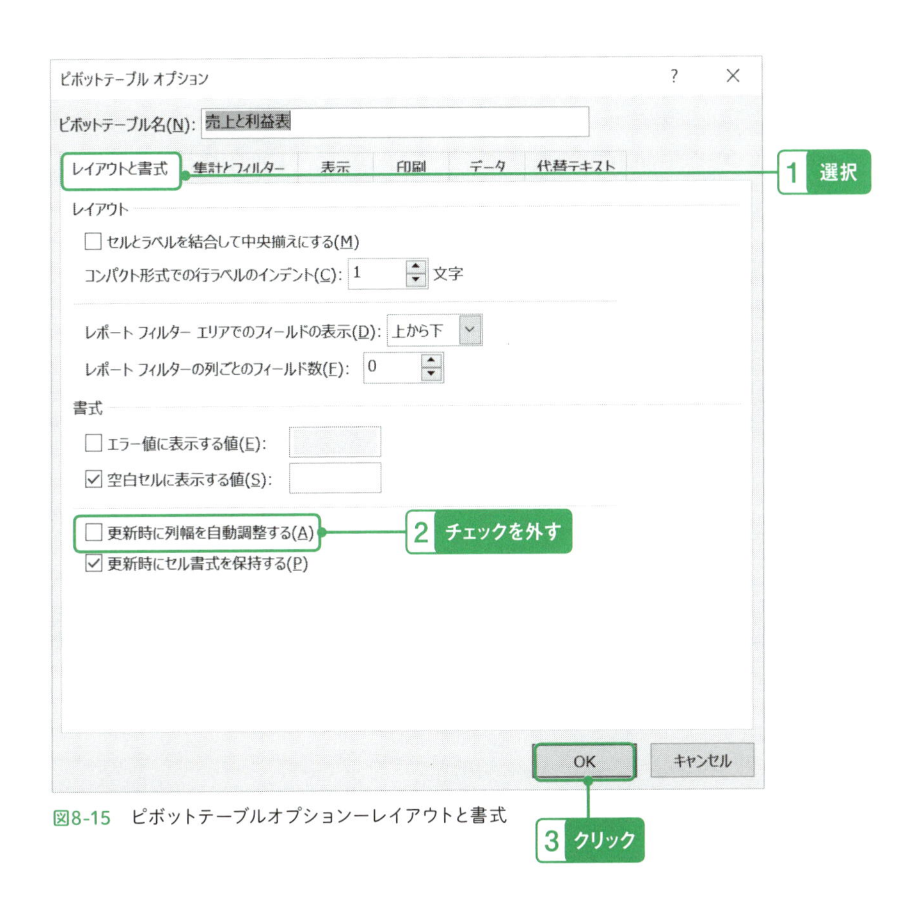

図8-15　ピボットテーブルオプションーレイアウトと書式

この設定で、スライサーの選択条件にかかわらず、列幅が固定されるようになりました。列幅は表示が「###…」にならないように、数字の最大桁数の幅に調整してください。

同様にそれぞれ3つのピボットテーブルオプションを開いて、以下の手順でドロップダウンリストを非表示にします。

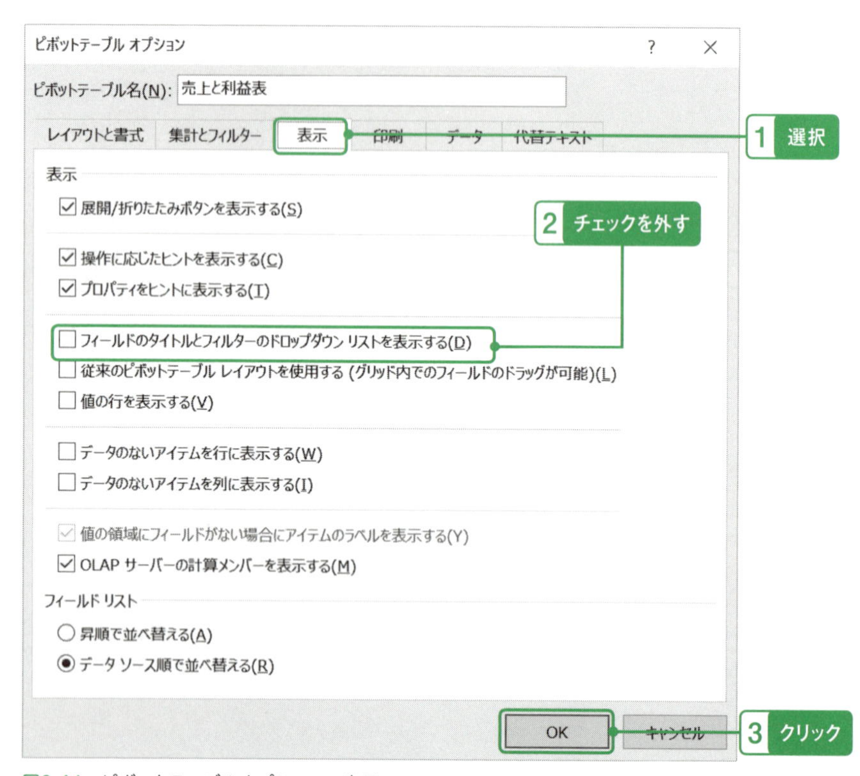

図8-16　ピボットテーブルオプションー表示

最後に「デザイン」メニューの「ピボットテーブルスタイル」で、表のデザインを変更します。

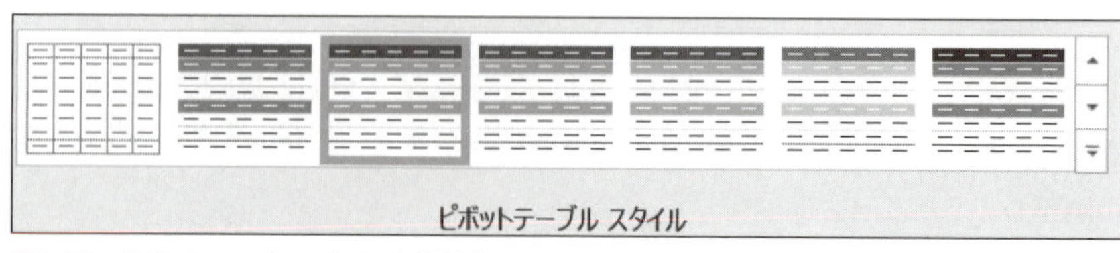

図8-17　ピボットテーブルスタイルを選択する

それぞれのピボットテーブルにカーソルを置いたまま、「デザイン」メニューを開き「ピボットテーブルスタイル」で、以下の設定にします。

- **売上と利益→薄いオレンジ、ピボットスタイル（中間）3**
- **売上成長→薄い緑、ピボットスタイル（中間）7**
- **売上予算達成→薄い青、ピボットスタイル（中間）2**

ピボットグラフの設定

ピボットグラフについては「商品カテゴリー売上割合」円グラフのみ、パーセンテージを表示するように変更します。「商品カテゴリー売上割合グラフ」をクリックして、「デザイン」メニューを開き、以下の手順で変更してください。

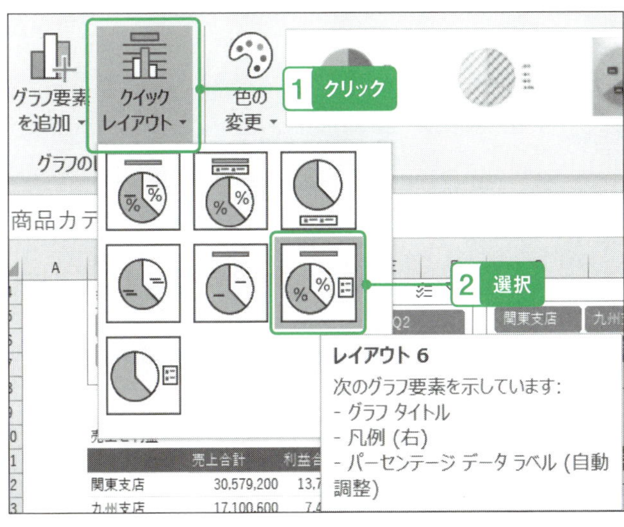

図8-18　クイックレイアウトの選択

レイアウトが変わり、パーセンテージが表示されました。さらに見やすくするために、タイトルを削除し、数字を大きくします。

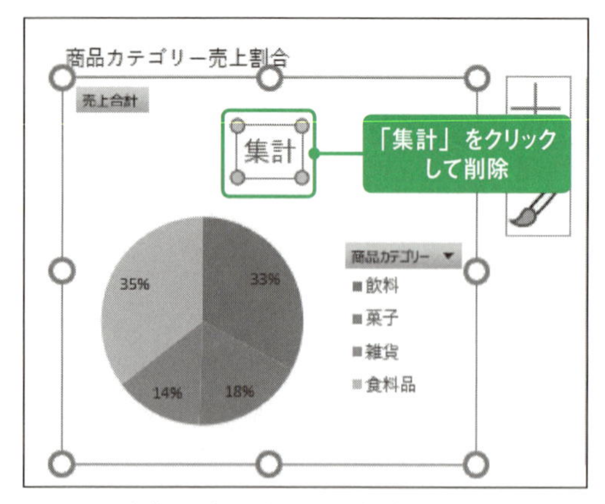

図8-19　ピボットグラフタイトルを削除

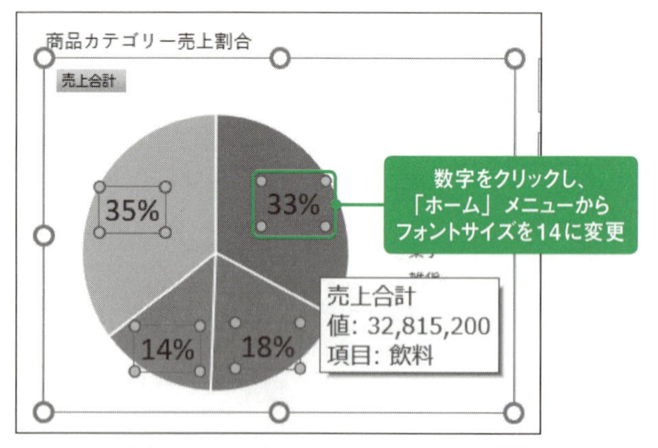

図8-20　割合表示を大きく変更

これでレポートの設定は終わりました。最後にレポートのタイトルを太字にし、レポートやグラフの配置を微調整してください。また、ダッシュボードとして使用するときは、画面右下のズームの表示倍率の設定を調整して1つの画面に収まるようにするとよいでしょう。

図8-21　ズームの設定

これでダッシュボードが完成しました。おつかれさまでした！

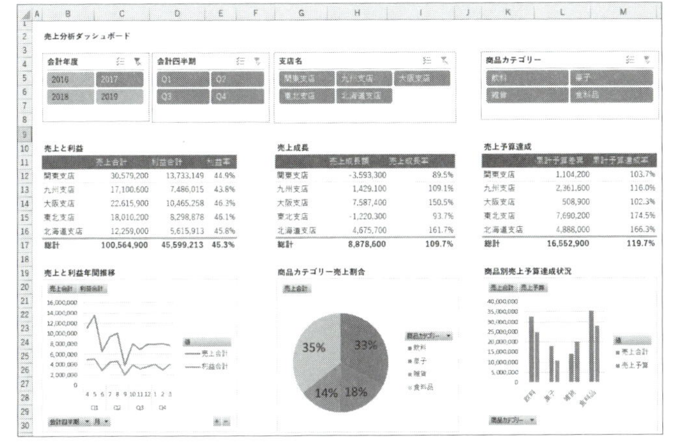

図8-22　完成したダッシュボード

おわりに

これで本書のシナリオはすべて終わりです。本書では、レポートを自動化するにあたって、パワーピボットを中心としたExcelの新技術を総合してどう使うかを主眼においてシナリオを組みました。紙面の都合で紹介しきれなかった技術もありますが、本書が皆さまの日々の業務に、また、これらの新技術の認知度を上げることに役立てれば幸いです。

索引

記号

数字

アルファベット

あ

か

さ

あとがき

私が翔泳社様にこの企画を持ち込んだのは、ちょうど一年前のことです。これらのExcelの技術を知るうちに、日本で発売されている書籍でこのテーマを扱った本がほとんど無い状況に、いてもたってもいられなくなり、翔泳社様へ自ら企画を送りました。その後、翔泳社の佐藤様よりご返事をいただいときには道が拓けたような気がしました。

当然、本を書くというのは私にとって初めてのことでしたが、これらの機能、および、それを使いこなすメソッドについてより多くの人に知ってもらいたいという気持ちが強く、執筆をつづけるのは全く苦ではありませんでした。それどころか、当初300ページ強を想定していた予定が最初の原稿は420ページを超えてしまい、内容を絞るのに大変苦労しました。

本書は、Power Query、パワーピボット、DAXおよび、それらを応用したピボットテーブル、ピボットグラフ、条件付き書式をどのように使うのかについて、大局的に取り扱った本です。その中で当然、各論としてPower Query、およびDAXを含めたパワーピボットについての理解をさらに深めたいと感じた方もいらっしゃるかと思います。こちらに関して当面はブログなどを通じて紹介したいと思っていますが、もし機会が許すのならばいつか残りの2冊も書くことができたらと願っております。

最後になりましたが、テクノロジーの革新は、ITとユーザーの分業体制の垣根を破壊しつつあります。この変化の中で私が打破したかったものは、技術の専門家主義であり、言葉（コンセプト）の専門家主義でした。本書が、業務ユーザーである皆様が、自分にとって本当に必要なものは自分自身で作れる時代になったと気づく一助になれば幸いです。

鷹尾 祥

◎著者紹介

鷹尾 祥（たかお あきら）

立教大学文学部心理学科卒業。大学では統計学を中心に科学的な思考方法を学ぶ。
大学卒業後、日本のソフトウェアベンダーで組込みソフトウェアの開発に携わっていたが、インドの大手IT企業への転職をきっかけにデータベースアプリケーションの開発に従事するようになる。ORACLEデータベースアプリケーションの開発、Webアプリケーションの開発、ITプロジェクトマネージャー等の経験の後に、ビジネスサイドにキャリアチェンジし外資系企業のファイナンス部門に移籍した。それ契機として本格的にExcelを使い始める。
当初IT出身の人間としてExcel関数にデータベースの考え方を取り入れる形で応用していたが、Excelのパワーピボット、パワークエリを知り衝撃を受ける。文献を探して洋書の技術書数冊を購入し、経理の日常作成していたレポートに導入すると、それまで手作業で数時間かけて作成していた合計値しか出せないレポートが、すべて明細レベルまで分析可能な形で全自動更新できること、またデータモデルを使用して簡単に分析の幅を広げられることを実感。さらに、それまで会社で使用されず眠っていた10年分の売り上げ明細データを1つのExcelファイルのとりこみ、データ化・レポート化できることを発見した。
しかしながら、それらの機能を使用しているうちに、①日本ではこれらの機能に関する書籍がほとんど存在しないこと、②BIのコンセプトの理解なしに非ITの一般業務ユーザーがそれらの技術を正しい形で活用できないことを痛感し、本書の執筆を決意するに至る。
以下のブログにてパワーピボット、パワークエリ、DAXのテクニックを紹介している。
https://modernexcel7.hatenablog.com/

装丁・本文デザイン／結城亨（SelfScript）
DTP／株式会社明昌堂

レビュー協力／加藤麻衣子、峯島寛人

Excelパワーピボット
7つのステップでデータ集計・分析を「自動化」する本

2019年7月12日 初版　第1刷発行
2021年4月15日 初版　第5刷発行
著者　鷹尾 祥（たかお あきら）
発行人　佐々木 幹夫
発行所　株式会社 翔泳社（https://www.shoeisha.co.jp）
印刷／製本　株式会社シナノ

ISBN978-4-7981-6118-1
Printed in Japan